AF558056

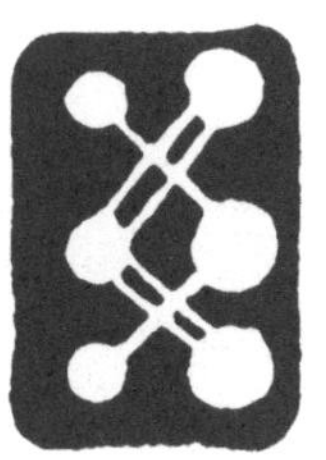

Johannes Kepler

Der Traum, oder: Mond-Astronomie

Aus dem Lateinischen von Hans Bungarten,
herausgegeben und mit einem Leitfaden für Mondreisende
von Beatrix Langner

Matthes & Seitz Berlin

Inhalt

Johannes Kepler
Der Traum, oder: Mond-Astronomie

Als im Jahr 1608 Streit zwischen den Brüdern Kaiser Rudolf und Erzherzog Matthias entbrannt war, und man ihre Handlungen allgemein auf Beispiele zurückführte, die aus der Geschichte Böhmens herangezogen waren, wurde ich durch die allgemeine Neugier erregt und wandte mich der Lektüre böhmischer Literatur zu. Dabei stieß ich auf die Geschichte der Heldin Libussa, einer hochberühmten Zauberin; so kam es, dass ich eines Nachts, nachdem ich den Mond und die Sterne betrachtet hatte, behaglich im Bett lag und in tiefen Schlaf fiel. Und ich sah mich im Schlaf ein Buch durchlesen, das ich in Frankfurt auf der Messe erworben hatte, dessen Text folgender war:

Mein Name ist Duracotus [1], mein Heimatland Island [2], das die Alten Thule nannten. Meine Mutter [3] war Fiolxhilde, die, da sie jüngst [4] gestorben ist, mir die Erlaubnis zum Schreiben erteilte, auf die ich längst gewartet hatte. Solange [5] sie lebte, gab sie sich alle Mühe, mich vom Schreiben abzuhalten. Sie pflegte nämlich zu sagen, es gebe viele gefährliche Feinde der Künste, die [6] das, was sie wegen der Stumpfheit ihres Geistes nicht fassen können, anprangern und dem Menschengeschlecht ungerechte Gesetze [7] auferlegen würden. Tatsächlich seien nicht wenige aufgrund dieser Gesetze [8] verurteilt und vom Schlund des Hekla [9] verschlungen worden. Den Namen [10] meines Vaters hat sie selbst niemals genannt. Sie behauptete stets, er sei ein Fischer [11] gewesen und als Greis von

150 Jahren gestorben. Als ich drei Jahre alt war, habe er rund 70 Jahre seiner Ehe hinter sich gehabt.

In meinen ersten Knabenjahren führte mich meine Mutter oft, indem sie mich an der Hand nahm, manchmal auch auf die Schulter setzte, auf die niedrigeren [12] Bergjoche des Hekla, besonders [13] um die Zeit des Johannistages, wenn die Sonne 24 Stunden sichtbar ist und die Nacht verdrängt. Sie selbst [14] sammelte Kräuter unter allerlei Riten, kochte sie zu Hause, nähte Säckchen [15] aus Ziegenfell, füllte sie und brachte sie zum Verkauf an Schiffsherren zum nahe gelegenen Hafen. So verdiente sie sich den Lebensunterhalt.

Einmal zerriss ich aus Neugier ein Säckchen, das meine ahnungslose Mutter verkaufen wollte, nahm die Kräuter und Leinenläppchen [16], in welche die verschiedenen Sortenzahlen eingestickt waren, auseinander und brachte so meine Mutter um den Gewinn. Zornentbrannt übergab sie mich anstelle des Säckchens dem Schiffsherrn als Eigentum, um selbst das Geld behalten zu können. Und dieser Schiffsherr brach tags darauf unversehens aus dem Hafen auf und steuerte unter günstigem Wind Bergen [17] in Norwegen an. Als sich nach einigen Tagen der Nordwind [18] erhob, wurde er zwischen England und Norwegen verschlagen, steuerte Dänemark an und fuhr durch die Meerenge, da er einen Brief des isländischen Bischofs [19] dem Dänen Tycho Brahe überbringen sollte. Der wohnte auf der Insel Hveen. Ich aber erkrankte heftig wegen des Schwankens des Schiffes [20] und der ungewohnten Wärme der Luft. Ich war ja noch ein Junge von 14 Jahren. Der Schiffsherr landete und setzte mich [21] zusammen mit dem Brief bei einem Fischer der Insel ab. Er versprach zurückzukommen und legte ab.

Als Brahe den Brief erhalten hatte, war er hocherfreut und begann, mich vielerlei zu fragen [22]. Ich verstand das [23] nicht, weil ich seine Sprache nicht konnte, außer wenigen Worten. Daher gab er seinen Studenten, von denen [24] er eine große Zahl betreute, den Auftrag, häufig mit mir zu sprechen. Die Großherzigkeit [25] Brahes und wenige Wochen Übung bewirkten, dass ich einigermaßen gut Dänisch sprechen konnte. Und ich erzählte genauso bereitwillig, wie jene fragten. Da hatte ich freilich viel Ungewohntes zu bestaunen, aber ich konnte aus meinem Vaterland auch viel Neues berichten, das die Zuhörer in Erstaunen versetzte.

Schließlich kehrte der Schiffsherr zurück und wollte mich abholen; aber er holte sich eine Abfuhr [26], worüber ich mich sehr freute.

Auf wunderbare Weise [27] lachten mich die astronomischen Studien an. Denn Brahe und die Studenten betrachteten ganze Nächte lang mit erstaunlichen Geräten den Mond und die Sterne; das erinnerte mich an meine Mutter, die ja auch selbst [28] unablässig mit dem Mond zu sprechen pflegte.

Durch diese günstigen Umstände gelangte ich, von Herkunft ein Halbbarbar, an Vermögen völlig mittellos, zur Kenntnis der göttlichen Wissenschaft. Die ebnete mir den Weg zu Höherem.

Als ich nämlich ein paar Jahre auf dieser Insel zugebracht hatte, verlangte mich schließlich danach, mein Vaterland wiederzusehen. Ich glaubte nämlich, es könnte mir nicht schwerfallen, mit der erworbenen Wissenschaft bei meinem ungebildeten Volk zu einem gewissen Ansehen zu gelangen. Also verabschiedete ich mich von meinem Gönner, erhielt die huldvolle Erlaubnis zur Abreise und kam nach Kopenhagen. Dort gewann ich Reisegefährten, die mich wegen meiner Sprach- und Ortskenntnis in ihren Schutzbund aufnahmen. Im fünften Jahr, nachdem ich es verlassen hatte, kehrte ich in mein Vaterland zurück.

Das erste Glück meiner Rückkehr war, dass ich meine Mutter noch lebend antraf, in genau derselben Weise beschäftigt wie einst. Ihrer unablässigen Reue darüber, dass sie ihren Sohn durch Unbesonnenheit verloren hatte, setzte ich dadurch ein Ende, dass ich lebendig und angesehen war. Damals neigte sich [29] das Jahr zum Herbst, und es folgten [30] darauf unsere langen Nächte. Denn im Monat der Geburt Christi taucht die Sonne kaum ein wenig auf, um sich auf der Stelle wieder zu verbergen. So war [31] meine

Mutter frei von ihrer Tätigkeit und heftete sich an mich, wich nicht von meiner Seite, wohin ich mich auch mit meinen Empfehlungsschreiben begab. Bald fragte sie mich aus über die Länder, die ich bereist hatte, bald über den Himmel. Dass ich diese Wissenschaft studiert hatte, freute sie ganz besonders. Sie verglich, was sie selbst erfahren hatte, mit dem, was ich erzählte, und rief immer wieder aus, jetzt[32] sei sie bereit zu sterben, weil sie als Erben ihrer Wissenschaft, ihres einzigen Besitzes, ihren Sohn zurücklassen werde.

Ich, von Natur begierig, Neues zu lernen, befragte sie meinerseits über ihre Künste, und welche Lehrer sie darin gehabt habe in einem Volk, das von den übrigen so sehr getrennt ist. Darauf legte sie an einem bestimmten Tag, an dem wir uns Zeit für ein Gespräch genommen hatten, die ganze Sache von den ersten Anfängen an dar, etwa auf folgende Weise: »Vorzüge, mein Sohn Duracotus, besitzen nicht nur die Länder, die du bereist hast, sondern auch unser Vaterland. Wenn uns nämlich auch Kälte und Finsternis bedrücken und andere Übel, die ich erst jetzt empfinde, nachdem ich durch dich vom Glück der übrigen Länder erfahren habe, so haben wir dagegen[33] Überfluss an Begabungen. Uns[34] stehen zu Diensten hochweise Geister, denen das viele Licht der anderen Länder und der Lärm der Menschen verhasst sind, und die deshalb unsere Schatten aufsuchen und mit uns freundschaftliche Gespräche führen. Von denen sind neun[35] die vorzüglichsten, und einer davon[36] ist mir besonders bekannt; er ist von allen gerade der sanfteste und unschuldigste[37] und wird durch 21 Zeichen[38] herbeigerufen. Mit seiner Hilfe[39] werde ich oft in einem Augenblick zu anderen Küsten, die ich selbst bestimmt habe, entrückt; oder ich kann, wenn ich von irgendwelchen Zielen durch zu große Entfernung abgeschreckt[40] werde, durch Nachfragen so großen Nutzen ziehen[41], wie wenn ich selbst dort wäre: So hat er mir das meiste von dem, was du entweder mit eigenen Augen gesehen, durch Berichte vernommen oder aus Büchern geschöpft hast, genau so wie du berichtet.

Besonders das Land, von dem er mir so oft gesprochen hat, wünsche ich mit dir gemeinsam zu erkunden. Sehr wundersam ist nämlich, was er von ihm erzählt. Levania[42], so nannte er es.«

Unverzüglich stimme ich zu, dass sie ihren Meister herbeiruft, und setze mich, um die ganze Beschaffenheit des Weges und die Beschreibung des Landes anzuhören. Es war schon Frühling[43] und zunehmender Mond, der, sobald die Sonne unter den Horizont getaucht war, in Konjunktion mit dem Planeten Saturn im Zeichen des Stiers aufzustrahlen begann.

Die Mutter[44] ging voraus bis zur nächsten Weggabelung[45], erhob ein Geschrei und brachte einige wenige Wörter[46] hervor, mit denen die sie ihre Bitte äußerte. Nachdem sie ihre Riten[47] vollendet hat, kehrt sie zurück, gebietet mit ausgestreckter rechter Hand[48] Schweigen und setzt sich neben mich. Kaum hatten wir das Haupt[49] mit dem Gewand (wie es vereinbart war) verhüllt, da erhebt sich das Gekrächz[50] einer stammelnden und dumpfen Stimme. Und sofort beginnt sie auf folgende Weise zu sprechen, aber in isländischer Sprache.

Der Dämon[51] aus Levania[52].

50 000 deutsche Meilen[53] entfernt liegt[54] in der Tiefe des Äthers die Insel Levania. Der Weg[55] von hier dorthin oder von dort hierher steht nur sehr selten offen. Und wenn er offensteht, kann unser Volk[56] ihn zwar leicht beschreiten, für menschliche Reisende[57] ist er aber ganz schwierig und mit höchster Lebensgefahr verbunden. Keine Freunde sitzender Lebensweise[58] werden von uns in unsere Gemeinschaft aufgenommen, keine dicken, keine verzärtelten Leute. Vielmehr[59] wählen wir die aus, die ihr Leben lang ständig auf schnellen Pferden reiten, oder die häufig nach Indien segeln; sie müssen daran gewöhnt sein, sich von Zwieback, Knoblauch, Dörrfisch und abscheulichen Speisen zu ernähren. Besonders[60] eignen sich für uns saftlose alte Weiber, die

von Kindheit an mit der Kunst vertraut sind, nachts auf Böcken, Astgabeln oder zerschlissenen Mänteln zu reiten und riesenhafte Entfernungen zwischen Ländern zu überwinden. Deutsche Männer sind überhaupt nicht[61] geeignet. Spanier mit ihren drahtigen Körpern nehmen wir gerne auf.

So lang der ganze Weg[62] auch ist, er wird in höchstens vier Stunden zurückgelegt. Und da wir immer sehr beschäftigt sind, steht für uns der Zeitpunkt der Abreise nämlich nicht früher[63] fest, als bis der Mond von Osten her angefangen hat abzunehmen. Sind wir bei Vollmond noch auf dem Weg, wird unsere Reise unmöglich gemacht. Da die Reisegelegenheit sich immer so kurzfristig[64] ergibt, haben wir vom Menschengeschlecht wenige Genossen, und nur solche, die uns die größte Hochachtung entgegenbringen.

Also[65] gehen wir auf einen so gearteten Menschen los, indem wir eine Mannschaft bilden, uns alle unter ihn stemmen und ihn in die Höhe heben. Die erste[66] Bewegung ist jeweils für ihn die härteste. Denn er ist keinen geringeren Strapazen ausgesetzt[67], als wenn er, von Sprengpulver hochgeschossen, über Berge und Meere schwebte. Deswegen[68] muss er gleich anfangs mit Narkotika und Opiaten eingeschläfert und Glied für Glied[69] auseinandergefaltet werden, damit nicht der Rumpf vom Hintern, der Kopf vom Rumpf getrennt davongetragen wird, sondern der Druck auf die einzelnen Glieder sich gleichmäßig verteilt. Darauf[70] folgt die nächste Schwierigkeit, nämlich ungeheure Kälte und Atemnot[71]. Jener[72] treten wir mit der uns angeborenen Kraft entgegen, dieser[73] mit feuchten Lappen, die wir vor die Nase halten. Ist der erste Teil überstanden[74], wird die Reise leichter. Dann[75] setzen wir die Körper der freien Luft aus und ziehen die Hände weg. Die Körper aber kugeln sich ein wie Spinnen, wir bewegen sie[76] fast nur noch mit unserem Willen, so dass[77] schließlich die Körpermasse selbst zu dem vorgesehenen Platz strebt. Aber[78] diese Schwungkraft ist für uns zu langsam und deshalb von geringem Nutzen. Daher beschleunigen wir sie, wie gesagt, durch unseren Willen. Und wir eilen nun dem Körper voraus, damit er nicht durch allzu harten Aufprall auf dem Mond Schaden nimmt. Wenn die Menschen erwachen, klagen sie immer[79] über unsägliche Schlappheit aller Glieder. Davon erholen sie sich erst spät so weit, dass sie gehen können.

Außerdem treten viele Schwierigkeiten auf, über die zu berichten zu lange dauern würde. Uns[80] stößt fast gar kein Übel zu. Wir wohnen nämlich dichtgedrängt im Erdschatten, solange er dauert. Sobald er Levania berührt, sind wir zur Stelle, als wenn[81] wir aus einem Schiff an Land gingen. Und dort[82] ziehen wir uns rasch in Höhlen und dunkle Orte zurück, damit uns die Sonne, sobald sie uns in offenem Gelände bestrahlt, nicht aus dem gewählten Aufenthaltsort vertreibt und zwingt, dem weichenden Schatten zu folgen. Dort haben wir Muße[83], unsere Talente nach Herzenslust auszubilden. Wir unterhalten uns mit den Dämonen dieser Gegend, schließen Freundschaft mit ihnen, und sobald[84] die Sonne ein Gebiet verlässt, schließen wir uns zu Gruppen zusammen und wandeln im Schatten, und wenn dieser mit seiner Schärfe – was[85] meistens geschieht – die Erde trifft, wenden auch wir uns der Erde[86] mit gemeinschaftlichen Unternehmungen zu. Das ist nur zu Zeiten möglich, wenn die Menschen die Sonne verfinstert sehen. Daher kommt es, dass Sonnenfinsternisse so sehr gefürchtet werden.

Und das soll genug sein über den Weg nach Levania.

Ich fahre fort, indem ich von der Beschaffenheit des Landes selbst berichte; ich beginne nach Art der Geographen mit dem, was von dort aus gesehen am Himmel geschieht.

Zwar[87] ist der Anblick der Fixsterne für ganz Levania derselbe wie für uns. Jedoch beobachtet man dort Bewegungen und Größen der Planeten, die von den uns sichtbaren völlig verschieden sind, und zwar so sehr, dass bei ihnen die ganze Wissenschaft der Astronomie vollkommen verschieden ist.

Wie[88] also unsere Geographen den ganzen Erdkreis wegen der Himmelserscheinungen in fünf Zonen aufteilen, so[89] besteht Levania aus zwei Halbkugeln, einer der Subvolven (subvolvae) und einer der Privolven (privolvae). Von diesen genießt jene unablässig den Anblick ihrer Volva[90], die für sie das ist, was für uns der Mond; diese aber bekommt die Volva niemals zu sehen.

Der Kreis, der die Halbkugeln voneinander trennt, verläuft durch[91] die Pole der Welt hindurch, entsprechend unserem Sonnenwend-Kolur, und wird Divisor (Teiler) genannt.

Was beiden Halbkugeln gemeinsam ist, will ich zuerst erklären. Also: Ganz Levania[92] erlebt den Wechsel von Tag und Nacht, wie wir. Aber es fehlt[93] die Verschiedenheit im Laufe des Jahres, die wir hier bei uns haben. In ganz Levania nämlich sind die Tage den Nächten annähernd gleich, außer dass[94] bei den Privolven regelmäßig jeder Tag kürzer ist als die zugehörige Nacht, bei den Subvolven umgekehrt. Was aber während des Umlaufs von acht Jahren wechselt, soll weiter unten gesagt werden. Unter beiden Polen[95] aber ist die Sonne zur Hälfte verdeckt, die andere Hälfte leuchtet. Das gleicht die Nacht aus. Die Sonne umkreist die Berge. Levania scheint nämlich ihren Bewohnern genau so[96] festzustehen und von den Gestirnen umkreist zu werden, wie uns die Erde. Nacht und Tag[97] zusammen entsprechen einem unserer Monate. Bei Sonnenaufgang erscheint natürlich das Tierkreiszeichen des heraufziehenden Tages vollständiger als am Vortage. Und wie bei uns[98] das Jahr 365 Sonnenumläufe und 366 Fixsternumläufe hat – oder genauer: in vier Jahren 1461 Sonnenumläufe, aber 1465 Fixsternumläufe –, so haben jene in einem Jahr zwölf Sonnenumläufe und 13 Fixsternumläufe – oder genauer: in acht Jahren 99 Sonnenumläufe und 107 Fixsternumläufe. Aber vertrauter ist ihnen selbst eine Periode von 19 Jahren. Denn in dieser Zeitspanne geht die Sonne 135 mal auf, die Fixsterne aber 254 mal.

Den mittleren oder innersten Subvolven geht die Sonne auf, wenn bei uns das letzte Viertel erscheint, den innersten Privolven aber dann, wenn bei uns das erste Viertel zu sehen ist. Was[99] ich aber von der jeweiligen Mitte sage, muss man jeweils auf den ganzen Halbkreis beziehen, der durch die Pole und den Mittelkreis läuft und mit dem Divisor einen rechten Winkel bildet. Diese Halbkreise könnte man Medivolvane nennen.

Es gibt aber einen Kreis in der Mitte zwischen den Polen, der unserem Äquator entspricht. Mit diesem Namen soll er auch bezeichnet werden. Er schneidet an zwei Stellen den Divisor und die Medivolvane an einander gegenüberliegenden Stellen. Die Scheitelpunkte aller Orte, die auf ihm liegen, überquert die Sonne täglich in kürzestem Abstand, und zwar genau an zwei im Lauf des Jahres einander gegenüberliegenden Tagen im Mittagspunkt. Für die übrigen Leute, die beiderseits gegen die Pole hin wohnen, weicht die Sonne [100] am Mittag von der Senkrechten ab.

Man kennt in Levania auch einen geringen Unterschied zwischen Sommer und Winter, der aber nicht mit dem unsrigen zu vergleichen ist; auch treten diese Jahreszeiten nicht immer an denselben Orten und zur selben Zeit des Jahres auf, wie bei uns.

In einem Zeitraum von zehn Jahren nämlich [101] wandert jener Sommer an ein und demselben Ort von einem Teil des Gestirnjahres in den entgegengesetzten Teil; denn im Ablauf von 19 Gestirnjahren oder 235 Tagen herrscht an den Polen zwanzigmal der Sommer, genau so oft der Winter, am Äquator vierzigmal. Bei ihnen [102] gibt es jährlich sechs Sommertage, das übrige sind Wintertage, wie bei uns die Monate. Dieser Unterschied ist am Äquator kaum spürbar, weil die Sonne dort nicht mehr als fünf Grad nach beiden Seiten hin abweicht. Stärker spürt man den Unterschied an den Polen. Dort scheint die Sonne wechselweise sechs Monate und sechs Monate nicht, wie auch bei uns in jenen Ländern, die nahe den Polen liegen. Daher ist auch die Levania-Kugel in fünf Zonen geteilt, die unseren Erd-Zonen in etwa entsprechen. Aber die dürre Zone wie auch die kalten Zonen umfassen kaum zehn Grad. Der ganze Rest entspricht unseren gemäßigten Zonen [103]. Die Dürrezone läuft um die Mitte der Halbkugeln, nämlich die Hälfte ihrer Länge bei den Subvolven, die andere Hälfte bei den Privolven.

Aus den Schnittstellen [104] des Äquators und des Tierkreises ergeben sich auch vier Kardinalpunkte, entsprechend unseren Äquinoktien und Solstitien, und von diesen Schnittstellen an beginnt der Tierkreis. Die Bewegung der Fixsterne von diesem Anfang zum Folgenden ist sehr schnell. Denn sie durchlaufen in zwanzig tropischen Jahren[105], die durch einen Sommer und einen Winter definiert sind, den ganzen Tierkreis, was bei uns kaum in 26000 Jahren geschieht.

Soviel zur ersten Bewegung!

Das Wesen der zweiten Bewegungen ist genau so verschieden von denen, die uns erscheinen, und viel komplizierter. Denn bei allen sechs Planeten – Saturn, Jupiter, Mars, Sonne, Venus, Merkur – treten neben den vielen Ungleichheiten, die uns und ihnen gemeinsam sind, bei ihnen drei weitere hinzu, zwei Ungleichheiten der Länge: eine täglich, die andere im Verlauf von 8½ Jahren; die dritte Ungleichheit ist die der Breite: im Verlauf von 19 Jahren. Die mittleren Privolven[106] sehen die Sonne an ihrem Mittag (bei sonst gleichen Bedingungen) größer, die Subvolven kleiner als beim Aufgang. Beide glauben übereinstimmend[107], dass die Sonne einige Minuten von der Ekliptik hin und her abweiche, bald bei diesen, bald bei jenen Fixsternen. Und diese Abweichungen werden nach 19 Jahren, wie gesagt, in die ursprüngliche Bahn zurückgelenkt. Ein wenig mehr[108] jedoch beträgt diese Abweichung bei den Privolven, etwas weniger bei den Subvolven. Und obwohl man annimmt, dass die Sonne und die Fixsterne bei der ersten Bewegung beinahe gleichförmig um Levania kreisen, bewegt sich für die Privolven die Sonne[109] am Mittag dennoch beinahe gar nicht unter den Fixsternen vorwärts, bei den Subvolven ist aber am Mittag ihre Bewegung sehr schnell. Das Gegenteil soll von der Mitternacht gelten. Sosehr scheint die Sonne unter den Fixsternen gleichsam Sprünge zu machen, und zwar einzelne an einzelnen Tagen.

Dasselbe[110] gilt für Venus, Merkur und Mars. Bei Jupiter und Saturn sind diese Dinge fast nicht bemerkbar.

Und doch[111] ist die Bewegung nicht einmal sich selbst gleich, die täglich zu den gleichen Stunden stattfindet. Manchmal ist sie langsamer bei der Sonne und ebenso bei den Fixsternen, im entgegengesetzten Teil des Jahres aber schneller zur gleichen Tageszeit. Diese Verlangsamung wandert durch die Tage des Jahres, so dass sie bald im Sommer auftritt, bald im Winter, entsprechend dem anderen Jahr, das die Beschleunigung erlebt hatte. Ein Umlauf [112] vollzieht sich in einem Zeitraum von etwas weniger als neun Jahren. Und so [113] dauert bald der Tag länger (durch natürliche Langsamkeit, nicht wie bei uns auf der Erde durch die ungleichen Abschnitte des natürlichen Tageskreises), bald wechselweise die Nacht.

Tritt [114] die Verlangsamung bei den Privolven zur Mitternacht ein, verschiebt sich ihr Verlauf über den Tag hin. Tritt sie am Tag ein, dann gleichen sich Nacht und Tag mehr an; das geschieht einmal in neun Jahren, umgekehrt bei den Subvolven.

Soviel also über das, was in den beiden Hemisphären ungefähr in gleicher Weise geschieht.

Über die Hemisphäre der Privolven.

Was nun die einzelnen Hemisphären getrennt betrifft, so besteht zwischen ihnen ein ungeheuer großer Unterschied. Nicht nur bewirkt die Gegenwart oder Abwesenheit der Volva einen ganz ungleichen Anblick, sondern auch die gemeinsamen Phänomene selbst haben hier und dort ganz verschiedene Wirkungen, so dass die Hemisphäre der Privolven eher als extrem bezeichnet werden könnte, die der Subvolven als gemäßigt. Denn bei den Privolven dauert die Nacht 15 oder 16 unserer natürlichen Tage an, unter ständiger schrecklicher Finsternis, wie bei uns die mondlosen Nächte sind, da diese Nacht nicht einmal durch irgendwelche Abstrahlungen der Volva jemals erleuchtet wird. Daher starrt alles vor Kälte und Reif [115] und darüber hinaus [116] vor ganz steifen und starken Winden. Es folgt der Tag, 14 mal so lang wie unsere Tage [117], oder etwas weniger als dies, an dem die Sonne [118] sowohl größer ist als sich auch unter [119] den Fixsternen nur langsam bewegt und sich kein Wind[120] regt. Daher kommt es zu ungeheurer Hitze. Und so herrscht im Zeitraum eines Erdmonats oder eines levanianischen Tages an ein und demselben Ort sowohl Hitze, fünfzehnmal kochender als unsere afrikanische, und Kälte, unerträglicher als unsere hiesige.

Besonders zu bemerken ist, dass der Planet Mars den Privolven der Mittelzone um Mitternacht, den übrigen je in ihrem Abschnitt der Nacht, bisweilen beinahe[121] doppelt so groß erscheint wie uns.

Über die Hemisphäre der Subvolven.

Ich gehe dazu über, indem ich mit ihren Randbewohnern beginne, die am Divisor-Kreis leben. Ihnen ist nämlich eigentümlich[122], dass ihnen der Abstand der Venus und des Merkurs von der Sonne viel größer erscheint als uns. Auch scheint ihnen[123] die Venus zu bestimmten Zeiten doppelt so groß wie uns, besonders[124] denen, die am Nordpol wohnen.

Die angenehmste Betrachtung aller Leute in Levania ist die ihrer Volva, deren Anblick sie in gleichem Maß genießen wie wir den unseres Mondes. Der[125] ist ihnen, wie auch besonders den Privolven, vollständig versagt. Und nach der beständigen Gegenwart der Volva heißt diese Hemisphäre die subvolvene, der andere nach der Abwesenheit der Volva der privolvene, weil sie des Anblicks der Volva beraubt sind.

Uns Erdbewohnern scheint unser Mond, wenn er voll ist, beim Aufgang und auf seinem Weg über weit entfernte Häuser die Größe eines Fassreifens zu haben. Sobald er in die Mitte des Himmels aufgestiegen ist, entspricht sein Umfang kaum dem eines menschlichen Gesichts. Die Subvolven aber sehen ihre Volva genau im Himmelsmittelpunkt (diese Stelle nimmt sie ein bei denen, die in der Mitte oder am Nabel dieser Hemisphäre wohnen) mit beinahe[126] der vierfach größeren Länge des Durchmessers als wir unseren Mond sehen, so dass, wenn man beide vergleicht, ihre Volva fünfzehnmal größer ist als unser Mond. Für die aber, für welche die Volva unablässig am Horizont klebt, hat sie von ferne das Aussehen eines glühenden Berges.

Wie wir also die Regionen unterscheiden durch die größere oder geringere Polhöhe, obwohl wir den Pol selbst nicht mit Augen sehen, so dient ihnen zu demselben Zweck die Höhe der Volva, die immer sichtbar ist, verschieden an verschiedenen Orten.

Bei einigen nämlich steht sie, wie gesagt, über dem Scheitel, an anderen Orten scheint sie nahe an den Horizont herabgedrückt zu sein. Für den Rest ist sie von der Scheitelhöhe bis zum Horizont jeweils geneigt und nimmt dabei für jeden beliebigen Ort für immer eine konstante [127] Höhe ein.

Sie haben selbst [128] ihre eigenen Pole, nicht [129] jedoch bei jenen Fixsternen, die für uns die Weltenpole sind, sondern [130] bei anderen, die für uns die Anzeichen der Ekliptik der Pole sind. Diese Pole beschreiben im Zeitraum von 19 Mondjahren unter dem Sternbild des Drachen, des gegenüberliegenden Schwertfisches, des Fliegenden Fisches und der Meereswolke kleine Kreise um die Pole der Ekliptik; diese Pole sind ungefähr einen Viertelkreis [131] von denen der Volva entfernt, so dass man einen Ort sowohl anhand der Pole als auch anhand der Volva bestimmen kann. Daher ist es ganz klar, wie sehr die Mondbewohner selbst uns an Bequemlichkeit überlegen sind. Die Länge der Orte bestimmen sie durch ihre unbewegliche Volva [132], die Breite [133] sowohl durch ihre Volva als auch durch die Pole. Wir hingegen haben für die Bestimmung der Längen [134] nichts als jenen so sehr verachteten und kaum unterscheidbaren Ausschlag der Magnetnadel.

Für die Bewohner steht also ihre Volva fest [135], als wäre sie mit einem Nagel an den Himmel geheftet, unbeweglich, was den Ort angeht, und über sie gehen die übrigen Sterne, sogar die Sonne selbst, vom Aufgang bis zum Untergang hin. Und keine [136] Nacht gibt es, in der nicht irgendwelche Fixsterne des Tierkreises sich hinter diese Volva zurückziehen und dann auf der anderen Seite wieder auftauchen. Doch [137] nicht in allen Nächten tun das dieselben Fixsterne, sondern sie wechseln sich untereinander ab, alle diejenigen, die von der Ekliptik sechs [138] oder sieben Grad entfernt sind; es vollzieht [139] sich im Verlauf von 19 Jahren nämlich eine Periode, danach beginnt der Kreislauf von vorn.

Ihre Volva nimmt zu und ab genau [140] wie unser Mond. Der Grund ist bei beiden derselbe, nämlich die Anwesenheit der Sonne oder die Entfernung von ihr. Auch die Zeit ist dieselbe, wenn man das Wesen der Sache betrachtet. Doch zählen jene anders als wir. Jene rechnen als einen Tag und eine Nacht die Zeit, in der sich alle Zunahmen und Abnahmen der Volva vollziehen; den Zeitraum nennen wir einen Monat. Fast niemals [141] freilich, nicht einmal bei Neu-Volva, ist die Volva bei den Subvolven unsichtbar, wegen ihrer Größe und Helligkeit. Das gilt besonders [142] für die Polbewohner, die zeitweilig zwar die Sonne nicht sehen, für die aber die Volva gerade im Intervolvium zur Mittagszeit die Hörner aufwärts wendet. Denn [143] im Allgemeinen ist für diejenigen, die zwischen der Volva-Breite und den Polen sowie unter dem medivolvanischen Kreis wohnen, das Neu-Volvium das Zeichen des Mittags, das erste Viertel das des Abends; das Voll-Volvium teilt die Nacht in gleiche Teile, und das letzte Viertel führt die Sonne zurück. Für diejenigen [144] aber, welche die Pole und die Volva am Horizont sehen, und die unter dem Schnittpunkt des Äquators mit dem Divisor wohnen, bringen das Neu-Volvium und Voll-Volvium Morgen und Abend, die Viertel die Teilung des Tages und der Nacht. Hieraus kann man sich auch ein Bild über die dazwischen Wohnenden machen.

Und am Tag unterscheiden sie die Stunden auf folgende Weise, nämlich jeweils nach den Phasen ihrer Volva: Je näher Sonne und Volva zueinander stehen, umso näher rückt den einen der Mittag, den anderen der Abend oder Sonnenuntergang. Für die Nacht aber, die regelmäßig 14 unserer Tage und Nächte dauert, haben sie viel mehr Hinweise zur Zeitmessung, als wir. Denn außer jener Abfolge der Phasen der Volva, von denen das Voll-Volvium

– wie gesagt – die Mitternacht anzeigt für ihr Medivolvanum, zeigt auch ihre Volva ihnen durch sich selbst die Stunden an. Obwohl[145] man sie sich nämlich überhaupt nicht vom Ort bewegen sieht, vollführt sie an[146] ihrem Platz eine Kreisbewegung um sich selbst, im Gegensatz zu unserem Mond, und zeigt nacheinander eine bewundernswerte[147] Fülle verschiedener Flecken, die sich beständig von Osten[148] nach Westen verschieben. Eine[149] solche Umdrehung also betrachten die Subvolven, wenn dieselben Flecken wiederkehren, als eine Zeitstunde. Dem entspricht[150] aber etwas mehr als ein Tag und eine Nacht bei uns: Und das ist[151] die einzige vergleichbare Zeitmessung. Denn die Sonne und die Sterne durchlaufen, wie oben gesagt[152], ihre Bahn für die Mondbewohner täglich in verschiedener Zeit: Weil gerade am meisten diese Umkreisung der Volva die Entfernungen der Fixsterne vom Mond im Vergleich zu ihr bewirkt. Im Allgemeinen[153] scheint diese Volva, was den oberen nördlichen Teil angeht, zwei Hälften zu haben, eine[154] dunklere und mit zusammenhängenden Flecken bedeckte und eine[155] leicht hellere. Als Trennung liegt zwischen[156] beiden ein heller Gürtel zum Norden hin. Die Gestalt ist schwer zu erklären. Doch erkennt man im östlichen[157] Teil etwas wie das Profil[158] eines Menschen, in Höhe der Achseln abgeschnitten, der sich ein Mädchen[159] zum Küssen heranzieht, das in ein langes Gewand[160] gehüllt ist und mit nach hinten ausgestreckter[161] Hand eine heranspringende Katze[162] reizt. Doch der größere[163] und breitere Teil des Fleckens springt ohne bestimmbare Form nach Westen[164] vor.

Die andere Hälfte der Volva[165] besteht aus mehr hellerer Fläche und einem Fleck[166]. Man könnte diesen das Bild einer Glocke[167] nennen, die an einem Seil[168] hängt und nach Westen[169] geschwungen[170] ist. Was[171] darüber und darunter[172] ist, kann man nicht identifizieren.

Und nicht genug damit, dass die Volva ihnen auf diese Weise die Stunden des Tages unterscheidet. Vielmehr gibt sie auch auf die Jahreszeiten klare Hinweise, wenn man darauf achtet oder wenn einem die Lehre von den Fixsternen unbekannt ist. Steht die Sonne im Krebs, zeigt die Volva auch[173] deutlich den Nordpol ihrer Rotation. Da ist nämlich ein kleiner[174] und runder Fleck, über dem Bild des Mädchens, mitten[175] in den hellen Bezirk eingepflanzt. Der[176] wandert vom höchsten, äußersten Teil der Volva nach Osten, steigt von hier in die Scheibe ab, wendet sich nach dem äußersten Westen[177], von wo er wieder zur Höhe der Volva in Richtung Osten zurückkehrt; und so[178] ist er während der ganzen Zeit ununterbrochen sichtbar. Wenn aber die Sonne im Steinbock steht, ist dieser Fleck nirgends zu sehen: Sein ganzer Umlauf ist zusammen mit seinem Pol hinter dem Körper der Volva versteckt. Und[179] in diesen beiden Teilen des Jahres streben die Flecken geradewegs nach Westen. In den Zwischenzeiten, wenn die Sonne im Widder resp. in der Waage steht, steigen die Flecken in leicht gebogener Linie entweder querhin ab, oder sie steigen auf. Hieraus erkennen wir auch, dass die Pole[180] dieser Rotation, während der Mittelpunkt des Volva-Körpers an seinem Ort bleibt, im Jahr einmal im Polarkreis um ihren Pol kreisen.

Wer genauer beobachtet, bemerkt auch, dass die Volva nicht immer dieselbe Größe behält. In den Stunden[181] des Tages nämlich, in denen die Sterne sich schnell bewegen, sieht er, dass der Durchmesser der Volva viel größer ist, so dass er dann insgesamt das Vierfache unseres Mondes übersteigt.

Was soll ich aber nun über die Finsternisse der Sonne und der Volva sagen, die in Levania sich ereignen, und zwar im selben Augenblick wie hier auf der Erdkugel die Finsternisse der Sonne und des Mondes, allerdings aus ganz entgegengesetzten Gründen? Denn wenn[182] sich uns die Sonne ganz verfinstert, verfinstert sich ihnen die Volva. Wenn umgekehrt uns sich unser Mond verfinstert, verfinstert sich bei ihnen die Sonne. Dennoch aber passt nicht alles genau zusammen. Oft nämlich sehen die Mondbewohner eine Teilfinsternis[183] der Sonne, wenn wir den Mond ganz sehen. Und umgekehrt: Sie sind nicht selten von einer Erdverfinsterung gar nicht[184] betroffen, während wir eine Teil-Verfinsterung der Sonne erleben. Volvafinsternisse [185] gibt es bei ihnen während der Voll-Volvien, wie bei uns Mondfinsternisse bei Vollmond, Sonnenfinsternisse aber sehen sie bei Neu-Volvien, wie wir hier bei Neumond.

Da ihre Tage und Nächte so lang sind, haben sie sehr häufig Finsternisse beider Gestirne. Anstatt dass wie bei uns ein großer Teil der Finsternisse zu den Antipoden hinüberwandert, sehen ihre Antipoden, da sie ja Privolven sind, überhaupt nichts von diesen Erscheinungen, die Subvolven hingegen erleben allein alles.

Eine totale Erdfinsternis [186] sehen sie nie. Vielmehr gleitet über den Körper der Volva ein kleiner [187] runder Fleck, rot [188] am Rand, schwarz in der Mitte [189], der im Osten [190] der Volva auftritt und am Westrand wieder verschwindet; er nimmt zwar denselben [191] Weg wie die ursprünglichen Flecken, übertrifft sie aber an Schnelligkeit. Das dauert ein Sechstel ihrer Stunde, oder vier [192] unserer Stunden.

Die Ursache der Sonnenfinsternisse ist für sie ihre Volva, genau wie für uns unser Mond. Da diese Volva einen viermal größeren Durchmesser hat als die Sonne, muss die Sonne, die sich vom Osten durch den Süden hinter der unbeweglichen Volva zum Westen bewegt, sehr häufig hinter der Volva verschwinden. Und so wird ein Teil der Sonne oder ihr ganzer Körper verdeckt. Es ist aber die völlige Verschattung der Sonne, obzwar häufig, so doch sehr bemerkenswert, weil [193] sie einige unserer Stunden dauert und das Licht beider, der Sonne und der Volva, zugleich verlöscht. Das ist bei den Subvolven ein großes Ereignis, weil ihre Nächte sonst nicht viel dunkler als die Tage sind wegen des Glanzes und der Größe der allzeit gegenwärtigen Volva, während bei Sonnenfinsternis für sie beide Lichtquellen, Sonne und Volva, ausgelöscht sind.

Dennoch zeigt sich [194] während der Sonnenfinsternisse bei ihnen dieses einzigartige Phänomen, das sehr häufig auftritt, dass, wenn die Sonne kaum hinter dem Körper der Volva verschwunden ist, auf der entgegengesetzten Seite ein Glanz entsteht, als ob die Sonne gedehnt wäre und den ganzen Körper der Volva umfasste, während doch sonst die Sonne um vieles kleiner erscheint als die Volva. Daher ist die Finsternis nicht immer vollständig, sondern nur, wenn [195] auch die Mittelpunkte der Körper fast auf einer Linie liegen und ein durchscheinendes Medium [196] es erlaubt. Aber [197] auch die Volva verlöscht nicht plötzlich so, dass sie unsichtbar würde, obwohl die Sonne gänzlich hinter ihr verschwunden ist, sondern nur [198] im mittleren Abschnitt der größten Dunkelheit. Am Anfang einer totalen Finsternis dämmert für einige Punkte des Divisors die Volva noch, wie wenn nach Verlöschen einer Flamme noch lebendige Glut übrig bleibt. Wenn dieser Dämmerschein auch erloschen ist, erreicht die größte Finsternis die Mitte ihrer Dauer (denn nur bei größter [199] Finsternis erlischt dieser Dämmerschein). Wenn aber der Dämmerschein der Volva zurückkehrt (am entgegengesetzten Teil des Divisors), naht auch der Anblick der Sonne heran. So verlöschen gewissermaßen beide Lichtquellen gleichzeitig in der Mitte der größten Finsternis.

Und das ist genug über die Erscheinungen in beiden Hemisphären von Levania, sowohl der subvolvenen wie der privolvenen. Daraus ist es nicht schwer zu beurteilen – auch wenn ich nichts darüber sage –, wie sehr sich die Subvolven von den Privolven in den übrigen Gegebenheiten unterscheiden.

Denn obwohl die Nacht der Subvolven 14 unserer Nachttage [νυχθήμερα] dauert, erhellt die Gegenwart der Volva dennoch die Landflächen und schützt sie vor Kälte. Eine so große [200] Masse nämlich und so große Leuchtkraft muss notwendig Wärme erzeugen.

Umgekehrt: Zwar bringt der Tag bei den Subvolven die lästige Gegenwart der Sonne für 15 oder 16 unserer Nächte und Tage mit sich, doch [201] ist die Sonne kleiner und besitzt nicht so feindliche Kräfte, und die vereinigten Lichtquellen [202] ziehen auf diese Hemisphäre alles Wasser, das die Landstriche überflutet [203], so dass kaum etwas von ihnen übrig ist; hingegen trocknet [204] und kühlt die privolvene Hemisphäre aus, da ihr alles Wasser entzogen ist. In der folgenden Nacht [205] bei den Subvolven, dem Tag bei den Privolven, teilt sich, da die Hemisphären untereinander die

Lichtquellen aufgeteilt haben, auch das Wasser. Bei den Subvolven wird das Land wieder frei, den Privolven aber wird Feuchtigkeit zuteil als kleiner Trost gegen die Hitze.

Da [206] der Umfang der ganzen Levania nicht mehr als 1400 deutsche Meilen beträgt – das ist gerade nur der vierte Teil unserer Erde –, hat sie dennoch sehr hohe Berge [207] sowie sehr tiefe und weite Täler [208]; daher steht sie an Vollkommenheit der Rundung weit hinter unserer Erde zurück. Sie ist mittlerweile ganz porös [209] und von Löchern und Höhlen gleichsam durchbohrt, am meisten [210] auf der privolvenen Seite. Das [211] gibt den Bewohnern hauptsächlich Schutz gegen Hitze und Kälte.

Alles, was [212] auf der Erde wächst oder über den Boden einherschreitet, ist von riesenhafter Größe. Das Wachstum [213] geschieht sehr schnell; alles ist kurzlebig, weil es zu so ungeheurer Körpergröße heranwachsen muss.

Die Privolven haben keinen [214] sicheren Unterschlupf, keinen festen Wohnsitz. Die ganze Kugel durchstreifen sie in Gruppen an einem einzigen ihrer Tage, so wie es die Natur eines jeden erlaubt: Teils zu Fuß, mit Beinen, die bei Weitem länger sind als die unserer Kamele, teils mit Flügeln, teils mit Schiffen folgen sie den zurückweichenden Wassern; oder wenn ein Aufenthalt von mehreren Tagen nötig ist, dann kriechen sie durch die Höhlen. Die meisten sind Taucher. Alle ziehen, wenn sie natürlich atmen, die Luft sehr langsam ein. Unter Wasser können sie sich also in der Tiefe aufhalten, indem sie der Natur durch Kunst zur Hilfe kommen. Sie sagen [215] nämlich, in jenen Wassertiefen erhalte sich die Kühle, während die oberen Wellen von der Sonne erhitzt würden. Alles, was an der Oberfläche [216] hängen bleibt, wird von der Sonne am Mittag gesotten und dient den ankommenden Wandersiedlern als Nahrung. Denn im Allgemeinen ist die subvolvene Hemisphäre unseren Dörfern, Städten und Gärten vergleichbar, die privolvene unseren Äckern, Wäldern und Wüsten.

Diejenigen [217], die ein stärkeres Bedürfnis nach Atem haben, leiten heißes Wasser durch einen engen Kanal in die Höhlen, damit es, durch den langen Weg in den innersten Teil geführt, sich allmählich abkühlt. Dort halten sie sich den größten Teil des Tages auf und genießen jenes Wasser als Trank. Wenn es Abend wird, kommen sie hervor, um sich draußen Nahrung zu verschaffen.

Bei den Pflanzen [218] hüllt eine Rinde, bei den Tieren ein Fell oder etwas Ähnliches den größeren Teil der Körpermasse ein. Es ist schwammig und porös. Und wenn etwas während des Tages angefasst worden ist, verhärtet es sich an der Oberfläche und wird versengt. Wenn der Abend kommt, fällt es ab.

Was die Erde hervorbringt – auf den Bergjochen ist das natürlich wenig –, entsteht und vergeht meistens innerhalb eines Tages; und täglich wächst Neues nach.

Die Tiergattung [219] der Schlangen herrscht ganz allgemein vor. Es gleicht einem Wunder, dass sie sich am Mittag der Sonne aussetzen, als wenn ihnen das Lust verschaffte, jedoch nirgendwo anders als in der Nähe der Höhlenöffnungen, damit sie sich den sicheren und raschen Rückzug offenhalten.

Einigen [220] vergeht während der Tageshitze der Atem, und das Leben erlischt. Während der Nacht erholen sie sich wieder, auf umgekehrte Weise wie bei uns die Fliegen.

Überall [221] auf dem Boden verstreut liegen Gegenstände, die wie Pinienzapfen geformt sind. Tagsüber ist ihre Rinde angesengt, abends öffnen sie sich und geben, wie aus einem Versteck, Lebewesen von sich.

Die hauptsächliche [222] Linderung der Hitze besteht auf der subvolvenen Hemisphäre aus beständigen Wolken und Regenfällen, die [223] manchmal die Hälfte der Fläche oder mehr beherrschen.

Als ich in meinem Traum bis hierhin gekommen war, riss mich ein Sturm mit prasselndem Regen aus dem Schlaf, und zugleich verlor sich das Ende des in Frankfurt beschafften Buches. Und so verließ ich den erzählenden Dämon und die Zuhörer, den Sohn Duracotus mit seiner Mutter Fiolxhilde, deren Häupter verhüllt waren, kehrte zu mir selbst zurück und fand tatsächlich meinen Kopf auf dem Kissen und meinen Körper in Decken gehüllt.

Johannes Keplers Noten zum Traum

Geschrieben in den Jahren 1620–30

1) Der Klang selbst des Wortes kommt mir in den Sinn aus der Erinnerung an ähnlich klingende Eigennamen aus der Geschichte Schottlands, von wo aus man auf den isländischen Ozean blickt.

2) In unserer deutschen Sprache bedeutet das »Eisland«. Auf dieser weit entfernten Insel nun suchte ich einen Platz für mich zum Schlafen und Träumen aus, um die Philosophen in dieser Art von Literatur nachzuahmen. Denn auch Cicero setzte nach Afrika über, um zu träumen, und Platon hat Atlantis in ebendem westlichen Ozean geplant, von wo er märchenhafte Hilfsmittel für soldatische Tapferkeit beschaffen wollte. Und Plutarch schließlich greift in seinem Dialog über das Gesicht im Mond nach langer Rede aus in den amerikanischen Ozean und beschreibt uns die Lage der Inseln so, dass sie ein moderner Geograph wahrscheinlich den Azoren, Grönland und Labrador nahe Island zuordnen würde. Sooft ich freilich dieses Buch des Plutarch wiederlese, wundere ich mich jedes Mal wieder sehr, wie es kommen mag, dass unsere Träume und Geschichten so genau übereinstimmen. Denn ich erinnere mich ganz genau daran, wie mir die einzelnen Teile meiner Abhandlung eingefallen sind, und dass sie nicht alle aus der Lektüre dieses Buches stammen. Ich besitze noch ein recht altes Papier, das von deiner Hand, hochberühmter D. Christoph Besold, beschrieben ist. Als du die rund zwanzig Thesen über die Himmelserscheinungen aus meinen Abhandlungen im Jahr 1593 aufgegriffen und sie dem D. Veit Müller, damals ordentlicher Prä-

sident der philosophischen Disputationen, vorgelegt hattest, um darüber, wenn er einverstanden sei, einen Vortrag zu halten, da hatte ich Plutarchs Werke noch gar nicht gesehen. Danach stieß ich auf Lukians zwei Bücher »Ἀληθεῖς Ἱστορίαι« (Wahre Geschichten); sie sind auf Griechisch geschrieben, und ich habe sie mir ausgewählt, um Griechisch zu lernen, unterstützt durch den Reiz der tolldreisten Geschichten, die jedoch etwas von der Natur des ganzen Universums aufblitzen ließen. So jedenfalls stellt es Lukian selbst in der Einleitung dar. Und auch er segelt über die Säulen des Herakles hinaus in den Ozean, wird von den Wirbelwinden zusammen mit seinem Schiff emporgerissen und landet schließlich auf dem Mond. Das waren für mich die ersten Anregungen zu einer Reise zum Mond, die ich dann später anstrebte. In Graz bekam ich Plutarchs Buch zuerst im Jahre 1595 in die Hand, nachdem ich in dem Kommentar von Erasmus Reinhold zu den Theorien des Purbach davon gelesen hatte. Ich habe dann daraus in Prag im Jahre 1604 viel in den optischen Teil der Astronomie übernommen. Doch habe ich meine Erzählung nicht deswegen auf die Inseln im isländischen Meer verlegt, die Plutarch schon nennt, weil ich Island als Ausgangspunkt meines Traums wählte; vielmehr ist einer der Gründe, dass zu der Zeit in Prag Lukians Buch über die Reise zum Mond erschien, ins Deutsche übersetzt von Rollenhagen Sohn, zusammen mit den Erzählungen des S. Brendan über den Läuterungsort des S. Patrick in den unterirdischen Höhlen des isländischen Vulkans Hekla. Da auch Plutarch im Sinne der Lehrmeinung der heidnischen Theologie einen Reinigungsort der Seelen auf den Mond vermutete, schien es mir richtig, am besten von Island aufzubrechen, wenn ich zum Mond reisen wollte. Eine noch stärkere Empfehlung für diese Insel ergab sich aus der Erzählung des Tycho Brahe; darüber später. Stark beeinflusst hat mich auch die Erinnerung an die Lektüre der Geschichte von der Überwinterung der Holländer auf Nova Zembla im Eismeer. Darin finden sich sehr viele astronomische Beobachtungen, die ich in den optischen Teil meiner Astronomie im Jahre 1604 übernommen habe.

3) In meiner Wohnung, die mir Martin Bacháček, Rektor der Academia Carolina, überlassen hatte, hing an der Wand eine sehr alte geographische Karte Europas, auf der Island mit dem Wort Fiolx bezeichnet war. Was auch immer es bedeutete — es gefiel mir durch seinen rauen Klang, und ich fügte ihm den Zusatz Hildis an, in der alten Sprache vielfach als Teil von Frauennamen gebräuchlich, z.B. Brunhilde, Mathilde, Hildegard, Hiltrud u.ä.

4) Weil es wahrscheinlicher ist bei diesem Sohn, dem Verbreiter der Künste der Mutter, als wenn er noch zu ihren Lebzeiten zu schreiben vorgäbe. Aber ich wollte auch andeuten, dass der Nachkomme Wissenschaft sein kann, auch wenn die Mutter ungelehrte Erfahrung ist oder – in der Sprache der Ärzte – empirische Ausübung; und dass es für jenen nicht sicher ist, solange Mutter Unwissenheit unter den Menschen lebt, die verborgensten Gründe der Dinge öffentlich zu verkünden. Vielmehr muss man das ehrwürdige Alter schonen, die Reife der Jahre abwarten, in der die Unwissenheit, durch das Greisenalter gleichsam erschöpft, endlich stirbt. Da es also Ziel meines Traums ist, am Beispiel des Mondes einen Beweis zu führen für die Bewegung der Erde, oder eher: die Einwände zu entkräften, die aus dem allgemeinen Widerspruch des Menschengeschlechts gewonnen sind, glaubte ich schon damals, diese alte Unwissenheit sei überwunden und aus dem Gedächtnis der geistig wachen Menschen bis auf die Wurzel ausgetilgt. Allerdings kämpft die gute Seele auch jetzt noch mit der Fesselung durch so viele Glieder, die in so vielen Jahrhunderten fest mit ihr verwachsen sind. Und die betagte Mutter überlebt in den Akademien. Aber sie lebt so, dass ihr der Tod glücklicher vorkommen muss als das Leben.

5) [fehlt im Original]

6) Das ist mir auf meiner Reise neulich so geschehen, freilich nicht mir allein, sondern einer Versammlung mehrerer Gleich-

gesinnter. Es hatte uns nämlich ein Theologe, ein Verfechter der Confessio Augustana, mit ungeheurem Eifer angegriffen und geglaubt, aus der Heiligen Schrift Belagerungsmaschinen zu gewinnen, um uns zu bestürmen. Schließlich geriet er durch unsere Gegenargumente in Hitze und rief mit erhobener Stimme aus, wobei er alles Heilige zum Zeugen anrief, diese unsere Lehrmeinung widerstreite jeder Vernunft. Da unterbrach ich mein hartnäckiges Schweigen – bis dahin hatte ich nämlich als bloßer Zuhörer dagesessen – und sagte: »Zweifellos ist es das, was gerade die unwissenden Menschen eurer Partei so einengt. Wenn ihr nämlich die Nützlichkeit, Notwendigkeit und Möglichkeit dieser Lehrmeinung in der Enge eurer Vernunft auffassen könntet, hättet ihr schon längst von der Überzeugungskraft der aus der Heiligen Schrift gewonnenen Argumente selbst Abstand genommen und eine bequeme Erklärung gesucht, wie auch sonst oft. Nun aber ist die Schwäche deiner Vernunft so groß, dass du nicht siehst, dass auch wir ein bisschen Vernunft besitzen. Nicht also jeder Vernunft widerstreitet unsere Lehrmeinung, weil sie ja der Vernunft der Astronomen und Physiker nicht widerstreitet. Was nämlich der eine nicht fasst, fasst ein anderer, der in dem Fach erfahrener ist.«

7) Einen jeden trifft seine Ungerechtigkeit. Gegen des Kopernikus' Werk über die Himmelsbewegungen ist das die gewaltige Ungerechtigkeit, dass Leute, die keine Ahnung von Astronomie haben (und bei der Prüfung von Büchern nicht deren geistigen Gehalt beurteilen können, sondern sie ganz verkehrt verstehen), die Meinung vertreten, man dürfe dieses Werk nicht lesen, wenn nicht vorher die Erdbewegung daraus getilgt sei; was soviel bedeutet, als würde man die Lektüre erst erlauben, wenn es verbrannt sei. Diese, so glaube ich, muss man nicht mit Argumenten widerlegen, sondern dem Gelächter preisgeben. Also habe ich dieses Epigramm geschrieben:

Ne lasciviret, poterant castrare poetam,
  Testiculis demptis vita superstes erat.
Vae tibi Pythagora, cerebro qui ferris abusus,
  Vitam concedunt, ante sed excerebrant.

Sie konnten den Dichter kastrieren, damit er sich nicht der Wollust hingab,
  er hatte zwar die Hoden eingebüßt, das Leben aber behalten.
Wehe dir, Pythagoras, der du dich hinreißen lässt, dein Gehirn im Übermaß zu gebrauchen!
  Das Leben lassen sie dir, aber vorher enthirnen sie dich.

8) Vermutlich hatte der Autor der frechen Satire mit dem Titel »Conclave Ignati« ein Exemplar dieses kleinen Werks in die Hand bekommen. Er stichelt gegen mich nämlich mit Nennung des Namens gleich zu Anfang. Denn im weiteren Verlauf führt er den armen Kopernikus zu Plutos Richterstuhl, zu dem, wenn ich mich nicht täusche, der Zugang durch die Schlünde des Hekla führt. 3., 5., 8., 9. Ihr, meine Freunde, die ihr Kenntnis habt von meinen Angelegenheiten und wisst, was der Grund war für meine letzte Reise nach Schwaben, besonders, die von euch, die vorher das Manuskript jenes Büchleins in die Hand bekommen haben, ihr werdet urteilen, dass diese Geschichte für mich und die Meinen unheildrohend gewesen ist. Groß ist die Androhung des Todes, wenn jemand eine tödlichen Wunde erlitten oder Gift ausgetrunken hat. Kaum geringer war wohl die Androhung einer häuslichen Katastrophe bei der Veröffentlichung dieser Schrift. Man hätte glauben können, ein Funke sei auf trockenes Holz gefallen, d.h. jene Worte seien von tief im Innern dunklen Herzen aufgenommen worden, die bei allem nur Dunkles argwöhnen. Das erste Exemplar gelangte von Prag nach Leipzig; von dort wurde es im Jahre 1611 nach Tübingen gebracht von Baron von Volkersdorf und seinen Lehrern in Moral und Wissenschaften. Ihr könnt ruhig glauben, dass in Barbierstuben (besonders, wenn jemandem

der Name meiner Fiolxhilde wegen ihrer Beschäftigung unheilvoll klingt) über diese meine Geschichte geklatscht worden ist. Gewiss ist gerade aus dieser Stadt und diesem Haus in den folgenden Jahren verleumderisches Gerede über mich selbst hervorgegangen. Dies wurde von dumpfen Geistern aufgenommen und loderte schließlich auf in ein Gerücht, dessen Flamme von Unwissenheit und Aberglauben kräftig angeblasen wurde. Wenn ich mich nicht täusche, werdet ihr zu dem Schluss kommen, dass mein Haus gut auf sechs Jahre Quälerei hätte verzichten können und auch ich selbst auf die letzte Reise von einem Jahr, wenn ich nicht die geträumten Ratschläge dieser Fiolxhilde missachtet hätte. Ich beschloss daher, dieser mein Traum solle Rache nehmen durch die Veröffentlichung des Büchleins über die darin dargestellten Ereignisse. Das wird meinen Gegnern der gerechte Lohn sein.

9) Die Geschichte des Vulkans Hekla ist bekannt von Karten und aus geographischen Büchern. Bei der Art der Todesstrafe habe ich die Geschichte von Empedokles – glaube ich – bei Diogenes Laertios im Sinn gehabt: Er sei auf den Ätna gestiegen und habe sich, um nach dem Tod göttlicher Ehren teilhaftig zu werden, direkt in den Krater gestürzt; und man stellt sich vor, er habe sich lebendig den Flammen geopfert. Vielleicht wollte er den Ursprung des ewigen Feuers herausfinden und ging deshalb in blinder Kühnheit vorwärts, dorthin, woher er nicht zurückkehren konnte. Die verkrustete Oberfläche der Asche gab unter seinen Füßen nach. Späte Strafe für die Neugier und nicht irgendeine Sorge um seinen Ruhm war der Grund dafür, dass er gegen seinen Willen seine trauernde Seele verlor. Denn ein ähnliches Schicksal hatte C. Plinius erlitten, der beim Ausbruch des Vesuvs unter dem widrigen Regen von Asche und Bims um der Forschung willen nahe an Pompeji heranfuhr; seine Atemwege wurden von Schwefelgestank und Asche verstopft, so dass er erstickte. So erzählt man sich auch die sagenhaften Geschichten, Homer habe sich aus Kummer über das Rätsel der Fischer, Aristoteles aus Gram über das Ge-

heimnis der Gezeiten des Euripus in die Wogen gestürzt und das Leben weggeworfen. So büßen die meisten, die Liebe zur Wissenschaft in sich verspüren, mit Armut und erhalten nur die Verachtung reicher Dummköpfe, die sich herausgefordert fühlen.

10) Ich spiele hier auf die barbarischen Sitten der Ungebildeten an. Wenn man nämlich der Wissenschaft die oben erwähnte Unwissenheit als Mutter zuschreibt, als Vater aber die Vernunft, dann ist es jedenfalls recht und billig, dass die Mutter diesen Vater entweder nicht kennt oder geheim hält.

11) In seiner historischen Beschreibung von Schottland und den Orkneys erwähnt Buchanan einen Fischer, der, obwohl 150 Jahre alt, mit einer jungen Frau mehrere Kinder zeugte.

12) Weil in größerer Höhe nur Schnee und Geröll zu finden sind, am Gipfel aber Feuer aus den Tiefen der Erde schlägt, wie Berichte bezeugen.

13) Weil Island unter dem Polarkreis liegt. So habe ich das auch von Tycho Brahe gehört, der das aus dem Bericht des Bischofs von Island erfahren hat.

14) Medizin und Astronomie sind verwandte Wissenschaften, sie stammen aus derselben Quelle: dem Wunsch, die Naturerscheinungen zu verstehen. Dagegen ist die empirische Kräuterkunde meist mit Aberglauben verbunden.

15) Die Überlieferung ist vielfach bezeugt – wahr oder falsch – von Geographen, dass Steuerleute auf der Fahrt von Island her aus einem geöffneten Windsack den gewünschten Wind hervorholen. Wenn jemand das auf die Windrose, die Magnetnadel und das Steuerruder überträgt, dürfte er beinahe die Wahrheit sagen. Da man nämlich 32 Winde unterscheidet, wird ein Schiff, welcher

von den 16 Winden einer Hemisphäre auch wehen mag, wenn die Kunst des Steuermannes hinzukommt, durch die Anzeige der Rose und das Steuerruder den angestrebten Kurs auf dieser Hemisphäre halten können. Den Winden der entgegengesetzten Hemisphäre nimmt man die Wirkung durch Ausweichen nach beiden Seiten. Das nennt man lavieren. Man macht das so lange, bis solche Winde in einen Wind der anderen Hemisphäre umschlagen.

16) Der isländische Bischof berichtete Tycho Brahe, dass die isländischen Jungfrauen, wenn sie in der Kirche das Wort Gottes hörten und einige Sprüche und Worte aufgeschnappt hatten, diese mit Nadeln und bunten Fäden mit unglaublicher Schnelligkeit auf Leinen stickten.

17) An Schottland und den Orkneys im nördlichen Ozean vorbei.

18) Er hatte nämlich gerade nicht das Säckchen dabei, um dem Toben des Boreas entgehen und sein Ziel Norwegen erreichen zu können.

19) Aus dem Bericht Tychos, wie oben Anm. 13.

20) Über die Rentiere, eine Art nördlicher Hirsche, schreibt Tycho Brahe an den Landgrafen von Hessen, sie könnten in Dänemark nicht gedeihen, weil dieses Land, wie kalt auch immer, dennoch viel wärmer sei als Boddien, Finnland und Lappland, wo dieses Tier geboren wird. Da Island auch selbst unter dem Polarkreis liegt, ist es folgerichtig, ihm dieselben Kältegrade zuzuschreiben.

21) Diese Insel hat, da sie unfruchtbar, steinig und nicht groß ist, keine Einwohner, außer etwa 40 Fischern.

22) Das war die stete Art dieses wahrhaft wissenschaftlichen Mannes: Fragen stellen, lernen, Berichten dieser Art großen Wert beimessen, häufig »wiederkäuen«, auf naturwissenschaftliche Theoreme anwenden.

23) Es handelt sich zwar um eine zum Deutschen gehörige Sprache, aber ihre Dialekte sind in Dänemark sehr verschieden ausgeprägt, wie auch in Island, das offenkundig eine Kolonie der Norweger ist, denen auch das benachbarte Reich Grönlands vor 100 Jahren gehörte. Es ist sogar durch die Erzählungen eines schiffbrüchigen Kaufmanns aus Venedig erwiesen, dass selbst die Orkneys 200 Jahre lang die deutsche Sprache und deutsche Sitten gepflegt haben.

24, 27) Selten unter zehn, manchmal an die dreißig. Er unterrichtete sie durch Übungen im Gebrauch der verschiedenen Instrumente zur Beobachtung der Sterne, durch Beschreibungen und Berechnungen, durch Arbeiten in Pyronomie und ähnlichen wissenschaftlichen Fachgebieten.

25) Er war Herr seines großen Vermögens, das er geerbt hatte, und gab viel davon für die Studien aus. Außerdem triumphierte er über jede Art Überdruss und strebte unermüdlich nach Dingen, an denen man gemeinhin verzweifelte; das zeigt seine Methode der Beobachtung aufs Genaueste. Darin kämpfte er mit der Natur des menschlichen Gesichtssinns selbst, und er siegte.

26) Unter den Vergnügungen des Manns war eine die, dass er manchmal Leute, welche die Insel verlassen wollten und schon Abschied genommen hatten, durch eine plötzliche Absage seitens der Bootsleute erschreckte und sie länger dabehielt, als sie wollten — es sei denn, jemand hätte fliegen gelernt.

28) Ich las damals das Werk von Martin Delrio »De magia«. Und bekannt ist Vergils Vers:

Carmina uel coelo possunt deducere lunam.
Zaubersprüche können selbst den Mond vom Himmel holen.

Vor allem passte der Bezirk des Himmels. Denn in Island scheint oft der Mond nicht, obwohl bei den übrigen Völkern Vollmond ist. Schriftsteller berichten, dass den nördlichen Völkern die Magie vertraut ist, und es ist auch glaubhaft, dass jene Geister der Finsternis sich in den langen Nächten auf die Lauer legen. Island liegt aber tief versteckt im Norden. Zweifellos ist die Ruhe im dämmrigen Licht der Philosophie von Vorteil, wie auch ununterbrochene Nächte. Der hochberühmte Herzog Julius Friedrich von Württemberg bestätigt das, der auf einer denkwürdigen Reise auch den Norden durchstreift hat. Er sagt, dort fänden sich überall Männer, deren Gelehrsamkeit ans Wunderbare grenze, und die ihre Philosophie mit uns ungewöhnlicher Höflichkeit gegen Ankömmlinge vortrügen.

29) Diese Jahreszeit hielt ich für die angenehmste, um von jenem Hafen im Königreich Dänemark nach Island zu segeln.

30) Das folgt aus Anm. 13 gemäß der sphärischen Astronomie.

31) Siehe Anm. 28.

32) Judicibus lites, aurigae somnia currus,
quasque die quaeris, nocte potiris opum.
Der Richter träumt von Prozessen, der Wagenlenker von Rennen, / Schätze, die man am Tag sucht, gewinnt man in der Nacht.

33) Der o.g. Bischof versicherte dem Tycho Brahe, die Isländer seien außerordentlich begabt.

34) Diese Geister sind die Wissenschaften, in denen sich die Gründe der Dinge offenbaren. Mich erinnerte an diese Allegorie das griech. Wort daemon, das sich von δαίειν herleitet, das heißt »wissen«, und fast bedeutungsgleich mit δάημων (»verständig«) ist. Dies vorausgesetzt, lies noch einmal Anm. 28, von »Zweifellos …« an!

35) Der eigentliche Grund für die Zahl ist mir entfallen. Habe ich an die neun Musen gedacht, die selbst auch für die Heiden als Göttinnen das sind, was für mich der Geist ist? Oder habe ich die folgenden Wissenschaften in der Zahl zusammengefasst: 1. Metaphysik. 2. Physik. 3. Ethik. 4. Astronomie. 5. Astrologie. 6. Optik. 7. Musik. 8. Geometrie. 9. Arithmetik?

36) Ich bin sicher, hier aus der Schar der Musen Urania, von den Wissenschaften die Astronomie im Sinn gehabt zu haben. Denn wenn die Nordländer wegen der Kälte nicht viel Schutz für das Leben entbehren müssten, würde ich sagen, dass sie geeigneter für die Astronomie seien als die übrigen Menschen, weil die Unterschiede der Tage und Nächte bei ihnen größer sind — diese Umstände laden zur Astronomie ein.

37) Wenn man das auf die Musen bezieht, sind die übrigen (außer Urania) dem Vorwurf der Eitelkeit ausgesetzt; wenn auf die Wissenschaften, dann behandelt die Physik auch Gifte, bringt auch Alchimisten hervor, wenn man sie ohne Umsicht betreibt. Die Metaphysik bläht sich in verdrehtem Ehrgeiz auf, verwirrt die katholische Lehre durch übertriebene und unnütze Feinheiten; die Ethik empfiehlt einen Grad an Edelmut, der nicht allen erreichbar ist; die Astrologie begünstigt den Aberglauben, die Optik täuscht, die Musik dient den Liebschaften, die Geometrie ungerechter Herrschaft, die Arithmetik der Habsucht. Eine bessere Erklärung aber ist, dass zwar alle für sich selbst mild und unschuldig sind (und darum nicht jene abtrünnigen und nichtswürdigen

Geister, die mit Magiern und Hexen Verkehr haben, welche für ihre Grausamkeit und Schädlichkeit das unwiderlegliche Zeugnis gerade von ihrem Patron Porphyrios besitzen), aber besonders die Astronomie, schon wegen der Eigenart ihres Gegenstandes.

38) Auf die Frage, was mich auf diese Zahl brachte, habe ich keine bessere Antwort als die, dass ich ebensoviele Buchstaben oder Schriftzeichen in den Worten Astronomia Copernicana fand; und dass es ebensoviele Arten von Konjunktionen zwischen je zwei Planeten gibt, deren Zahl sieben ist. Erfreulicherweise kommt hinzu, dass es ebensoviele Kombinationen von je zwei Würfeln gibt. Die 21 ist ja die trigonomische Zahl bei der Basis sechs. Die Allegorie der Beschwörung ist aus Delrios »De magia« genommen; darunter verbirgt sich aber ein sprachlicher Sinn: »er wird beschworen« bedeutet das gleiche wie »er wird ausgesprochen«.

39) Das wird auch über die Finnen, ein nördliches Volk, und deren Nachbarn, die Lappen, von Olaus [Magnus] und anderen berichtet. Ich aber habe es auf die Wissenschaft von den natürlichen Tagen, Zonen und Klimaten übertragen und auf die Erfahrung der Holländer im Eismeer, die alles so vorfanden, wie wir Astronomen es schon seit Jahrhunderten durch unsere Lehrtätigkeit annahmen, die wir hier weit entfernt ausüben.

40) Oben war von Landstrichen die Rede, die der Mensch betreten kann; hier sind nun die Himmelsregionen gemeint.

41) Ein beliebtes Spottwort ist: Lieber will ich glauben, als selbst nachzusehen. Die meisten Leute fragen, ob wir Astronomen schon länger vom Himmel herabgestiegen sind. Diesen antwortet Galilei in seinem »Sidereus nuncius« mehr gemäß seiner eigenen Fassungskraft: Aber gültiger ist das Urteil der Vernunft, deren Zeugnis jede Erfahrung übertrifft. Das haben die Holländer auf ihrer winterlichen Expedition erfahren, s. Anm. 39.

42) Mond heißt auf Hebräisch »Lebhana« oder »Levania«; ich hätte ihn auch »Selenitis« nennen können. Aber die hebräischen Wörter, dem Ohr fremder, empfehlen sich in den geheimen Künsten durch stärkeren mystischen Klang.

43) Sieh da, wie mich wiederum die Notwendigkeit meiner Annahmen an die Küste geschleudert hat, die Plutarch wählte, als er auch selbst die Rückkehr des Saturns in den Stier erwähnte! Aber die Reihenfolge meiner Wahl war folgende: Ich ahmte die Art der Astrologen nach, um sowohl die Sonne als auch den Mond in den je eigenen Rang zu versetzen. Nun stand aber die Sonne im Löwen als ihrem Haus, bevor Duracotus nach Hause zurückkehrte. Wäre das nicht so gewesen, hätte zwar die Sonne in diesem Zeichen, der Mond im Krebs, ebenfalls in jeweils ihrem Haus, stehen können, abnehmend und gehörnt; jedoch hätte ich den Nachteil in Kauf nehmen müssen, dass ich gezwungen gewesen wäre, die Sonne unter den Horizont des Aufgangs zu stellen, weil die Nacht zu solchen Ereignissen besser passt. Wegen dieses Nachteils schloss ich den Krebs aus und verließ das Jahr, in dem Saturn im Krebs stand, nämlich das Jahr 1593, in dem du die berühmte Abhandlung über den Mond geschrieben hast, Besold. Diese Änderungen finde ich noch jetzt in meinem ersten Exemplar. Entsprechend wählte ich also für meinen Duracotus nach Ende des Winters in seiner Heimat den März und die Sonne an den Äquinoktien, ein gutes astronomisches Zeichen, und am Eingang zu ihrem Aufstieg in den Widder. Wenn nun der Mond gehörnt erscheinen musste, natürlich in einem der Sonne benachbarten Zeichen, dann besaß ihr Aufstieg in keinem anderen Zeichen eine solche Würde wie im Stier. Damit man ihn neben den anderen Sternen sehen konnte, musste die Sonne bei Einbruch der Nacht unter den westlichen Horizont sinken. Das war es, was ich wollte: Besonders in Zeichen mit langem Abstieg ist der Mond an seinem Platz mit seinem ganzen Körper gut sichtbar in der Umfassung durch die leuchtende Sichel. Ich habe das in meiner »Astronomiae

pars optica«, in der Behandlung von Galileis »Sidereus nuncius« und in der »Epitome astronomiae Copernicanae« gesagt. Damit also auch Saturn mit dem Mond in Konjunktion treten konnte, was die Astrologen als Gegenstand der geheimen Künste betrachten, musste auch der Saturn in den Stier versetzt werden. So ergibt sich als Zeitspanne – in der auch die Beobachtungen Tycho Brahes besonders intensiv waren – die zehn Tage vom 11. bis zum 21. März abends im Jahr 1559. Dann fällt die Konjunktion auch noch in die Konstellation der Plejaden; und dieses Gestirn, neben dem Mond stehend, vermehrt dann die Einbildungskraft eines Neugeborenen, wie ich in meiner »Harmonice mundi« zugestanden habe. Ja, sogar die Methodik der Astronomie empfiehlt diese Stellung der Gestirne für die Beobachtung des gehörnten Mondes. Siehe eine Beobachtung dieser Art in meiner »Astronomiae pars optica«, Kap. XI, S. 247, vom 8. April und 27. Juli aus dem Jahr 1598.

44, 46, 47) Auch das ist eine magische Zeremonie. Ihr entspricht in der Lehrmethode der Astronomie, dass diese überhaupt nicht lehrerhaft oder improvisierend ist; vielmehr bedarf jede klare Antwort der Ruhe, der Konzentration der Sinne, prägnanter Worte. In meinen Prager Jahren führte ich oft auf besondere Art ein bestimmtes Experiment vor, wenn Zuschauer oder Zuschauerinnen zu mir kamen. Ich zog mich dafür jedes Mal zunächst von den plaudernden Leuten zurück in einen nahegelegenen Nebenraum meines Hauses, der zu meinem Zweck ausgewählt worden war, schloss das Tageslicht aus, passte ein ganz kleines Fenster in einen winzigen Rahmen ein und verhüllte eine Wand mit weißem Stoff. Sobald ich diese Vorbereitungen getroffen hatte, rief ich die Zuschauer. Das waren meine Zeremonien, meine Riten. Wollt ihr auch Zauber-Zeichen? Auf eine schwarze Tafel schrieb ich mit Kreide, was mir für die Zuschauer passend schien, in Großbuchstaben in umgekehrter Reihenfolge (Sieh da, der magische Ritus!), so wie die Juden schreiben. Diese Tafel hängte ich draußen im

Tageslicht mit ihrer umgekehrten Reihenfolge der Buchstaben in die Sonne. Jetzt kommt's: Was ich geschrieben hatte, das erschien umgekehrt auf der weißbespannten Wand, in richtiger Reihenfolge, und wenn ein Windhauch draußen die Tafel bewegte, gerieten die Buchstaben drinnen an der Wand in entsprechend flatternde Bewegung.

45) Diejenigen von meinen damaligen Zuschauern, die noch am Leben sind, werden erkennen, sobald sie es sich ins Gedächtnis gerufen haben, was das für ein Scheideweg in meiner Wohnung war. Ein Scheideweg im zugrundeliegenden Himmelsschema, und zwar in doppelter Hinsicht: Zum einen ist gemeint die Sonne im Punkt der Tag- und Nachtgleiche, wo sich Äquator und Ekliptik der Sonne schneiden. In Brahes Manuskripten findet sich eine Beobachtung über die Höhe dieses Punktes. Die andere Wegrichtung ist der absteigende Mondknoten oder Drachenpunkt, der damals am Ende des Wassermanns lag. Auf diesen Schwanz muss der Astronom achten, um zu wissen, wann der Mond seine Grenzen erreicht. Damals war er an seiner südlichen Grenze am Ende des Stiers. Diese Position des Mondes lädt die Astronomen dazu ein, die Weite der Grenzen zu beobachten.

48) Genau dieses Schauspiel pflegte ich auch dazuzugeben, das den Zuschauern umso lieber war, als sie erkannten, dass es Schauspiel war.

49) Genau mit diesem Ritus (hui, auf wie magische Art magisch!) hatten wir ein wenig früher, als ich mein Buch in Angriff nahm, die Sonnenfinsternis im Jahr 1605 vom 2. bis zum 12. Oktober beobachtet. Ihr, die ihr dabei wart, erinnert euch an den Gesandten von Pfalz-Neuburg. Auf dem Sonnenplatz des Lusthauses in den Gärten des Kaisers fehlte uns nämlich ein verdunkelter Raum. Deswegen verhüllten wir die Köpfe mit unseren Mänteln und schlossen so das Tageslicht aus.

50) Ich halte es nicht für unmöglich, mit verschiedenen Instrumenten sowohl die einzelnen Vokale als auch die Konsonanten zur Nachahmung der menschlichen Sprache hervorzubringen. Was jedoch dabei herauskommen wird, dürfte einem Getöse und Gekrächze ähnlicher sein als einer lebendigen Stimme. Ich glaube auch, dass in solcher Mechanik einige Fallen für Abergläubische und Leichtgläubige stecken, so dass sie manchmal glauben, Dämonen sprächen zu ihnen, während doch die Technik magische Gaukelei erzeugt. Irgendetwas dieser Art mag sich jedoch tatsächlich ereignen. Ich will das lieber anderen Leuten glauben, die es steif und fest behaupten, als es selbst, durch keine Erfahrung gestützt, zu bestreiten.

Doch kommt mir hier die angenehme Erinnerung an Matthias Seiffart seligen Angedenkens in den Sinn, einen Schüler Tycho Brahes, der auch nach dessen Tod noch bei seinen Erben blieb. Er verbrachte drei Monate damit, die Ephemeride des Mondes nach Tychos Regeln für ein Jahr zu berechnen. Dessen Stimme war solchen Tönen ganz ähnlich. Ihn befiel eine melancholische, wahnhafte Krankheit, die keinen Platz zum Scherzen ließ und schließlich in Tod durch Wassersucht endete.

51) Die Wissenschaft vom Erscheinen der Sterne, von δαίειν = wissen.

52) Von luna=Mond abgeleitet, auf den die Augen in der Phantasievorstellung übertragen waren.

53) Einem Grad eines großen Kreises auf der Erdkugel entsprechen 15 deutsche Meilen. Z.B. ist die Polhöhe Roms 41° 50’ und diejenige Nürnbergs 49° 26’ ungefähr auf demselben Meridian, das macht also 114 Meilen, und zum Donauufer 100. Rostocks Polhöhe ist 54° 10’, also ist es von Nürnberg nach Rostock 71 Meilen. So ist die Polhöhe von Linz 48° 16’, von Prag 50° 6’, die Differenz 1° 50’, das macht 26 Meilen. Wenn 1 Grad 15 Mei-

60) Siehe da, das ist Aulis, und das Bündnis, das Troja zerstörte! Mir aber stand der Sinn nur nach Scherzen und scherzhaftem Argumentieren. Wenn es wahr ist – sage ich –, was die meisten Gerichte von Hexen behaupten, dass sie sich nämlich durch die Luft fortbewegen, dann ist es vielleicht auch möglich, dass irgendein Körper der Erde entrissen und auf den Mond geschafft wird.

61) Zu den Eigenarten der Witze gehört auch, dass man, obwohl man nach allgemeinem Urteil den Beifall eines Menschen verdient, ein anderer aber zugehört hat, sowohl den einen verletzt als auch den anderen. Dennoch: Wie Deutschland den Ruhm der Feistheit und Esslust genießt, so genießt Spanien den des Geistes und der Urteilskraft sowie der Mäßigung. In hochgeistigen Wissenschaften, zu denen die Astronomie gehört (und besonders die vom Mond her betriebene, da sich in ungewohnter Lage befindet, wer vom Mond aus beobachtet), ist also, wenn sich ein Deutscher und ein Spanier in gleicher Weise anstrengen, der Spanier weit überlegen. Und daher habe ich vorausgesagt, dass dieses Büchlein den Deutschen lächerlich vorkommen muss, von den Spaniern aber recht hoch geschätzt wird.

62) Die zentrale Mondfinsternis dauert von Anfang bis Ende, wenn die Himmelskörper in ihren Apogäen stehen, um wenige Minuten länger. Die Parallaxe der Sonne ist nämlich 0' 59", die des Mondes 58' 22", zusammen 59' 21", der Radius der Sonne ist 15' 0". Also ist der Radius des Schattens 44' 21". Zusammen mit dem Radius des Mondes 15' 0" ergibt das wieder 59' 21". Aber die wahre Bewegung des Mondes in einer Stunde beträgt 29' 44", die der Sonne 2' 23", die des Mondes von der Sonne weg 27' 21", das Doppelte davon für zwei Stunden subtrahiert ergibt 4' 39". Aber 4' 33" 30''' sind in zehn Minuten erreicht und die übrigen 5" 30''' in zwölf Sekunden. Also umfasst die ganze Dauer 4° 20' 25". Freilich ist diese Länge äußerst selten. Soll also irgendein Körper von der Erde abheben und zum Mond gelangen, so muss er entweder viele

Tage im Schattenkegel der Erde in der Höhe schweben, damit er beim Eintritt des Mondes in diesen Kegel bereitsteht, oder, wenn das der Natur des Körpers sehr zuwider und unvereinbar mit ihm ist, den ganzen Weg von der Erde bis zum Mond in jenem ganz kurzen Zeitraum zurücklegen, in dem der Mond im Schattenkegel weilt. Einen Grund liefert auch die Lehre vom Magnetismus. Der Mond ist ein der Erde verwandter Körper. Diese Aussage stützt einer der Gesprächspartner bei Plutarch im Dialog »De facie Lunae« mit vielen Argumenten. Auch den Aristoteles zählen seine arabischen Übersetzer zu den Vertretern dieser Meinung. Wenn ich mich nicht täusche, handelt es sich um das Buch 2 von »De caelo«, S. 426, worauf sie sich ständig berufen; darüber mehr im Vorwort zu Buch 4 meiner »Epitome astronomiae Copernicanae«, Kap. 12. Aber der deutlichste Beweis für diese Verwandtschaft liegt in den Gezeiten des Meeres. Darüber s. meine Einführung in den Kommentar über die Bewegungen des Mars. Wenn der Mond im Zenit über dem Atlantischen Ozean, dem sogenannten Australischen Ozean, dem östlichen Ozean oder Indischen Ozean steht, zieht er die Wasser an, welche die Erdkugel umfließen. Durch diese Anziehung eilen die Wasser von allen Seiten zum freien Raum, der von Erdkontinenten nicht umschlossen ist und senkrecht unter dem Mond liegt, und entblößen die Küsten. In der Zwischenzeit aber, während sie noch auf dem Wege sind, bewegt sich der Mond vom Scheitelpunkt über dem einen Ozean weg, die Masse des Wassers, das sich bislang nach Westen drängte, ist von der anziehenden Ursache verlassen, fließt zurück und ergießt sich umgekehrt über die östlichen Gestade. In Buch 4 meiner »Harmonice mundi« im letzten Kapitel erwäge ich eine weitere Ursache für Flut und Ebbe des Meeres, die indes mit dieser verknüpft ist. Aber das, was ich hier darlege, genügt für den gegenwärtigen Zweck. Denn wenn die Dämonen nirgendwo anders als im Schattenkegel sich aufhalten und man sich vorstellt, dass sie irgendeinen Körper in die Höhe gegen den Scheitel des Kegels hinreißen, dann sind sie gewiss, wenn nicht zugleich der den Kegel durchwandernde

Mond in der Nähe ist, ganz allein, ohne jede Hilfe; sie werden sich abmühen, schwitzen, natürlich ermatten. Aber wenn sie bei günstigem Mond zu Werk gehen, dann wird dieser, anwesend im Schatten, durch magnetische Anziehung des verwandten Körpers ihre Versuche unterstützen. Siehe Anm. 78.

63) Hier erkennt man eine andere Ursache für die Kürze der Zeit, die bei der kürzeren Finsternis für diese Reise zur Verfügung steht, nämlich eine, die nicht von der Natur des Körpers, sondern vom Geist der Reisenden hergeleitet ist.

64) Der ganze Satz gehört zum Bereich der Allegorie. Da es wenige herausragende und große Finsternisse gibt und selten Gelegenheit besteht, sie zu beobachten, wird die Astronomie (einer der Geister) nicht allgemein durch die Finsternisse bekannt. Aber es gibt Forscher, die alle Forschungsgebiete (die Familie dieser Geister) mit Hingebung pflegen. Diese, sage ich, lauern auf die Zeit der Mondfinsternisse; sie benutzen die genannten Leitern und wagen nach dem Aufstieg zum Mond, d.h. nach der Erforschung der Natur und des Laufs der Sterne zu streben.

65) Hier kehre ich zurück zur Betrachtung der Natur der Körper, indem ich die Einbildungskraft bemühe.

66) Gravitation definiere ich als eine Kraft wechselseitiger Anziehung, ähnlich der magnetischen. Die Kraft dieser Anziehung ist größer bei benachbarten Körpern als bei entfernten. Stärker also widerstehen sie der Trennung des einen vom andern, wenn sie einander noch nahe sind.

67) Der Stoß ist nicht stark, wo der Körper leicht weicht, der gestoßen wird. Deswegen muss eine Bleikugel stärker gestoßen werden als eine aus Stein, weil in jener mehr Gewicht steckt und ihre Widerstandskraft daher größer ist. Wenn also Körper schwer

sind, widersetzen sie sich der Bewegung. Die Stoßkraft eines so jähen Antriebs wird also übergewaltig sein.

68) Hier habe ich wenigstens gegen die Schärfe des Schmerzes Vorsorge getroffen. Ein anderer möge für die Unversehrtheit des Reisenden sorgen, damit er nicht in einzelne Stücke gerissen wird, gleich ob schlafend oder wachend.

69) In zusammengesetzten Körpern erleiden die Teile, die dem anstoßenden Gegenstand am nächsten liegen, größeren Schaden, da sie vom Gewicht der auf ihnen lastenden Teile niedergedrückt werden.

70) Unsere Körper werden warm gehalten durch die Wärme der fortwährenden Ausdünstung aus den Eingeweiden der Erde; sie fällt herab in Regen oder bei Nacht, in Abwesenheit des warmen Sonnenstrahls verdichtet in Tau oder Reif. Wenn die Haut diesen äußeren warmen Dunst nicht spürt, beginnt sie zu schaudern. Auch der warme Dunst, der aus dem Körper fließt, zieht sich in sich selbst zurück, wenn die Wärme fehlt, durch deren Kraft er ausgedünstet war, und wird zur kalten Materie, verfestigt sich und sucht den Weg zu dem Körper, aus dem er hervorging. In den Körper eingedrungen, überträgt er die Kälte auf diesen. Die Luft des Äthers schließlich ist ohne Einstrahlung der Sonne kalt, da die Wärmezufuhr fehlt.

Da sie sehr dünn ist, nimmt sie andererseits auch Kälte von sehr geringer Wirkung auf, solange sie unbewegt ist. Wenn jedoch Bewegung hinzukommt, verleiht diese ihr eine gewisse Kraft der Dichtigkeit durch die Kraft der Wirkung selbst, so dass sie, je heftiger ihr Aufprall auf einen Körper oder der eines fliegenden Körpers auf sie selbst ist, umso dichter und auch kälter wird, da sie infolge ihrer Feinheit auch durchdringender ist. Die Kälte wird eine aktive Eigenschaft durch die Dichte der Materie, während ich ihr, wenn sie noch nicht verdichtet ist, nur eine privative

Kälte zuschreibe. Den Übergang von der privativen zu der aktiven Art zu erklären, überlasse ich anderen. Siehe meine hierher gehörende Betrachtung, die ich in meiner »Astronomiae pars optica« durch Vergleich des Lichtes und der schwarzen Farbe durchgeführt habe! Und wo du siehst, dass ich Schwierigkeiten habe, da hilf mir, die Gründe herauszufinden!

71) Siehe Anm. 57.

72) Dies nur der Form halber! Die Natur lässt mich im Stich. Ich weiß nicht, ob es willkommen ist, dass ich in einer ernsten Sache zum Scherz übergehe. Auch die Allegorie fröstelt. Den Mangel an lebensnotwendigen Dingen gleicht jener Dämon namens Astronomie durch die angeborene Kraft feuriger Begeisterung für die Forschung doch völlig frostig aus.

73) Ich durfte mir die so passende Erzählung des Aristoteles über die Forscher, die den Olymp in Asien um der Erkenntnis willen mühsam bestiegen, nicht entgehen lassen.

74) Natürlich an dem Punkt, an dem der Körper aus der Sphäre der magnetischen Kraft der Erde so weit herausgelangt war, dass schon die magnetische Kraft der Mondsphäre die Überhand gewann.

75) Wenn sich die magnetische Kraft der Erde und des Mondes durch gegenseitige Anziehung aufheben, dann ist es gerade so, als wenn kein anderer Körper irgendwohin lockte. Dann also zieht der Körper selbst als ganzer seine Glieder, die als Teile kleiner als der ganze sind.

76) Nicht ganz und gar mit dem Willen. Auch jetzt noch sind Kräfte notwendig. Denn jeder Körper behält gemäß dem Wesen der Materie eine gewisse Trägheit zur Bewegung, die dem Körper

Ruhe gewährt an jedem Ort, an dem er sich außerhalb von Anziehungskräften befindet. Diese Kraft, oder besser: Trägheit, muss derjenige überwinden, der den Körper von seinem Platz wegbewegen will.

77) Wenn nämlich wegen der Nähe die Sphäre der magnetischen Kraft des Mondes überwiegt. Gesetzt nämlich, dass irgendeine Teilmasse der Erde, die der Mondkugel entspricht, gleichstark anzieht, dann wird ein Körper, der sich so zwischen beiden Kugeln befindet, dass die Proportion der Entfernungen derjenigen der Massen gleicht, unbewegt bleiben, da die Anziehungskräfte einander aufheben. Das trifft ein, wenn der Körper von der Erde 58 1/59 Erdradien entfernt ist, vom Mond aber 58/59 des Erdradius. Rückt derselbe Körper nun aber ein wenig näher an den Mond heran, wird er schon dem anziehenden Mond folgen, da dessen Kraft aufgrund der Nähe überwiegt.

78) Am Anfang zwar wenig, aber ganz nahe am Mond sehr viel, wie sogleich folgt. Das gleiche gilt für »von geringem Nutzen«, nämlich für diejenigen, die sich überhaupt nicht anstrengen. Wenn man sich aber anstrengt, einen Körper hochzuheben, hilft die Schwerkraft des Mondes auch dann, wenn die Erde noch stärker ist.

79) Siehe Anm. 67, 68, 69. Der Reisende muss aber darauf achten, mit so unversehrtem Körper anzukommen, dass er auch aufwachen kann. Die Allegorie verabreicht hier denjenigen, die durch das Gelübde der Keuschheit gebunden sind, ein probates Mittel gegen die natürlichen Regungen: Angespannte, fortwährende, leidenschaftliche geistige Schau.

80) Das (s. Anm. 62) ist der Natur des Körpers ganz entgegengesetzt und feindlich, ja vielmehr unmöglich.

81) Es ist mir ein großes Vergnügen, beinahe dieselben Worte schon bei Plutarch zu finden.

82) Weil sie Geister der Finsternis genannt werden (s. Anm. 55). Aber in der Allegorie entspricht der Reise durch den Schatten die Beobachtung der Finsternisse; der Sonne entsprechen die politischen Angelegenheiten, den schattigen Höhlen des Mondes die Absonderung und Schatten der Scholastik, dem Aufenthalt in den Höhlen die ununterbrochene Aufmerksamkeit, die sich auf die stete Beobachtung der Finsternisse richtet. Ich hatte in Prag eine Wohnung, in der kein Raum geeigneter dazu war, den Durchmesser der Sonne zu beobachten, als ein unterirdischer Bierkeller. Aus dessen Tiefe richtete ich durch eine hoch liegende Öffnung ein astronomisches Rohr, das ich in meiner »Astronomiae pars optica« beschrieben habe, an den Solstitien mittags auf die Sonne. Aber diesen Teil der Allegorie führt die folgende Anm. 83 weiter aus.

83) [fehlt im Original]

84) Das geschieht am 7. oder 8. Tag nach der Mondfinsternis, wie unten beschrieben.

85) Totale Finsternisse der Sonne ereignen sich häufiger als solche des Mondes.

86) Das Thema ist in Anm. 55 ausführlicher behandelt. Aber wenn du es auf die Allegorie beziehst, dann wirst du umgekehrt Vorhersagen von Sonnenfinsternissen gewinnen, die aus der Systematik stammen, welche auf der Beobachtung von Mondfinsternissen beruht.

87) Wenn sich nämlich der Radius des Saturn-Kreises zum Radius der Fixsterne ebenso verhält, wie dieser wiederum zum Radius der Sonne (wie ich a priori in »Epitome astronomiae Coper-

nicanae«, Buch 4, abgeleitet habe), dann folgt daraus, dass der Radius des Saturnhimmels kaum der 2000. Teil des Radius der Fixstern-Sphäre ist, der des Himmels, in dem die Erde und der Mond sich befinden, kaum der 20000. Teil, und der Radius der Mondsphäre der 1/59. Teil des genannten Himmels. Es variieren also die Abstände der Erde von den Fixsternen um nicht mehr als den 10 000. Teil. Die Abweichungen des Mondes fügen von dieser so kleinen Abweichung noch einmal den 30. Teil dazu. So ergibt sich die gesamte Abweichung des Mondes von den Fixsternen als ganz unmerklich.

88) Da der Mond uns Erdbewohnern immer dieselben Flecken zuwendet, können wir schließen, dass er die Erde umkreist, als ob er mit einem Faden an sie angeknüpft wäre; und dass er mit seinem oberen Teil niemals die Erde erblickt, mit dem unteren Teil – oder der unteren Hemisphäre – immer.

89, 90) Es gefiel mir, die Erde, die wir Erdbewohner so nennen, aus der Vorstellung der Mondbewohner heraus Volva zu nennen. Wir nennen ja das nächtliche Leuchten von der weißlichen Farbe auf hebräisch Lebhana, im etruskischen Dialekt (vom Phönizischen, glaube ich, abgeleitet) heißt es Luna, auf griechisch Selene von σέλας, was weißlicher Glanz bedeutet, denn so erscheint der Mond uns, die wir auf der Erde weilen. Dann ist es aber richtig, auch den Mondvölkern eine Benennung unserer Erde, die sie wie eine Art Mond wahrnehmen, zuzubilligen, die von der Erscheinungsform ihrer Gestalt abgeleitet ist. Ihnen erscheint aber diese Kugel am Himmel in ewiger Umdrehung um ihre unbewegliche Achse. Diese Umdrehung können sie aus der Abwechslung der Flecken erkennen, wie weiter unten erklärt wird. Aufgrund der Umdrehung also soll sie Volva genannt werden [von lat. volvere, umwälzen], und Subvolven oder Subvolvanen diejenigen, welche die Volva sehen, Privolven die, welche des Anblicks der Volva beraubt sind [von lat. privare, berauben].

91) Wir auf der Erdkugel halten jene beiden Punkte des Fixsternhimmels, die einander auf der Verlängerung der Erdachse nach beiden Seiten gegenüber liegen, für die Pole der Welt. Diese beiden Punkte sehen wir unbewegt inmitten der ersten Bewegung. Diese beiden Punkte werden von den Mondbewohnern nicht als Pole betrachtet. In ihrer Beobachtung dreht sich nämlich der Sternhimmel nicht in so kurzem Zeitraum, den wir mit 24 unserer Stunden bemessen, um diese Punkte. Sondern die verlängerte Achse des Mondkörpers fällt ihrerseits, da sie zur Ebene der Ekliptik fast im rechten Winkel steht, mit Punkten der Fixsternsphäre zusammen, die nahe den Polen der Ekliptik liegen. Das sind für die Mondbewohner die Pole der Welt. Denn die Fixsternsphäre dreht sich von ihnen aus gesehen in einem Zeitraum, den wir einen Monat nennen, um diese Achse, deswegen, weil in Wahrheit die Mondkugel selbst sich um diese Achse und ihre beiden Extrempunke dreht, wie um solche, die am Ort verharren. Obwohl nämlich die Mondkugel und in ihr diese Achse um die Erdkugel im Lauf eines Monats herumkreist, bleibt sie dennoch dabei in jeder Lage sich selbst parallel; und darum zeigt sie während eines Umlaufs auf dieselben Punkte der Fixsternsphäre. Denn das Ausmaß der Mondbahn ist, verglichen mit dem Fixsternhimmel, nicht wahrnehmbar. Dass aber der Divisor-Kreis durch diese Pole der Mondkugel läuft, ergibt sich daraus, dass sich während der ganzen Zeit des Monatsumlaufs immer dieselben Mondflecken der Erde zuwenden . Wie sehr wir auch die Mondkugel so als unbeweglich wahrnehmen: in Wahrheit dreht sie sich doch um die genannten Punkte.

92) Da die Mondkugel so um die Erde kreist, dass der Erde immer dieselbe Hemisphäre zugewandt ist, die man das »Gesicht« dieser Kugel nennen könnte, so ist klar, dass sie, wenn sie zwischen Sonne und Erde steht und uns als Neumond, d.h. schmal und gehörnt erscheint, dann der Sonne den Rücken zuwendet und das »Gesicht« von ihr abwendet; aber wenn wir Vollmond haben

und natürlich zwischen ihr und der Sonne stehen, dann wendet sie den Fixsternen den Rücken zu, den sie von der Sonne abwendet, und dreht ihr »Gesicht« der Sonne und der Erde zu. Für die ganze Welt gilt: Ist die Sonne gegenwärtig, dann ist Tag, ist sie abwesend, dann ist Nacht. Es haben also beide Mondhälften ihren Tag und ihre Nacht, aber nicht ein so kurzes νυχθήμερον [Nacht-Tag-Folge] wie wir. Denn was bei uns einen Monat ausmacht, erscheint ihnen in der Länge eines einzigen Tages.

93) Die Verschiedenheit der Tage und Nächte außer den Äquinoktien kommt bei uns dadurch zustande, dass für uns die Pole der Welt Abstand zu haben scheinen von den Polen der Ekliptik. Diese Pole der Welt, die wir haben, existieren für die Mondbewohner nicht. Sie haben hingegen andere Pole der Welt, die den Polen der Ekliptik ganz nahe sind. Und wenn es eine Verschiedenheit aus ihrem ganz kleinen Abstand von den Polen der Ekliptik gibt, dann ist sie mit der unsrigen nicht vergleichbar, ganz gewiss nicht sehr bemerkbar. Daher haben sie fast ewiges Äquinoktium für die ganze Kugel, so wie auch bei uns auf der Erde am Tage des Äquinoktiums rund um den Erdball Äquinoktium herrscht.

94) In meinen »Ephemerides novae« weicht die Phase des Halbmonds vom 90°-Abstand des Mondes von der Sonne ab, und zwar um höchstens zwei Stunden und zehn Minuten unserer Zeit. Das kommt daher, dass das Verhältnis der Mondbahn zur Sonnenbahn (oder Erdbahn) 1:59 beträgt — im Apogäum wohlgemerkt. Nun aber wird es bei den mittleren Subvolven Tag, wenn der Ort der Mondkugel im Kreis der Mondbeleuchtung erreicht ist, welche die Phase bestimmt, nicht, wenn der Mondmittelpunkt mit der Sonne 90° bildet. Weil in beiden Phasen der Mond näher zur Sonne steht als die Erde, und auch ein Teil der Mondbahn von diesen Grenzpunkten aus außerhalb um die Erde herumgeführt wird, der länger ist als der innere, zwischen Erde und Sonne verbrachte Teil, und jener äußere Teil den mittleren Subvolven den Tag zumisst, den mittleren Privolven aber die Nacht: So fügt folglich den

Subvolven der Tag, den Privolven die Nacht außer der von uns festgesetzten Halbmonatsfrist noch ungefähr vier unserer Stunden hinzu, und ebensoviel schwindet im Wechsel bei jenen von der Nacht, bei diesen vom Tag. Was ferner von der Mitte der Hemisphäre des Mondes gesagt wurde, das bezieht sich auch auf die folgenden Abschnitte gegen Osten und Westen, mit dem einzigen Unterschied, dass die Mondkugel sich um so viele Längengrade über die Stelle hinausbewegt, an der für die mittleren der Tag aufging, um wie viele Längengrade ein beliebiger Punkt vom Meditullium [Mittelkreis] entfernt ist.

95) Wie es notwendigerweise auf der Erdkugel geschieht, direkt unterhalb des Pols, am Tag des Äquinoktiums.

96) Hier offenbart sich die Hypothese des ganzen »Somniums«, nämlich die Begründung für die Bewegung der Erde, oder eher die Widerlegung der Begründung gegen die Bewegung der Erde, die auf der Sinneswahrnehmung aufgebaut ist.

97) Wenn der Tag definiert ist durch Anwesenheit der Sonne und die Sonne dort anwesend ist, wo die Landschaft, durch ihr Licht erleuchtet, erblickt werden kann, so ist gewiss, dass wir dieselben Flecken des Mondes mitten in ihrem Köper an ganzen 15 Tagen erblicken, da sie ununterbrochen angestrahlt sind, ohne von Nacht unterbrochen zu werden. Bei Vollmond nämlich zeigt sich uns ihr Anblick, wenn wir an einem Ort bleiben, mehr als 16 Stunden. Und auch wenn uns der Mond unter dem Horizont verborgen ist, erscheint er anderen Menschen, wegen der Rundung der Erde. Der Tag der Mondbewohner ist also so lang wie 15 unserer νυχθήμερα [Nacht-Tag-Folgen]. Und folglich ist ihre Nacht eine weitere Folge von 14 vollen Tagen, und mehr.

98) Wenn wir auf der Erde – nicht freilich das gemeine Volk, sondern wir Astronomen – in acht Jahren 99 Monate, oder in 19 Jahren 235 Monate zählen, was können wir uns dann (obwohl die

natürlichen Mondmonate nicht mit derselben Notwendigkeit die Grundlage unserer Tätigkeit sind wie Tag und Nacht) anderes von den Mondvölkern vorstellen, als dass sie sich nach genau denselben Zahlen richten, wenn es denn da ein Geschöpf gibt, das zählen kann? Denn einen anderen Tag haben sie nicht. Das Anzeichen dafür aber, dass die Periode von 19 Jahren beendet ist, besteht für sie darin, dass dieselben Sterne genau in derselben Anordnung aufgehen, wie zu Beginn.

99) Die Bezeichnung Medivolvane hat dieselbe Bedeutung wie unsere Meridiane. Wir aber haben ganz viele Meridiane, sie nur einen Medivolvan. Denn es gibt nur zwei Punkte, die auf den nach der Volva benannten Halbkugeln genau einander gegenüber liegen und durch die er läuft. Dennoch stehen diese Medivolvane nicht anstelle unserer Meridiane; vielmehr haben die Mondbewohner daneben auch eigene, mondgemäße Meridiane, die durch die Pole und die Scheitelpunkte der jeweiligen Orte bestimmt sind, Genossen sozusagen des Medivolvans, der in der Mitte zwischen allen liegt. Unsere irdischen Meridiane haben freilich keinen natürlichen Ausgangspunkt; ihre Meridiane haben aber einen, nämlich den Medivolvan. Und in diesen fallen Sonne und Volva im selben Zeitpunkt zusammen, in die anderen Meridiane nicht im selben, sondern in verschiedenen.

100) Da der Mond eine Kugel ist, streben alle schweren Gegenstände des Mondes zu dessen Mittelpunkt; und die Körper auf der Oberfläche der Kugel fassen im rechten Winkel Stand. Und sie müssen den Punkt inmitten der Fixsterne als ihren Scheitelpunkt ansehen, durch den die Fortsetzung der Linie läuft, die aus dem Mittelpunkt der Mondkugel durch ihre Fußspuren geht. Alle Sterne, die von diesem Scheitelpunkt des auf dem Mond stehenden Beobachters entfernt stehen, werden dann als geneigt betrachtet. Das ist die Grundlage der Vorstellung eines mitten zwischen den Polen liegenden Äquators und der Neigung der Sonne gegen

den Scheitelpunkt der jeweiligen Orte. Und weil vorausgesetzt ist, dass die Sonne nicht täglich das ganze Jahr über den Scheitelpunkt derer durchläuft, die am Äquator leben, sondern nur am Tag des Äquinoktiums, so ist die Achse der Mondkugel, um die sie sich dreht, nicht parallel der Achse der Ekliptik, sondern gegen sie geneigt. Immer steht sie natürlich im rechten Winkel zur Ebene der Umlaufbahn des Mondes, die er zu jeder Zeit durchläuft. Da sie geneigt ist zur Ebene der Ekliptik, ist folglich auch die Mondachse geneigt zur Achse der Ekliptik.

101) Die Knoten [Punkte am Beginn der Jahreszeiten] des Mondes laufen in 19 Jahren in umgekehrter Richtung um, der Sonne entgegen. In derselben Zeit laufen also auch die Limites [Punkte der Ekliptik, die im Abstand von 90° zu den Knoten stehen] um sowie die Pole der Umlaufbahn des Mondes, die für die Mondbewohner anstelle der Weltpole stehen, und zwar in einer kleinen Kreisbewegung von 5° Durchmesser. In 19 Sternenjahren vollenden sich bei ihnen also 20 tropische Jahre. Also kommt in 9½ Sternenjahren, d.h. in zehn tropischen, schon der zehnte Sommer für diejenigen, die ihn anfangs hatten, als die Sonne im Krebs stand, wobei die Sonne nun im Steinbock steht. Dergleichen können wir auch bei uns auf der Erde beobachten, aber viel langsamer. Bei uns nämlich herrschte Sommer vor 2000 Jahren, als die Sonne im Krebs stand und der Sirius mit der Sonne aufging. Heute ist unser Sommer vorgerückt in das Zeichen des Zwillings, obwohl der zwölfte Teil des Tierkreises den alten Namen Krebs beibehält.

102) Von diesen sechs Tagen sind nur einer oder zwei wahrhaft sommerlich, die übrigen verringern sich nach beiden Seiten zur Länge des Tages des Äquinoktiums.

103) Denn sie selbst auch gemäßigt zu nennen wage ich nicht. Es gibt nämlich auf dem Mond keine gemäßigte Temperatur, wie sich zeigen wird.

104) Den Tierkreis haben sie mit uns gemeinsam. Unser Tierkreis wird festgelegt durch die jährliche Bewegung der Erde um die Sonne. Der Mond umkreist selbst unsere Erde, so wie wir sie ringsum bewohnen. Beide haben wir also dieselbe Ursache, uns den Tierkreis vorzustellen.

105) Dies hängt mit dem zusammen, was in Anm. 101 gesagt ist. Es ist nämlich unbestritten, dass die Bedeutung des [= unseres] tropischen Jahres für die Mondbewohner wenn nicht gleich groß wie für uns, so doch wenigstens größer ist als die Bedeutung ihres eigenen tropischen Jahres. Betrachte aber hier die Grundaussage des Buches und vergegenwärtige dir, dass, was für uns die Grundelemente des ganzen Kosmos sind: Die zwölf Sternzeichen, die Solstitien, die Äquinoktien, die tropischen Jahre, die Sternenjahre, der Äquator, die Kolure, die Wendekreise, die Polarkreise, die Himmelspole — dass diese allesamt sich beziehen auf die winzige Erdkugel und nur in der Vorstellung der Erdbewohner Bestand haben. Folglich muss alles an dieser Vorstellung radikal verändert werden, wenn wir sie auf eine andere Himmelskugel übertragen.

106) Weil die Umlaufbahn des Mondes, oder ihr Abstand von der Erde, im Apogäum 1/59 des Abstandes der Sonne von der Erde entspricht. Wenn also die Privolven die Sonne in ihrem Meridian haben, befinden sie sich näher an der Sonne als die Erde, und zwar um 1/59 des Ganzen. Wenn aber die Subvolven die Sonne im Meridian haben, sind sie weiter entfernt. Denn der Vollmond hat einen Abstand zur Sonne von 60 Teilen, die Erde von 59 Teilen, der Neumond von 58. Mit der Verringerung des Abstandes aber vergrößert sich die Gestalt der Sonne. Doch wenn der Mond 90° zur Sonne steht, haben Erde und Mond den gleichen Abstand zur Sonne. Und bei 90° geht, wie wir sagten, für die Mittel-Privolven wie auch die Mittel-Subvolven die Sonne auf oder unter.

107) Der Mond weicht von der Ekliptik nach den Seiten etwa fünf Grad ab, von der Erde aus gesehen. Von der Sonne her betrachtet sind es allerdings ebenso viele Minuten, weil das Größenverhältnis der Bahnen wenig mehr als das Sechzigfache beträgt.

108) Wenn die Privolven die Sonne auf ihrem Meridian sehen, sind sie der Sonne näher als die Erde. Wenn die Subvolvanen die Sonne auf ihrem Meridian sehen, sind sie entfernter, und zwar um wenig mehr als den sechzigsten Teil, und folglich sind die Subvolvanen ungefähr den dreißigsten Teil des Ganzen entfernter als die Privolven.

Wenn daher die Sonne bei den Privolven unter dem Winkel von höchstens 5' 30" auftrifft, dann wird sie bei den Subvolven unter 5' 20" auftreffen. Ich sage das nicht deshalb, weil dieser Unterschied groß oder bemerkenswert wäre, weil es ja uns selbst auf der Erde fast unmöglich ist, den sechsten Teil einer Minute festzustellen, sondern damit die Vermutung eines größeren Unterschiedes ausgeschlossen wird, der sich etwa aus dieser seitlichen Abweichung des Mondes ergäbe. Wenn ich das Verhältnis der Umlaufbahnen zueinander beibehielte, das uns mit Älteren Ptolemäus überliefert, dann würde sich dieser Winkel auf 15' erhöhen.

109) Da die Erde und der Mond in jährlicher Bewegung um die Sonne kreisen, der Mond aber unterdessen auch um die Erde, geschieht es, dass der Mond, wenn er zwischen Sonne und Erde liegt und uns als Neumond erscheint, der Bewegung der Erde entgegenkommt. Doch bewegt er sich ihr nicht im gleichen Maß entgegen, wie die Erde vorrückt. Die Erde nämlich durchläuft Tag für Tag den 365. Teil ihres Umlaufs, der Mond aber nur den 30. Teil seines eigenen. Da dieser Umlauf wenig größer ist als der 60. Teil des Umlaufs der Erde, ist von diesem 60. Teil der 30. etwa der 1800. Teil des ganzen Umlaufs der Erde, und so der 5. Teil des 1/365. Bei Vollmond also durchläuft er 6/5 der Strecke der Erde, bei Neumond aber 4/5, und so beträgt seine Bewegung das knapp

1½-fache mehr. Aber ich muss den Leser daran erinnern, dass dieses »Somnium« geschrieben wurde vor der letzten Vervollkommnung der Größenverhältnisse der Umlaufbahnen, als ich noch den alten Gelehrten konzedierte, die Sonne befände sich in etwa 1200 Erdradien Entfernung, der Mond 60. Folglich sei die Proportion nicht 1:60, sondern 1:20. Wenn man also festlegt, die Bahn des Mondes sei der 20. Teil der Erdbahn, dann ist also dieses 20. Teils 30. Teil pro Tag der 600. Teil der Erdbahn und so mehr als die Hälfte der täglichen Erdbewegung. Es bleibt also von der täglichen Erdbewegung unter den Fixsternen weniger als die Hälfte des Neumondes übrig, was fast nichts ist; mehr als das 1½-fache des Vollmonds kommt hinzu. Das heißt, der Vollmond würde sich mehr als viermal so schnell bewegen wie der Neumond. Da die Bewohner aber annehmen, der Mond selbst ruhe, muss es ihnen den Anschein erwecken, dass die Sonne diese Bewegung und diese ungleiche Schnelligkeit ihrer Fortbewegung ihrerseits übernehmen würde. Hierauf nimmt Anm. 152 Bezug.

110) Der Sonne, die an sich völlig unbeweglich ist, schreiben die Erdbewohner ganz einfach die tägliche Bewegung der Erde auf der großen Umlaufbahn zu, die Mondbewohner tun das Gleiche mit der Bewegung des Mondes, die sich zusammensetzt aus der jährlichen Bewegung der Erde und der monatlichen Bewegung des Mondes und sich um die Sonne herum vollzieht. Dem Merkur, der Venus und dem Mars schreiben sie die Bewegung viel komplizierter zu, nämlich mit Einschluss der offenkundigen eigenen Bewegungen. Denn wenn die jährliche Bewegung der Erde und des Mondes sowie die monatliche Bewegung des Mondes völlig zur Ruhe kämen, so würde man nichtsdestoweniger diese Planeten sich bewegen sehen, und zwar den Mars durch den ganzen Tierkreis, ganz langsam in Sonnennähe, ganz schnell, wenn er ihr gegenübersteht; die Venus aber und den Merkur — nicht durch den ganzen Tierkreis, sondern in Sonnennähe schienen sie in reziproker Bewegung mit festen Schritten bald der Sonne voranzugehen, bald ihr zu folgen. Mit der Erscheinungsweise dieser selbst

scheinen sich die Bewegungen, mit denen sich Erde und Mond fortbewegen, für die Erdbewohner und Mondbewohner zu vermischen.

111) Wenn die Bewegungen des Mondes den Sternen zugeschrieben werden durch die Täuschung des Augenscheins, dann ist unter den Bewegungen des Mondes auch die, welche ihn im Apogäum langsam macht, im Perigäum schnell. Es geschieht aber, dass bald der Vollmond ganz langsam ist, bald der Neumond, bald der Halbmond, und so in jeder Phase nacheinander. Wenn aber Vollmond ist, glauben die mittleren Subvolvanen, es sei Mittag, wenn Neumond, es sei Mitternacht; für die Privolven gilt das Gegenteil.

112) So lang dauert die Bewegung des Apogäums durch den Tierkreis.

113) Vorausgesetzt, dass TR gerade durch C, den Mittelpunkt der Erde, geht und im rechten Winkel zur Verbindungslinie der Sonne und der Erde steht, dann teilt CS den Bogen der Umlaufbahn des Mondes, TR teilt den des Tages, z.B. der Privolven, TNR von dem der Nacht TPR. Die größte Angleichung des Mondes an den rechten Winkel mit TR ist 7½ Grad, das Doppelte 15 Grad. Der Bogen also, der das Apogäum in seiner Mitte hat, vollendet sich in der Zeit von 195°, der Rest in 165°. Das ist so, als wenn man sagte, unsere Nacht sei 13 Stunden lang, der Tag elf. Allerdings haben ihre Stunden eine andere Zählung.

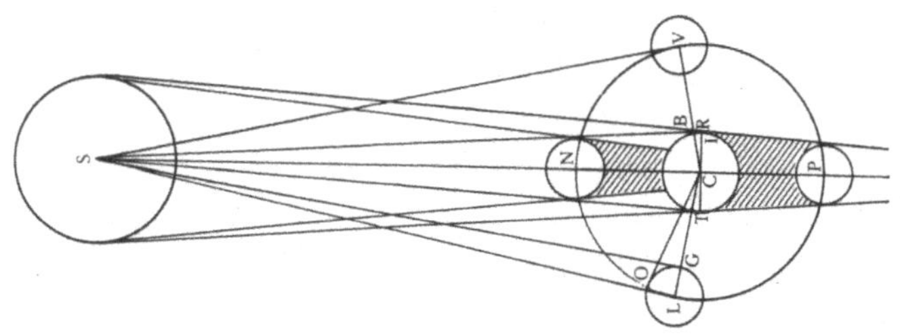

114) Die Verlangsamung beruht darauf, dass der Mond sich im Apogäum befindet. Und die mittleren Privolven haben Mitternacht zu der Zeit, zu der uns Erdbewohnern der Vollmond scheint. So also fallen Vollmond und Apogäum zusammen. Für die Privolven ist diese Nacht die längste. Wenn aber der Neumond im Apogäum steht, gleichen sich die Tage der Nacht mehr an, da die gegensätzlichen Ursachen einander gegenseitig aufheben.

115) Wenn du annimmst, dass auf dem Mond Lebewesen wohnen, dann musst du ihnen zugestehen, dass sie zu ihrer Erhaltung und Erwärmung auch Ausdünstungen aus dem Körper des Mondes nutzen. Der feine Dunst aber ist von Kälte umgeben und wird daher zu schneeigem Pulver verdichtet, das ist die Form des Reifs.

116) Der Traum verlangt manchmal auch die Freiheit der Erfindung von etwas, was die Sinne niemals erfahren haben. So muss ich hier annehmen, Winde entstünden dadurch, dass die Himmelskörper auf aetherischen Lufthauch treffen. Das habe ich meiner Erinnerung nach nie bestritten in meiner Darlegung der Gründe, warum die Morgenzeit für alle auf Erden geborenen Lebewesen angenehmer und gesünder ist; ebenso, warum meistens auf den höchsten Berggipfeln – auch der Trockenzone – ewiger Schnee liegt.

117) Dem Tag der Privolven teile ich nur 14 unserer Tage zu, der Nacht 15. Denn die Linien SL.SV, vom Mittelpunkt der Sonne S je zum Berührungspunkt L.V. der Mondumlaufbahn gezogen, scheiden deren äußeren Teil LPV vom inneren LNV. Dabei legen sie den äußeren für das Maß der Proportion der Bahnen um etwa vier Grad länger fest als den inneren. Weiterhin sind die mittleren Privolven im ganzen äußeren Bogen im Schatten des Mondes. In den beiden Berührungspunkten L.V werden sie zuerst und zuletzt von den Sonnenstrahlen erhellt; und im ganzen inneren Bogen der Umlaufbahn LNV müssen sie auf diese nicht mehr verzichten. [Siehe Zeichnung bei Anm. 113.]

118) Wir sehen die Sonne von der Erde aus in einer Größe von 30'. Der Neumond kommt der Sonne etwa 59° (oder etwas weniger) näher als wir und unsere Erde. Also gewinnt die Sonne für die Hemisphäre des Mondes, die dann von der Sonne beschienen wird, eine ein wenig größere Gestalt, d.h. um etwa ½ Skrupel [Minuten]. Die Alten aber hielten das Verhältnis der Bahnen für viel kleiner, nämlich 1:18, was viel weniger als zwei Skrupel ausmachen würde.

119) Wie in Anm. 109 dargelegt. Die Sonne erscheint nämlich den mittleren Privolven an ihrem Mittag um 1/3 langsamer als den Subvolvanen an dem ihrigen.

120) Unter der Annahme von Anm. 116. Denn sicher reibt sich der Mond bei Neumond langsamer am Hauch des Aethers als die Erde, und zwar um 1/5; auch langsamer als er selbst bei Vollmond, um 1/3.

121) Beinahe doppelt, sage ich. Der größte Abstand der Sonne von der Erde ist 101800, der kleinste Abstand des Mars von der Sonne ist 138243. Wenn also die Erde im Aphel und der Mars im Perihel im selben Längengrad vereinigt würden, bliebe ein Zwischenraum von 36443 übrig. Nimm nach der Meinung der Alten an, die Umlaufbahn des Mondes umfasse den 18. Teil der Bahn [Solis causa diametri], und der Mond sei voll, dann hätten die Privolven in ihrer Mitternacht den Mars am nächsten. Der 18. Teil von 101800 ist 5655; um diesen Betrag würden sie sich dem Mars mehr nähern als wir Erdbewohner. Doch das Verhältnis zu 36443 ist noch kleiner als 1/6. Und daher sähen die Subvolvanen bei unserem Neumond und ihrer Voll-Volva den Mars weniger als dreimal kleiner als die Privolven bei unserem Vollmond, also bei ihrer Mitternacht.

Daher verringert sich bei richtigerem Verhältnis der Bahnen, das ich in den »Tabulae Rudolphinae« benutzt habe, diese Proportion, so dass die Annäherung des Mondes an den Mars nicht den 21. Teil des Abstandes von der Sonne ausmacht und der Unterschied der Wahrnehmung zwischen Subvolvanen und Privolven ein wenig kleiner ist als 1/11.

122) Die Abweichungen der Venus und des Merkur von der Kreisbahn um die Sonne können auch von den Mittel-Subvolvanen beobachtet werden, allerdings in der Position des Mondes, die nicht viel weiter von der Sonne entfernt ist als die Erde selbst. Aber denen, die nahe am Divisor wohnen, erscheint die Sonne dann am Horizont, wenn der Vollmond am weitesten von der Sonne entfernt ist oder der Neumond am nächsten an der Sonne steht. Die Abweichungen der beiden Planeten werden jedoch entweder unmittelbar vor dem Aufgang oder nach dem Untergang der Sonne beobachtet, besonders beim Merkur. Im wahren Größenverhältnis der Bahnen beträgt der Unterschied zwischen den geradlinigen Intervallen der Sonne und des Mondes etwa 1:30, und auch der Unterschied dieser Abweichungen ist darum nicht viel anders.

123) Damit die Venus den Mondbewohnern größer erscheint als den Erdbewohnern, muss sowohl die Venus der Erde als auch der Mond der Sonne am nächsten stehen. Aber wenn der Mond der Sonne bei unserem Neumond am nächsten steht, sehen die Mittel-Subvolvanen weder die Sonne noch die Venus; denn dann haben sie ihre Mitternacht. Diese Erscheinung beschränkt sich also auf die Bewohner nahe dem Divisor. Doch der Unterschied der Erscheinung der Venus bei den Subvolvanen ist etwas augenscheinlicher als der des Mars bei den Privolven (obwohl die Bewohner des Divisors den Anblick beider gewinnen können), weil bei der größten Annäherung der Venus an die Erde ein Abstand von 25300 bleibt, wovon (da er kleiner ist als der oben vom Mars angegebene: 36443) der Durchmesser des Mondes der größere Teil ist.

124) Der Divisor-Kreis läuft, wie oben definiert, durch die Pole der monatlichen Drehung des Mondes. Nun hat aber die Mondbahn ihren Umfang einerseits nach Norden, andererseits nach Süden hin geneigt, und die Achse, deren Endpunkte in den Polen liegen, steht – so nehmen wir an – rechtwinklig auf der ebenen, exzentrischen Bahn. Obwohl also keiner der Mondpole sich näher als der andere zur Sonne neigt, so unterscheidet sich dennoch der Pol unserer Ekliptik, die ihnen als die mittlere Ekliptik erscheint, vom Pol der Mondbahn; denn dieser umkreist jenen innerhalb von 19 Jahren. Wenn also die Stellung der Venus zwischen Erde und Sonne gesucht wird, dann muss jene nicht durch die Verlängerung des Längengrads, sondern allein durch die Breite gesehen werden. Doch liegt ihre südliche Grenze im Zeichen der Fische und ihr Aphel-Abstand nicht weit vorher, im Anfang des Wassermanns. Dann aber ist sie von der Erde und dem Mond aus sichtbar, und zwar in entgegengesetzten Zeichen, nämlich in dem des Löwen und jenem der Jungfrau. Wenn also der Pol des Mondes sich zu diesen Zeichen der mittleren Ekliptik neigt, neigt er sich nach Norden. Und wenn er sich so neigt, kann er gerader und klarer unter der Sonne durch ihre Breite die Venus sehen, da die Breite selbst im Aphel größer ist als im Perihel.

125) Sie können den Mond nicht als Himmelskörper sehen, der sich zwischen den Sternen bewegt. Denn da sie ihn bewohnen, wie wir es uns ja ausdenken, sehen sie ihn so, wie wir unsere Erde.

126) Die Rede ist von den sichtbaren Durchmessern, nicht von den wahren. Es beträgt also der sichtbare Radius des Mondes im Apogäum 15'. Aber seine Parallaxe in derselben Stellung beträgt 58' 22", was ein bisschen weniger ist als als 60, das vierfache von 15. Wie groß aber die Parallaxe des Mondes ist, als so groß würde der Radius der Erde erscheinen, wenn das betrachtende Auge auf dem Mond wäre. Das Größenverhältnis beträgt also etwas weni-

ger als 1:4, was im Quadrat etwas weniger als 1:16 ergibt, d.h. größer als 1:15 für die sichtbaren Scheiben. Schau her:

58' 22" Logar. Logist.	2761
15' 0" Logar. Logist.	138629
Die Proportion ist	135868
Verdoppelt ergibt das	271736

Diese Zahl als Logar. Logisticus ergibt 3' 58". Wenn also die Scheibe der Erde 60' misst, dann misst die des Mondes 3' 58". 4' 0" ist aber der 15. Teil von 60. Also ist die Proportion ein bisschen größer.

127) Da der Mond der Erde immer dieselben Flecken zuwendet, schneidet die Linie, welche die Mittelpunkte von Erde und Mond verbindet, die Oberfläche des Mondes immer an demselben Fleck. Und für die Leute, die an diesem Fleck wohnen, steht unsere Erde, d.h. ihre Volva, immer über ihrem Scheitel. Um wie viele Grade des großen Kreises ein jeder Ort von diesem Fleck entfernt ist, um so viele Grade scheint die Volva am Himmel vom Scheitelpunkt dieses Orts geneigt zu sein.

128) Der Mond »wendet sich« im Verlauf eines Monats einmal um sich selbst. Denn während seines ganzen Umlaufs wendet er der Erde dasselbe Gesicht zu, wie uns die ewige Gleichförmigkeit der Flecken beweist. Da aber die Erde, d.h. die Volva, anscheinend in einem Monat den ganzen Tierkreis durchläuft, kreist auch das Gesicht des Mondes gemeinsam mit ihr und wendet sich bald dem Krebs zu, bald wieder dem entgegengesetzten Zeichen, dem Steinbock; das bedeutet das Verb »sich umwenden«. Aber für diejenigen, die auf dem Mond leben, scheint er selbst sich nicht umzuwenden, vielmehr glaubt man, er ruhe, so wie unsere Erde zu ruhen scheint. Es folgt also, dass auch zwei Punkte am Himmel existieren, um die herum der Himmel sich ihnen – als Unbewegten – ein Mal pro Monat zu drehen scheint. Die nennt man Pole.

129) Wenn die Achse des Mondes während des ganzen Umlaufs parallel zur Erdachse stünde, dann sähen wir manchmal neue Flecken am nördlichen und südlichen Rand des Mondes, dann nämlich, wenn der Mond der Sonne gegenüber im Krebs oder Steinbock steht. Denn eine Linie, die man vom Mittelpunkt der Erde durch eine Grenzlinie der Trockenzone zieht, und die an den beiden Punkten des Solstitiums auf den Tierkreis trifft, schneidet die Erdachse unter ungleichen Winkeln. Sie würde also auch die Achse des Mondes, falls parallel, unter denselben Winkeln schneiden. Daher würde für uns dann der eine Pol des Mondes sichtbar, und im entgegengesetzten Teil des Jahres entsprechend der andere. Da wir das nicht beobachten, liegt also die Achse der Mondkugel nicht parallel zur Erdachse. Sie wird im Gegenteil immer von der Linie aus dem Erdmittelpunkt unter dem rechten Winkel geschnitten. Also bezieht sie sich nicht auf dieselben Punkte wie die Erdachse. Vielmehr richtet sich die Erdachse auf die sogenannten Weltpole; auf diese hingegen richtet sich also die Mondachse nicht.

130) Die Pole der »Umwendung« und des monatlichen Umlaufs der Mondkugel sind nicht dieselben wie die Pole der Ekliptik, sondern jene umrunden diese in kleinen Kreisbahnen, deren Durchmesser 5° betragen, und sie vollenden einen Umlauf nach vorwärts im Zeitraum von 19 Jahren. Da sie also von den Polen der Ekliptik nicht mehr als 5° Abstand haben, sagt man mit Recht, sie lägen nahe bei ihnen, und so auch nahe bei den Fixsternen, welche die Zeichen der Pole der Ekliptik sind.

131) Zwar beschreibt der Mond in seiner Fortbewegung eine Ringbahn, von deren Polen wir sprechen. Nun haben aber die Pole des größten Kreises einer Kugel immer den Abstand eines vollständigen Viertelkreises von allen Teilen des Umfangs. Doch ist die Bahn des Mondes kein perfekter Kreis. In Abschnitten nämlich weist diese Bahn größere Breiten auf, d.h. die Bahn läuft

weiter hinaus gegen ihre Pole, denen sie sich in ihren Syzygien angleicht, und darum ist sie nicht genau um einen vollen Viertelkreis, sondern um fast einen Viertelkreis von den Polen der Syzygien entfernt. Diesen gewundenen Weg des Mondes um die Erde wie um einen unbewegten Körper im Mittelpunkt der Welt übertragen die Mondbewohner, befangen in der Vorstellung ihres unbewegten Wohnsitzes, auf diese Erde, d.h. ihre Volva.

132) In Anm. 127 ist gesagt, dass jeder größte Kreis, der durch die Volva geführt wird, deren Unbeweglichkeit genießt und seine verschiedenen Grade durch die verschiedene Höhe der Volva unterschieden werden. Es gibt aber unter den größten Kreisen auch den, der mitten zwischen den Polen des Mondes verläuft, von Westen nach Osten. Daher wird auch auf ihm die verschiedene Lage der Orte nach Westen und Osten – entsprechend den Höhegraden der Volva – bestimmt werden können. Das ist die Unterscheidung der Meridiane, oder der Länge.

133) Durch die Polhöhe stehen den Mondbewohnern dieselben Hilfsmittel der Beobachtung zur Verfügung wie uns auf der Erde, oder doch zumindest nicht sehr verschiedene. Diese Polhöhe kann zur Breitenbestimmung der Orte unter allen Meridianen in gleicher Weise dienen, weil ja alle in den Mondpolen zusammenlaufen. Die Höhe der Volva ist zwar ganz leicht zu beobachten, doch sie dient nicht allen Meridianen in gleicher Weise zur Bestimmung der Breite. Denn nur unter dem mittleren von allen Meridianen, der ewig durch die Volva geführt wird, nur in dessen Halbkreis, der die Mittel-Subvolvanen teilt, liefert die Höhe der Volva selbst sofort auch die Breite des Ortes. Abgesehen von diesem primären Meridian aber muss zur Höhe der Volva eine Feststellung hinzutreten, die ihre Entfernung vom primären Meridian angibt. Diesen Wert benutzen wir auch, wenn wir aus der Höhe der Sonne im Äquinoktium, aber abseits vom Meridian, unsere – der Erdbewohner – Polhöhe bestimmen wollen.

134) Wir haben zwar die Mondfinsternisse und die Verdeckung der Fixsterne durch den Mond; aber das ist eine mühevolle und sehr unzuverlässige Methode. Ferner erfreute sich die magnetische Abweichung vom Meridian zu der Zeit, als ich meine Mond-Astronomie schrieb, einiger Wertschätzung, so als ob sie generell zur Festlegung der Längen von Orten geeignet wäre. Zu jener Zeit war nämlich die Mecometria [Größenmessung] eines gewissen Franzosen ans Licht getreten. Doch nach der Theorie des Magnetismus von William Gilbert und zahlreichen, sorgfältig durchdachten Experimenten erwiesen sich diese Versuche als ungültig und nichtig. Es lässt sich nämlich auf dem Erdball kein fester Punkt finden – außer dem unter dem Pol liegenden –, zu dem die Magnetnadel ausschlägt. Es gibt aber hochragende Berge in jeder Gegend, von denen die Nadel ein wenig angezogen wird.

135) Hier findest du die Grundthese, in vollem Wortlaut eingeprägt. Wir Erdbewohner glauben nämlich, die Ebene, auf der wir stehen, und mit ihr die ballförmigen Dächer auf den Türmen stünden unbeweglich. Die Gestirne aber zögen an jenen Dächern vorüber, indem sie von Osten nach Westen strebten. Dieser Glaube kann jedoch der Wahrheit nichts anhaben, noch schreibt er ihr etwas vor. Genauso glauben nämlich die Mondbewohner, ihre Mondebene und der Ball der Volva, der hoch über ihr aufgehängt ist, verharre am Ort. Und dennoch wissen wir ganz sicher, dass der Mond einer von den beweglichen Himmelskörpern ist.

136) Das trifft nicht nur für die kleinsten und unscheinbarsten Sterne zu, sondern auch für solche der ersten Ordnungen. Auf dem Mond ist nämlich eine Nacht so lang wie 15 unserer Nächte, und in dieser Zeit scheint der 25. Teil des Tierkreises, nämlich 14°, hinter der Volva vorbeizuziehen, da ja ein Jahr aus ungefähr 25 natürlichen Monatshälften besteht. In einem Abschnitt von 14° aber tauchen leicht einige geeignete Fixsterne auf, mit denen der Himmel allenthalben übersät ist.

137) Was auch immer der Mond uns Erdbewohnern zu irgendeiner Zeit verbirgt, dasselbe verbirgt den Mondbewohnern im entsprechenden Teil der Zeit ihre Volva, d.h. unsere Erde. Schau einmal in meine Ephemeriden, die ich für die künftigen Jahre herausgegeben habe. Da wirst du im letzten Teil diesen Austausch der Fixsterne erkennen. Irgendein Fixstern wird in den meisten Monaten des Jahres einmal vom Mond verdeckt. Im darauffolgenden Jahr bleibt er frei, und im Wechsel erleidet ein anderer dieses Schicksal.

138) Der Mond-Mittelpunkt weicht vom Pfad der Ekliptik bis zu 5° 18' ab. Zu diesem Bogen kommen aufgrund der Parallaxe ungefähr 15' hinzu, weil der Radius des Mondes etwas mehr als ¼ des Erdradius ausmacht. Nun umfasst der sichtbare Radius der Volva fast viermal den sichtbaren Radius des Mondes, so dass er umso größer ist, je kleiner die Parallaxe, in demselben Verhältnis wie die wirklichen Radien. So wird auf beiden Seiten die Summe von etwa 6 1/3 erreicht.

139) Die ersten Fixsterne kehren zwar öfter wieder, aber nicht in derselben Reihenfolge, außer nach Vollendung des Kreislaufs. Der Grund für diesen Wechsel liegt im Kreislauf der Mondknoten in ebenso vielen Jahren nach vorwärts.

140) Siehe die zu dieser Betrachtung passende Zeichnung in meiner »Epitome astronomiae Copernicanae«, S. 560.

141) Bei uns kann man den Mond oft, obwohl Neumond herrscht, kaum dass er wenige Stunden aus den Sonnenstrahlen herausgetreten ist, dennoch erblicken, und zwar nicht nur seine beleuchtete Sichel, sondern vollständig seinen ganzen Körper. Es steht fest, dass dies durch die Bestrahlung geschieht, die von der Erde auf die von der Sonne abgewandte Hemisphäre fällt, weil die Erde dann in einem vollen Kreis von der Sonne erleuchtet wird,

den sie dem Mond zuwendet; dabei strahlt das Sonnenlicht auf den Mond ab. Die Analogie lehrt jedenfalls, dass die Mondbewohner ganz Ähnliches an ihrer Volva, unserer Erde, beobachten. Angenommen, es ist Neuvolva: Dann stellt sich der Mond uns Erdbewohnern seinerseits voll dar. Mit welcher Helligkeit aber der Vollmond die Erde (die aus der Sicht der Mondbewohner ihre Volva ist), besonders in Winternächten, wenn der Mond im Krebs steht und unsere Erde aus der Höhe anstrahlt, das – sage ich – ist allen Menschen bekannt. Nichts Unsinniges sagt also, wer behauptet, dass durch eben dieses Mondlicht, das uns nahe gelegene Berge und Ebenen erblicken lässt, dieselbe Landschaft der Erde (für die Mondbewohner: der Volva) bis zum Mond erkennbar ist. Wenn nämlich der Mond auch kaum den 15. Teil von dem Licht aufnimmt und zurückstrahlt, das die Erde von derselben Sonne aufnimmt, so ist doch andererseits das Gesicht der Erde selbst um 15 Teile größer für die Mondbewohner als der Mond für uns Erdbewohner. Es ergibt sich also ein Ausgleich. Dazu kommt noch die leuchtende Sichel, welche die Volva wegen der seitlichen Abweichung vom Weg der Sonne wiederum fünfzehn Mal heller den Mondbewohnern zeigt als der Mond seine Sichel uns Erdbewohnern. Und auf diese Sichel bezieht sich das Wort »fast«. Wenn es nämlich keine Seitenabweichung gibt, dann gibt es auch keine Sichel, die im Augenblick der Konjunktion übrigbleibt.

142) An den übrigen Stellen des Mondes erscheinen nämlich zur Zeit der Neuvolva zugleich die Sonne und die Volva. Wenn wegen der Helligkeit der gegenwärtigen Sonne die Sichel ihres Mondes, die ihm wegen der Seitenabweichung übriggeblieben ist, nicht gesehen werden kann, so geschieht das aus Gründen der Sehkraft. Aber für diejenigen, die zwischen den Polen der Mondbahn und der Sonnenbahn wohnen, steht die Sonne am hohen Mittag unter dem Horizont, ihr Mond ein wenig über dem Horizont; um soviel deutlicher ist er sichtbar.

143) Als Anfang des Tages gilt der Augenblick, in dem die Sonne zuerst am Horizont erscheint, also wenn der Mond in L im ersten Viertel steht und der Winkel SLC, der Verbindungslinien zwischen den Mittelpunkten des Mondes L, der Sonne S und der Erde C, ein rechter ist und auch die Tangenten des Mondkörpers SG ungefähr rechte Winkel bilden mit der Linie LG. Wenn ferner der Strahl vom Mittelpunkt der Sonne die Erde berührt wie ST, dann gilt die Sonne als am Horizont des Punktes der Erde stehend, den der Kontaktpunkt T bezeichnet. Aus demselben Grund gilt die Sonne auch am Horizont stehend am Punkt des Mondes G, der von SG berührt wird. Und die Gerade, die von L, dem Mittelpunkt des Mondes durch den Berührungspunkt G zur Erde gezogen werden kann, bezeichnet den Scheitelpunkt dieses Ortes auf dem Mond. Für wen also dann die Volva im Scheitelpunkt steht, für den steht die Sonne am Horizont, d.h. für ihn beginnt der Tag. [Siehe Zeichnung bei Anm. 113.]

144) Hingegen berühren die Strahlen der Volva CO das Rund des Mondes im Bereich derjenigen Mondbewohner, für welche die Viertels-Volva am Horizont erscheint, hier in O; und die Gerade LO, vom Mittelpunkt des Mondes L durch den Berührungspunkt O gezogen, bildet in O einen rechten Winkel. Wenn also diese Berührung sich fast über den ganzen größten Kreis des Mondkörpers ausweitet, dann wird es irgendeinen Punkt geben, durch den eine von L gezogene Gerade auf die Ekliptik trifft. Dieser Punkt sei O. Für Orte aber, die unter der Ekliptik liegen, befinden sich die Pole der Ekliptik am Horizont. Zur Zeit der Viertels-Volva muss also, da in diesem Zeitpunkt auch der Winkel LOC ein rechter ist, von diesem Punkt aus, für den sowohl die Pole der Ekliptik als auch die Volva am Horizont liegen, die Linie LO ganz nahe an die Sonne kommen, die Sonne dann also kurz vor dem Scheitelpunkt stehen und die Mittagsstunde da sein. [Siehe Zeichnung bei Anm. 113.]

145) Die Erdkugel bewegt sich in Wahrheit von der Stelle und durchwandert den Tierkreis im Lauf eines Jahres. Für die Mondbewohner dagegen scheint sie völlig an einem Ort zu ruhen. Denn sie haben keine Hilfsmittel, um diese Bewegung sinnlich wahrzunehmen. Sie glauben also, dass vielmehr die Sonne in 12½ ihrer Nacht-Tag-Einheiten diese Bewegung in umgekehrter Richtung vollzieht. Genau dasselbe geschieht auch uns Erdbewohnern mit der Sonne.

146) Die Erdkugel dreht sich auch im Tagesverlauf einmal um ihre Achse. Diese Bewegung der Erde bietet sich den Augen der Mondbewohner dar, und sie haben keinerlei ersichtlichen Grund zu der Vermutung, dass sich nicht die Kugel der Volva um ihre Achse dreht, sondern vielmehr die ganze Welt (woran bei uns die Volksmeinung festhält), und dass mit ihr auch ihr eigener Wohnsitz, der Mond, um die Volva kreist und dabei alle Seiten ihrer Kugel nach und nach betrachtet, obwohl das tatsächlich wahr ist. Nimm z.B. die Erscheinung der Sonnenflecken! Wir sehen diese im Lauf von ungefähr 26 Tagen über den Körper der Sonne wandern. Wer könnte jemals auf die Idee verfallen, die Flecken der Sonne stünden ruhig, doch unser Raumschiff, das Erde heißt, bewege uns in so kurzer Zeit um die Sonne herum und eröffne uns selbst den Blick auf die verschiedenen Bereiche ihrer Oberfläche und die Flecken? Selbst die Kopernikaner, die überzeugt sind, dass sie im Lauf eines Jahres die Sonne umkreisen, sind gerade deshalb sicher, den Weg nicht in 26 Tagen bewältigen zu können. Das überzeugendste Argument für die Umdrehung der Sonne liefert uns der Augenschein. Auch den Mondbewohnern bezeugt also der Augenschein, dass ihre Volva um die eigene Achse rotiert. Mag sie hier ihr Augenschein täuschen, oder mag er völlig gewisse Erkenntnis vermitteln, fest steht: Welche der beiden Möglichkeiten du auch wählen magst, der Augenschein bietet ganz gewiss ein Zeugnis dafür, dass die Mondbewohner – wenn es denn welche gibt – von der Rotation der Volva überzeugt sein müssen.

Was zu beweisen war. Was aber das tiefer verborgene Ziel dieser Geschichte angeht, so ergibt sich für uns eine hübsche Entgegnung. Alle schreien, die Bewegung der Sterne um die Erde und genauso die Unbewegtheit der Erde lägen offen vor Augen; ich entgegne, vor den Augen der Mondbewohner liege offen die Rotation unserer Erde, ihrer Volva, und ebenso die Unbewegtheit ihres Mondes. Wenn man nun sagt, die Mondsinne meiner Mondvölker würden getäuscht, erwidere ich mit gleichem Recht, die irdischen Sinne der Erdbewohner würden getäuscht, da sie bar der Vernunft seien.

147) Aus den Mondflecken schließen wir auf die Oberflächenform des Mondes, gemischt aus Wasser und trockenem Land. Und die Schlussfolgerung ist nicht grundlos. Wir beweisen nämlich nach ganz sicheren Grundsätzen der Optik, dass mit jenem Unterschied von Flecken und Helligkeit die Rauheit und Glätte der Oberfläche verbunden ist, so dass, was hell erscheint, hoch und hügelig ist, was dunkel erscheint, eben und niedrig. Damit einher geht der Unterschied von Land und Wasser. Das ist es, was wir Erdbewohner über die Oberfläche der Mondkugel sagen können.

Andererseits gestehe ich also auch meinen Mondbewohnern aus der Umkehrung derselben Schlussfolgerung zu, dass, weil die Oberfläche der Erde Berge und Meere aufweist, sie den Mondbewohnern auch den Anblick von Flecken innerhalb heller Fläche darbietet.

148) Die Oberfläche der Erde rotiert zwar in Bezug auf den Mittelpunkt von Westen nach Osten um ihre Achse; aber in Bezug auf die Betrachter auf dem Mond scheint der Teil, welcher der Mondkugel gegenüberliegt, von Osten nach Westen zu streben — gemäß jenem Axiom aus der Mechanik des Aristoteles, dass einander gegenüberliegende Teile von Kreisen (oder Kugeln) den umgekehrten Weg zu gehen scheinen, wenn sie von außerhalb des Kreises betrachtet werden.

149) Wenn man die Anwesenheit der Sonne »Tag« nennen muss, ihre Abwesenheit »Nacht«, dann muss der reichlich lange Aufenthalt der Sonne über dem Horizont der Orte auf dem Mond auf jeden Fall in kleinere Abschnitte unterteilt werden. Denn wenn unser Tag mit seiner Nacht, der von Mond-Tag und -Nacht lediglich der 29. Teil ist (ein bisschen weniger), wenn dieser, sage ich, aus praktischem Grund in 24 Abschnitte unterteilt wird, um wie viel nötiger braucht jener lange Tag eine Unterteilung. Uns Erdenbewohner freilich lässt die Natur im Stich, so dass wir das, was Geist und Urteilskraft erfassen, nicht mit den Augen erkennen können. Nirgendwo gibt es nämlich etwas, was nach Ablauf einer unserer Stunden in den ursprünglichen Zustand zurückkehren würde. Aber auf dem Mond fällt den Subvolvanen die Bewegung ihrer Volva um die Achse in die Augen. Sie weist dieselbe Anordnung der Flecken wieder auf, und tut dies innerhalb einer Mond-Nacht vierzehn Mal. Daher ist es überhaupt nicht wahrscheinlich, dass diese Beobachtung von den Mondbewohnern ignoriert wird. Hieraus kann man bis zu einem gewissen Grad das Elend und die Einsamkeit der Privolven abschätzen; denn da sie des Anblicks der Volva beraubt sind, müssen sie auch auf dieses Hilfsmittel der Zeiteinteilung verzichten.

150) Drei Arten der Wiederkehr des Oberflächenbildes der Erde oder Volva muss man hier unterscheiden: Eine, wenn derselbe Bereich der Oberfläche wieder unter denselben Fixstern zurückkehrt. Dieser Turnus ist etwas kürzer als eine unserer natürlichen Tag-Nacht-Folgen. Eine zweite ereignet sich, wenn eine Gerade aus demselben Gebiet der Erde durch die Mittelpunkte der Sonne und der Erde läuft; diese ist völlig gleich lang und verursacht darum auch den natürlichen Tag und die Nacht. Die dritte findet statt, wenn eine Gerade aus dem Mittelpunkt der Erde durch den Mittelpunkt des Mondes läuft. Diese erst bringt die Flecken der Volva in das Gesichtsfeld des Mondes zurück. Deren Zeitraum berechne so: Bis dass in 76 Jahren 940 Neumonde erschienen

sind, vollenden sie neunzehn Mal 1465 Umläufe, das macht 27835 oder 10020600 Grad. Da aber in dieser Zeitspanne 27759 unserer Tage verstreichen, ziehe 940 Neumonde ab, dann bleiben 26819. So oft kehren dieselben Flecken der Volva vor das Gesichtsfeld der Mondbewohner zurück. Teile die Summe der Grade durch 26819, ergibt 373 2/3. So viele Zeiten des Äquators vergehen, bis dass die Mondbewohner die Anordnung der Flecken der Volva wiederhergestellt erblicken können. Eine Stunde der Mondbewohner ist ja so lang wie einer unserer Tage und eine Nacht, vermehrt um etwas mehr als 1/30, d.h. 25 unserer Stunden.

151) Denn dieselbe Rotation der Erde erzeugt bei uns Erdbewohnern auch das Bild des primum mobile, dessen Bewegung die Astronomen als vergleichbar mit einer ewigen ansehen.

152) Siehe Anm. 109 sowie die Tatsache und die Ursache dieser Ungleichförmigkeit der Sonnenbewegung, wie die Mondbewohner sie beobachten.

153) »Zwei Hälften«, das sind zwei Teile des Erdkreises, der eine alt, in dem Europa, Asien, Afrika zusammenhängen; der andere neu, darin liegen Nord- und Südamerika. Ich habe aber die Unterschiede der Hälften mehr auf den Norden beschränkt, und zwar deshalb, weil Magellanica, eine weit über den Süden sich erstreckende Fläche, unbekannt ist und man annimmt, dass sie sich als zusammenhängende Landmasse über beide Halbkugeln ausdehnt, sowohl des neuen als auch des alten Erdkreises.

154) Diesen Paragraphen habe ich in meiner Abhandlung über »Sidereus nuncius« von Galilei angeführt, die ich in Prag 1610 herausgegeben und dem ich zugleich eine notwendige Korrektur beigefügt habe. Galilei hat mich gelehrt, dass die Höhen und Schroffen des Mondes nicht als Flecken sichtbar seien, sondern als Helligkeit. Flächen aber, die sich in tiefer gelegenen Gegenden

erstrecken, erschienen schwärzlich und nähmen das Aussehen von Flecken an. Auf dieselbe Weise also muss man von der Erdkugel annehmen, dass der Ozean und die zwischen dem festen Land sich ausdehnenden Meere dunkel wirken. Die Kontinente aber und die Inseln erstrahlen hell vom Licht der Sonne. Dass ich früher das Gegenteil angenommen hatte, geschah aus folgendem Grund: Die Oberfläche der Erde ist in verschiedene Farben gekleidet. Das Wasser aber hat nach allgemeiner Meinung keine Farbe. Jede Farbe aber, außer der weißen, ist ein Schritt hin zur Schwärze. Das liegt an den Reflexionen des Sonnenlichts, entsprechend der Dunkelheit der Oberfläche, von der sie zurückgeworfen werden. Ein weiteres Argument liefert das Wasser. Denn wie auch immer jemand nebeneinander liegende Oberflächen von Erde und Wasser betrachtet: Immer wirkt die Erde dunkel, das Wasser glänzend. Betrachte das Experiment in meiner »Astronomiae pars optica«, wo ich den Fluss Murr von einem steyrischen Berg namens Schöckel betrachtet habe (S. 251). Als Ursache des Glanzes nahm ich die Spiegelglätte auf der Wasseroberfläche an und die Rauheit auf der Oberfläche der Erde. Ausführlich behandle ich dies bei der Betrachtung dieser Dinge im 1. Kapitel meiner »Optica«.

Jetzt also muss ich jene Argumente entkräften (was ich in Kürze schon getan habe in meiner Abhandlung über »Sidereus nuncius«, S. 15) und mit Belegen die gegenteilige Meinung stützen, die Galilei vorgetragen hat, und der ich in meinem Text zugestimmt habe. Was also die Farben der Erde angeht, so könnte man jedenfalls mindestens mit gleichem Recht sagen, alle Farben, außer der weißen, seien Schritte zum Licht. Was die Farblosigkeit des Wassers angeht, so leugnet sie Aristoteles im Buch über die Farben. Er behauptet ausdrücklich, die Farbe des Wassers tendiere zu schwarz. Als Begründung führte er den Gesichtssinn an: Jeder Erdboden sei schwärzer, wenn er von Regen feucht sei; wenn die Feuchtigkeit von der Sonnenwärme getrocknet sei, erstrahle er heller. Ich fügte ein Experiment aus der Gelegenheit eines Augenblicks hinzu, als in Prag ein Gelehrter neben mir auf der Brücke stand. Er fiel mir mit dem Glanz des Wassers auf die Nerven, um Galileis Erklärung zu erschüttern. Da forderte ich ihn auf, er solle die Spiegelbilder der Häuser in den Wogen betrachten und diese mit den echten Häusern selbst vergleichen. Offensichtlich nämlich ist der Unterschied der Helligkeit, und die Bilder in den Wogen sind dunkler. Und so hat sich auch meine frühere Begründung für die Farben von Erde und Wasser aufgelöst und umgedreht. Das zweite Argument, das von der Rückstrahlung, lautet, dass ich seine Kraft in meiner »Astronomiae pars optica« an anderer Stelle, wo ich von der Erleuchtung des Mondes handle, erschüttert habe. Denn wenn wir das Beispiel aus der Nähe betrachteter Wogen auf runde Körper übertragen, die unermesslich weit entfernt sind, so irren wir ganz weit ab vom Wege, und führen als Ursache etwas an, das keine Ursache ist. Wenn nämlich Wasser, nahe am Land hingegossen, glänzt, dann tut es das nicht durch eigenen Glanz, sondern durch den der Luft, die von der Sonne erhellt wird, deren von allen Seiten andringende helle Strahlen in unsere Augen reflektiert werden. Hältst du nämlich ein Segeltuch über das Wasser, durch das die Helligkeit der dahinter befindlichen Luft abgehalten wird, dann siehst du auf der Stelle, dass jener Glanz des Wassers erloschen ist. Diese Entkräftung meines Arguments habe ich am Rande der S. 252 meiner »Optica« hinzugefügt, als ich sie wiederlas. Ferner aber werden von der Sonne erleuchtete und von ferne betrachtete Himmelskörper überhaupt nicht durch Sonnenstrahlen gesehen, die gemäß dem optischen Gesetz der Spiegelung reflektiert werden, sondern durch das Licht, von dem die Sonne direkt Anteil gibt – wie ich es in der »Optica« genannt habe – und das dann zu Eigenlicht der Körper wird, durch Rauheit der Oberflächen. Und dieses anteilige Licht ist, kraft seiner Definition, stärker auf der Erde als in den Wogen. Das genügt zur Entkräftung des gegenteiligen Arguments. Für die wahre Lehrmeinung, dass die fleckigen Teile Meere und Seen, die hellen aber trockenes Land und Inseln darstellen, findest du schlüssige Argumente in »Sidereus nuncius« des Galilei und in meiner Auseinandersetzung damit auf S. 16, wie auch »Epitome astronomiae Copernicanae«, Buch VI, S. 831; und in Anm. 147.

Soweit diese Vorbemerkungen zur notwendigen Warnung! Nunmehr will ich die Gründe dieser Beschreibung der einzelnen Teile erklären. Also: Erstens ließ ich das Aussehen der alten Welt dunkler sein im Glauben, wie gesagt, dass Erde schwarz sei. Die Flecken nannte ich fast zusammenhängend, weil Europa mit Asien in Skythien zusammenhängt, Asien mit Afrika in dem Gebiet, das zwischen Ägypten und Palästina liegt.

155) Ich sagte, der Anblick der Hälfte, in der die Neue Welt liegt, sei ein wenig heller, und zwar aus demselben irrigen Grund, weil er mehr an Meeren und große Flächen des Ozeans hat, sowohl des inneren wie des äußeren. Diese zwingen Amerika in der Mitte in eine Landenge und erdrosseln es gleichsam.

156) Der brasilianische Ozean, der Atlantische, der Neukaledonische, das Eismeer, das sich bis zur Meerenge von Anian spannt und in den Japanischen Ozean und den der Philippinen, Molukken und Salomonen ausläuft.

157) In Anbetracht des sogenannten Gürtels oder Atlantischen Ozeans.

158) Afrika.

159) Europa.

160) Sarmatien, Thrakien, die Gebiete am Schwarzen Meer, Moscovia, Tartarei.

161) Britannien.

162) Skandinavien oder Dänemark, Norwegen, Schweden.

163) Asien, Tartarei, Cathay, China, Indien etc.

164) Asien bewegt sich zwar von Europa aus nach Osten. Aber da der Mond den Weg um die Erde beschreitet, den die Erdoberfläche um die Achse nimmt, kommt es, dass die untere Halbkugel der Erde oder Volva den Mondbewohnern nach Westen zu gehen scheint.

165) Beide Ozeane, natürlich gemäß der falschen Hypothese.

166) Der amerikanische Kontinent.

167) Südamerika.

168) Nicaragua, Yucatan, Popayan.

169) Siehe Anm. 164. Denn von Brasilien aus schaut man nach Osten auf Afrika.

170) Brasilien.

171) Nordamerika.

172) Magellanica.

173) Wenn die Sonne im Krebs steht, ist der Pol der Erde B oder des primum mobile, d.h. der Erdrotation, nur 66½ Grad (nämlich im Winkel SCR) von der Sonne entfernt und so auch vom Mittelpunkt ihrer Scheibe, den die Mondbewohner in N aus der Linie zwischen den Mittelpunkten der Sonne und der Volva erblicken. Also ist die Scheibe der Volva TR über ihren Pol B hinaus um 23½ Grad verschoben, allerdings bei Betrachtung der Neigung nach unten. Wie also CR, der Radius der Scheibe, 60° beträgt, so beträgt CI, die Linie vom Mittelpunkt der Scheibe zum Punkt unter dem Pol B, 55°. [Siehe Zeichnung bei Anm. 113.]

174) Thule oder Island, aber aufgrund der falschen Hypothese, dass die trockenen Teile der Erdoberfläche dunkler wären als die feuchten.

175) In den nördlichen Ozean.

176) Der äußerste Rand der Volvenscheibe wird vom Polarkreis berührt. Island aber liegt unter dem Polarkreis. Daher fällt es jeweils bei einer Rotation einmal an den äußersten Rand der Scheibe, wenn die Sonne im Krebs steht.

177) Wie Anm. 169 und 164.

178) Folgende Aussagen sind nämlich reziprok gültig: Wenn die Sonne im Krebs allen Bewohnern des Polarkreises während der ganzen Umdrehung des primum mobile ununterbrochen erscheint, dann wird auch der Polarkreis ununterbrochen sowohl der Sonne erscheinen als auch einem Auge, das sich auf der Linie befindet, die durch die Mittelpunkte der Sonne und der Erde gezogen ist, wie es für die Mondbewohner gilt.

179) Eine Ebene nämlich, die durch die Mittelpunkte des Mondes und der Erde geht und den Kreis der Ekliptik unter rechten Winkeln schneidet, läuft dann auch durch die Pole der Erdrotation. Aber wenn die Sonne in den Äquinoktialpunkten steht, ist der Pol der Volva seitlich zu dieser Ebene geneigt. Daher wird der Äquator der Volva zu diesem Zeitpunkt von ihr unter schiefem Winkel geschnitten. Es stimmt aber heiter, dass man genau dasselbe auch bei den Flecken der Sonne beobachten kann, wie ich 1629 in dem Brief an Bartsch über die Beobachtungen des durchlauchtigsten Prinzen und Gelehrten Philipp III., Landgraf von Hessen, geschrieben habe.

180) Die Mondbewohner müssen von einer jährlichen Bewegung der Pole ihrer Volva ausgehen, weil sie nicht wissen, dass

sie sich zusammen mit der Volva durch die eigene jährliche Bewegung unter den Fixsternen drehen. Zwar neigt sich die Erdachse das ganze Jahr über zu denselben Fixsternen; da diese aber entfernt vom Pol der Ekliptik stehen, die Erde jedoch mit dem Mond durch die Ekliptik dahinfährt, wobei die Erde immer denselben Abstand von den Polen der Ekliptik einhält, aber bald sich den Fixsternen nähert, unter denen sich der Pol der Volva befindet, bald sich von ihnen entfernt, so kommt es, dass der Ort des Pols der Volva wechselweise diesseits und jenseits des Pols der Ekliptik zu stehen kommt und so um sie [die Pole] herumzukreisen scheint.

181) Die Veränderung des Durchmessers der vom Mond aus betrachteten Volva ist ganz und gar dieselbe wie diejenige, die wir für die Mondparallaxe berechnen. Es ist also der Radius der Volva [für den Mond] im Apogäum 58' 22", im Perigäum, wenn die Sonne schnell ist, 63' 41", während uns im Apogäum der Radius des Mondes mit 15' erscheint, dessen vierfaches 60' ergibt.

182) Der Mond verdeckt uns die Sonne, den Mond beschatten wir uns selbst, d.h. unsere Erdkugel. In gleicher Weise beschatten die Mondbewohner sich selbst von dort gesehen unsere Erde, d.h. ihre Volva, durch ihren Mond. Von hier aus gesehen beraubt ihre Volva oder unsere Erde sie der Sonne.

183) Dennoch leuchtet bei uns auch dann der Mond, besonders in dem Teil, der im Nebenschatten liegt.

184) Dann nämlich, wenn das Zentrum des Halbschattens, das meistens den Kernschatten des Mondes bildet, die Erdscheibe nicht erreicht; oder auch wenn es sie erreicht, aber kein eigentlicher Mondschatten da ist, sondern von der Sonne ein Kreis übrigbleibt. Obwohl aber im ersten Fall die Mondbewohner keinen vollen Schatten auf der Scheibe ihrer Volva sehen, so sehen sie doch an ihrem äußersten Rand, der im Halbschatten liegt, eine Art

Blässe und Verdunkelung. Oder wenn im zweiten Fall das Zentrum des Schattens in dieser Weise darüber zieht, dann sehen sie einen halbvollen Schatten rings um den Mittelpunkt, gleichsam wie von einem leichten Nebel oder von einem Segel geworfen, mit unklaren Rändern, ganz ähnlich wie bei uns auf der Erde Kappen von hohen Türmen keine vollen, sondern von den Sonnenstrahlen aufgelöste Schatten auf die davorliegende Ebene werfen.

185) Doch dass du nicht vergisst: Für uns ist in demselben Zeitabschnitt Neumond, in dem sie Vollvolva haben, und Vollmond, wenn sie Neuvolva haben!

186) Denn die Scheibe der Erde (oder ihrer Volva) hat einen Radius zwischen 63' 41" und 58' 22". Der Mondschatten aber, der den Mondbewohnern eine Finsternis ihrer Volva verursacht, verringert sich wegen der Größe der Sonne vom Mond zu der Scheibe der Volva, so dass sein Radius niemals mehr als 1' 22" beträgt, oft sogar gleich null ist.

187) Niemals nämlich größer als der 46. Teil des Durchmessers der Volva.

188) Wegen der Abschwächung der Sonnenstrahlen. Ich dachte an das, was in einem geschlossenen Raum geschieht, wenn die Sonne durch eine ganz kleine Öffnung hereinstrahlt. Aber dort pflegt der Rand rötlich zu leuchten, da ihn reiner Schatten umgibt und das Sonnenlicht innerhalb des Randes liegt: der Unterschied ist ganz deutlich. Aber auf der Scheibe der Volva liegt der Mondschatten innerhalb und ist von ganz geringer Größe; ringsum aber leuchtet die ganze Scheibe der Volva. Daher muss die Rötung im Vergleich zur sie umgebenden Helligkeit verschwinden. Schau, wie ängstlich ich mit meiner Korrektur Vorsorge treffe, dass niemand, der diese Dinge jüngst beobachtet hat, vom Mond herabgleitet und mich widerlegt!

189) Welchen Anblick der Schatten in der Ebene der Erde bietet, welche die Sonne mit ihren Strahlen erleuchtet, kann jedermann leicht erfahren, wenn er von erhöhtem Standpunkt aus im Sommer mittags herabschaut. Denn es ist dieselbe Erde, die wir Erdbewohner aus der Nähe und jene Mondbewohner unter dem Namen Volva von ferne betrachten. Jedoch wird der verschattete Ort schwärzer sein, wenn uns die reine Nacht der Sonnenfinsternis hereinbricht; das geschieht bisweilen wegen der Umgebung von Luft oder himmlischem Windhauch um die Sonne. Siehe »Epitome astronomiae Copernicanae«, S. 895.

190) Wie in den Anm. 164, 169, 177. Denn sowohl die Oberfläche der Erde als auch der Mond, wenn er über ihr in Richtung Sonne steht, als auch der Schatten des Mondes, der auf die Oberfläche fällt – auf die gemäß unserer Fiktion die Mondbewohner schauen – bewegen sich in ein und dieselbe Richtung.

191) Siehe die Schemata der allgemein betrachteten Sonnenfinsternisse im Eingang meiner »Ephemerides novae«. Denn diese sind vollkommen geeignet, die Finsternisse ihrer Volva von den Mondbewohnern aus gesehen darzustellen. Auch in jenen Schemata nämlich ist aus Notwendigkeit der Darstellung fingiert, dass das Auge sich auf dem Mond befindet. Im Verlauf einer Stunde bewegt sich der Erdäquator um 15° um den Mittelpunkt der Erdscheibe A. Es wird aber nur die Hälfte eines Grades von der Mondkugel vorüberziehen; und ein wenig mehr Strecke wird der Mondschatten auf der Erdscheibe zurücklegen, z.B. PC. Aber ein halbes Grad auf der Mondbahn entspricht 60 halben Graden auf der Erde aufgrund der Proportionen des Durchmessers der Erdkugel und der Mondbahn. Also durchläuft der Mondschatten in einer unserer Stunden PC, 30° mehr vom Erdäquator auf der Erdscheibe, auf der von der Oberfläche der Erdkugel sich nur 15° umwälzen. Und so ist der Schatten PC doppelt so schnell in den Teilen der Erde, die sich nahe dem Zentrum der Scheibe befinden

und die den Mondbewohnern direkt gegenüberliegen. Aber unvergleichlich viel schneller ist der Schatten in R [in der Zeichnung nicht vorhanden – vermutlich K] oder S, wo der Erdäquator abfällt am äußersten Rand der Scheibe.

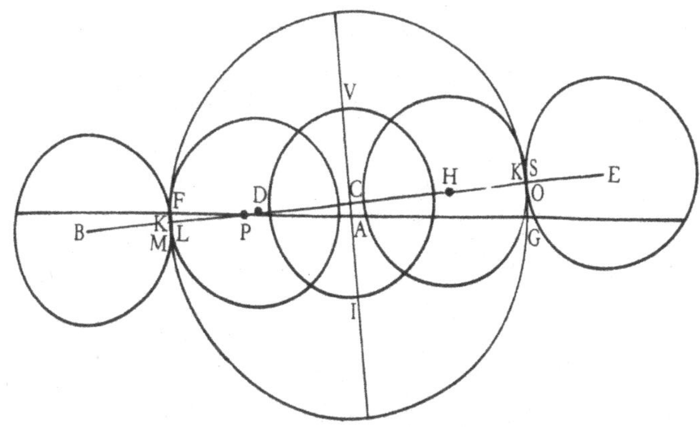

192) Damals waren die »Tabulae Rudolphinae« noch nicht zusammengestellt. Doch siehe für das Jahr 1633, 8. April und 3. Oktober, die Beispiele für fast zentrale Konjunktionen. Die Zeiten entsprechen haargenau. Aber erinnere dich, dass, je weiter entfernt vom Zentrum der Mondschatten vorüberzieht, desto kürzer sein Aufenthalt auf der Erdscheibe wird.

193) Eine Verdunkelung unseres Mondes ist für die Mondbewohner eine Verdunkelung der Sonne. Aber andauern kann eine Mondfinsternis von Anfang bis Ende vier unserer Stunden und 20 Minuten. In Gänze aber bleibt der Mond zwei Stunden und 8 Minuten im Schatten der Erde. Siehe »Epitome astronomiae Copernicanae«, S. 868. Also kann auch den Mondbewohnern die Sonne ebenso viele Stunden als Ganze verborgen sein.

194) Eine schematische Darstellung findest du in meiner »Astronomiae pars optica«, in dem Kapitel über die Mondfinsternisse.

Darin habe ich die Brechung der Sonnenstrahlen in der die Erde umgebenden Luft dargestellt. Dort dringen die gebrochenen Strahlen in die Grenzen des Schattens z.B. von Osten her ein, setzen sich fort durch die Tiefe des Schattenkegels und treten im Westen heraus. Daher wird der Mond, wenn er am westlichen Rand des Schattens »landet«, von den gebrochenen Sonnenstrahlen, die vom östlichen Rand der Erde kommen, direkt getroffen. Diese werden aber sichtbare Strahlen. Daher glauben die Mondbewohner, sie sähen einen kleinen östlichen Teil der Sonne jenseits der Volva, während doch die Sonne fast ganz vor der Volva auch westlich von ihr erscheint. Und das ereignet sich an den Stellen des Mondes, die uns bei seiner Verfinsterung ganz rot erscheinen. Die Ursache dieser Rötung liegt in den gebrochenen Sonnenstrahlen.

195) Und zwar wenn der Mond durch das Apogäum wandert. Denn in Experimenten haben wir beobachtet, dass die gebrochenen Sonnenstrahlen den Schatten tiefer durchdringen. Den Mond im Apogäum erreichen sie nicht.

196) Zweifellos befindet sich bisweilen im Stoff der Dünste selbst irgendein wundersames Licht, das nicht von der Sonne kommt, weder durch die ersten Strahlen, noch durch die zweiten. Wenn das in der Erdatmosphäre geschieht, könnte es auf die gleiche Weise auch in der Mondatmosphäre geschehen.

197) Denn die Erde oder Volva wird auch vom Vollmond beleuchtet und gewinnt durch diese Beleuchtung eine gewisse bleiche Helligkeit. Solange also nicht der ganze Mond des Anblicks der Sonne beraubt wird, sondern nur einer der beiden Ränder, d.h. vom Divisor-Kreis der östliche oder westliche Teil, und die Volva nicht zusammen mit der Sonne völlig unsichtbar wird, verbirgt sie die Sonne zwar jenem Rand des Mondes, sie selbst aber ist durch ihre vom Mond erhaltene Helligkeit ihrerseits den Mondbewohnern sichtbar. Dies ist aber nur ganz allgemein gesagt und darf

nicht auf jede beliebige Volva-Verfinsterung übertragen werden, sondern gilt nur für die reguläre Verfinsterung im Novivolvium, so wie für uns der Mond bei jedem Neumond erlischt.

198) »Mitte« verstehe ich hier nicht in Hinsicht auf einen einzelnen Ort des Mondes, sondern auf den ganzen Aufenthalt des Mondes im Erdschatten! Dann nämlich erhält der Mond selbst kein Licht und kann somit auch keines auf die Erde oder Volva abstrahlen, die ja dann dem ganzen Mond die ganze Sonne verdeckt.

199) Fasse auch die Ausdrücke »größte« und »nicht größte« Ausfälle der Sonne bei den Mondmenschen so auf, dass sie der totalen und partialen Mondfinsternis bei den Erdbewohnern entspricht! In diesem ganzen Zusammenhang beziehe »Ausfall« oder »Fehlen« auf die Sonne — auf die Erde nur insofern, als wegen des Ausfalls der Sonne auch das von der Mondkugel auf die Erde oder Volva zurückgestrahlte Licht ausfällt; sodass solchermaßen die Volva auf das primäre Licht der Sonne wegen des gewöhnlichen Neuvolviums verzichten muss, aber auch auf das sekundäre Licht des Mondes, weil den Mondbewohnern die Sonne verdunkelt ist.

200) Die Wärme des Sonnenlichts (obwohl es kaum den 15. Teil des Lichts der Volva erreicht) können wir auf der Haut empfinden, freilich unterstützt durch Technik. Denn wenn man die Strahlen des Vollmonds durch einen parabolischen oder sphärischen Hohlspiegel auffängt, fühlt man im Brennpunkt, wo die Strahlen sich treffen, einen gewissen lauwarmen Zustand. Das widerfuhr mir in Linz, als ich mit anderen Spiegelexperimenten beschäftigt war, während ich an die Wärme des Lichts gar nicht dachte. Ich schaute nämlich umher, ob jemand meine Hand anhauchte.

Dass aber dieser Glanz der Volva [d.h. unserer von der Sonne beleuchteten Erde] zur Kategorie der Wärmespender gehört, bedarf keines Beweises. Denn bisweilen strahlt die Sonne im Sommer mit solcher Gewalt, dass Wälder, dass Holzdächer in Brand geraten. Dann unterstellt das Volk Brandstiftung. Was also macht es dann aus, dass der Mond von dieser Wärme 50 000 Meilen entfernt ist, wo doch trotz der Entfernung die Sonne auch einen größeren und nahezu halbkugelförmigen Teil der Erde gleichzeitig zur Anschauung bringt? [d.h. wenn der Vollmond die Erde mit reflektiertem Sonnenlicht erhellt.]

201) Das ist, für sich genommen, zu wenig. Im Zusammenhang der Argumentation sollte es jedoch vielleicht nicht vernachlässigt werden. Denn um einen ganzen Durchmesser des Mondhimmels ist die Sonne im Novivolvium weiter von den Subvolvanen entfernt als von den Privolven an deren Mittag.

202) Es ist eine wahrscheinliche Vermutung, kein voller Beweis. Fachkundige Seeleute berichten, dass das Meer stürmischer sei, wenn die Himmelslichter in Konjunktion [in copulis luminarium], als wenn sie in Quadren [90°-Abstand] stehen. Doch die Ursache für die Meeresstürme scheinen die Körper von Sonne und Mond zu sein, welche die Meerwasser mit einer magnetischen Kraft anziehen. Aber auch der Körper der Erde zieht seine Wasser an; das nennen wir Schwerkraft. Was hindert uns also zu sagen, dass die Erde auch die Wasser des Mondes anzieht, so wie der Mond die irdischen? Aufgrund dieser Voraussetzung vereinigt sich die Anziehungskraft von Sonne und Volva, wenn sie in Konjunktion oder in Opposition stehen. Da aber die Körper in Konjunktion lange im Scheitelpunkt der Subvolvanen verharren und nicht so schnell weggehen wie von den irdischen Scheitelpunkten des Ozeans, scheint genug Zeit vorhanden zu sein, um alle Wasser von einer Hemisphäre auf die andere zu locken. Ein Aspekt bleibt bei dieser Überlegung jedoch unberücksichtigt. Damit das nämlich geschehen kann, muss die gesamte Oberfläche des Mondes den Wogen offenstehen, und nirgends dürfen Küsten sich entgegenstellen. Nun aber hat uns das Teleskop Berge entdeckt, Hügel und riesige Steilküsten. Diese müssen also wie Dämme durchbro-

chen sein von Tälern und Gräben wie von tiefen Einschnitten, damit soviel Wasser von einer Hemisphäre in die andere hin und her fließen kann. Das wollen wir einstweilen glauben, bis ein Entdecker die Sache in Augenschein nimmt.

203) Dass eine so dichtgedrängte Menge von Bergen so großer Höhe überschwemmt wird, dafür besteht keine Gefahr.

204) Dann freilich haben auch die Privolven Mitternacht und es steht für sie die Volva bei der Sonne (wenngleich nicht sichtbar). Wenn wir das mit den nautischen Beobachtungen der Erdbewohner vergleichen, so behaupten diese jedenfalls das Gegenteil, nämlich dass auch um Mitternacht die Strömung des Ozeans gleich stark sei, obwohl die Himmelslichter abwesend sind, wie am Mittag, wenn sie da sind. Es geht also auch an dieser Stelle die Vorhersage fehl — es sei denn, man würde den nächtlichen Strom unseres Ozeans aus dem Rückprall von den Küsten Amerikas ableiten, gegen die der Mond die Wogen anschlägt, die er hinter sich herzieht, und entsprechend von den Küsten Europas und Afrikas durch die reziproke Strömung, die der Mond, tags darauf zurückkehrend, durch neue Einwirkung mäßigen würde. Solche Widerstände von Küsten als Anlass für das Fluten der Wogen muss man für den Mond ausschließen, wenn man den Privolven zu ihrer Mitternacht jedwedes Wasser wegnehmen will.

205) Jedenfalls wird in den Quadren [90°-Abstand] Ebbe und Flut fast bis zur Unmerklichkeit gehemmt, so als ob ein Ausgleich der Anziehung zwischen der aufgehenden Sonne und dem die Himmelsmitte verlassenden Mond stattfände, oder umgekehrt.

206) Der Durchmesser der Erde und gleichfalls ihr größter Kreis verhalten sich zu denen des Mondes wie 389 zu 100. »Epitome astronomiae Copernicanae«, S. 483. Der Durchmesser des Mondes ist also ein wenig größer als ¼ des Erddurchmessers.

207) Dieser Satz des »Somnium« ist älter als das holländische Teleskop; ich führe ihn ganz und gar auf Mästlin zurück, meinen Lehrer in Astronomie. Und er findet sich in meinen Thesen, die ich in Anm. 2 erwähnt habe. Ich habe ihn auch in meiner »Astronomiae pars optica« (S. 250) übernommen. Aber ihn bestätigt glänzend der Gebrauch des Fernrohrs sowie die Beobachtungen Galileis, die ich in meiner Abhandlung [zu »Sidereus nuncius«], (S. 20), beschrieben habe, dazu auch einige eigene: Vorgebirge, die sich von der Ebene fünf Meilen hoch senkrecht erheben, beginnen von der 45. deutschen Meile an sichtbar zu werden, s. »Epitome astronomiae Copernicanae«, S. 23. Wenn du nun aber alle Schifffahrtsstrecken des Ozeans durcheilst, wirst du kaum einen größeren Abstand finden, von dem aus man Land erblickt. Kein Berg also erhebt sich mehr als eine große deutsche Meile über die Wasseroberfläche. Siehe Snells »Eratosthenes Batavus«. Wie viele und wie hohe Berge es aber auf dem Mond gibt, in welchem Abstand auf dem zweigeteilten Mond leuchtende Punkte von der Trennungslinie in den schattigen Teil zurückreichen, aus dem tiefen Schatten in das Licht der Sonne hinausragen, s. dazu Galileis »Trutinator« [»Il saggiatore«], das er gegen Sarsi geschrieben hat. Als ich im Mai 1612 die Sonnenfinsternis beobachtete, da sah ich, indem ich den Strahl durch ein Seh-Rohr mit doppelter Linse auf eine weiße Tafel fallen ließ, in der Umrandung des Mondschattens, d.h. der Finsternis, welche der Aufenthalt des Mondes vor der Sonne verursachte, da sah ich – sage ich – in dieser hohlgewölbten Umrandung ganz deutlich erkennbare Auswüchse jenseits der Rundung des Schattens, also des Mondes, in das helle konkave Blickfeld hinausragen. Und sage nicht, die Erscheinungen seien vom Glas verursacht gewesen oder von einer Sinnestäuschung! Sie verweilten auf der Sonnenscheibe und überquerten sie mit der Bewegung des Mondes, und die eine ging der anderen beim Verschwinden voran. Wenn du nach dem Verhältnis ihrer Höhe zum Durchmesser des Mondes fragst, so wäre es unmöglich gewesen, sie zu bemerken, wenn sie nicht mindestens den 60. Teil des Durchmessers erreicht hätten. Denn der Durchmesser war sehr klein und nicht viel grö-

ßer als der einer kaiserlichen Silbermünze. Es gab also Berge auf dem Mond, deren Höhe mindestens acht Meilen überragten, weil der Durchmesser des Mondes etwa 500 Meilen beträgt.

208) In der Appendix wirst du eine genau kreisrunde Grube finden, wie mit der Hand geformt, die zehn deutsche Meilen Durchmesser hat. In der Mitte befindet sich ein gewaltiger, gewundener Spalt, eine Erscheinung, glaube ich, wie das Ennstal, das sich durch den Schöckel windet, oder wie das Inntal durch die Alpen, wenn jemand diese Täler aus dem hohen Äther bei sinkender Sonne betrachtete. Aber das Tal des Mondes ist im Verhältnis viel tiefer und furchtbarer. Und damit du etwas hast, worüber du dich wundern kannst: Es scheint an einer Stelle durch einen weniger schattigen Übergang wie durch eine Art Brücke verbunden zu sein. Aber diese Beobachtungen sind jünger als das Buch »Somnium« selbst. Umso mehr erfreut diese schon vor Jahren geschehene Vorwegnahme der Wahrheit, die Mut zeigt und eine männliche Miene.

209) Nicht nur die Betrachtung der unermesslichen Hitze eines so langen Tages hat mich zu der Vorhersage bewogen, dass es beseelte Mondbewohner geben könne, sondern ich hatte Vermutungen über die Porosität des Mondkörpers, auch aus seiner Bewegung, entwickelt; diese habe ich in den Marskommentaren dargelegt. Im folgenden Jahr erschien Galileis »Sidereus nuncius«, der mit ganz einleuchtenden Experimenten diese Theorie erhärtet, indem er den Mond wegen der Häufigkeit der Höhlen als ähnlich mit dem Pfauenschwanz erweist. Siehe meine Abhandlung zu diesem »Sidereus nuncius«, S. 14. Und hierauf bezieht sich auch der ganze Brief, den ich als eine Appendix zu diesem »Somnium« verfasst habe, mit seinen Beweisen.

210) Die kein Auge gesehen hat. Dennoch erkennst du in meiner Erwähnung der Privolven das Argument. Denn das gilt natürlich besonders da, wo das Wetter am unbeständigsten ist und sich glühende Hitze mit bitterer Kälte abwechselt.

211) Das ist der Kern des Arguments, das ohne jede Stütze des Augenscheins auskommen musste. Wenn ich damals gewusst hätte, dass der Mond so viele tiefe Höhlen hat, die durch das Fernrohr Galileis sichtbar wurden, oder wenn ich Plutarch gelesen hätte, der über die Höhle der Hekate fabuliert, ich glaube, dann hätte ich meine Theorien mit größerer Bestimmtheit formuliert.

212) Mit »Erde« meine ich den Mondboden. Ich glaubte, die Lebewesen seien den Bergen vergleichbar. Siehe »Astronomiae pars optica«, S. 250. Und dieses Größenverhältnis bestehe nicht nur zwischen ihren und unseren irdischen Körpern; sondern auch zwischen ihren und unseren Fähigkeiten, Atem, Hunger, Durst, Wachen, Schlaf, Arbeit, Ruhe. Die Größe der Werke kann man am besten aus der Appendix erkennen; die bezeugt auch die ununterbrochenen Exzesse der Hitze und Kälte und die seltenen Möglichkeiten, sich aufzuwärmen. Siehe darüber Plutarchs Buch Bl. 1730.

213) Dies stammt aus den Tübinger Thesen. Auch das bezieht sich auf die Lehre von der Analogie, die ich von früher Jugend an ganz sorgfältig beachtet habe. Das Verhältnis der sehr langsamen Bewegung der Fixsterne bei uns zu dem weitaus schnelleren Umlauf der einzelnen Planeten und unserer Erde selbst jeden Tag, dasselbe Verhältnis schien mir zwischen der Lebensdauer der Menschen und der mäßigen Masse der Körper. Da auf dem Mond die Fixsterne schneller zurückkehren als der Saturn, der Tag aber dreißig Mal so lange dauert wie der unsere, glaubte ich, dass umgekehrt dort den Lebewesen ein kurzes Leben, aber höchstes Wachstum zuerkannt werden müsse, so dass nichts zur Reife gelangt, sondern alles mitten im Wachstum untergeht. In den Thesen bin ich zur Politik übergegangen: Das Schicksal der Staaten ist häufigen und gewaltigen Wechselfällen unterworfen, der Besitzstand der Privatleute hält sich oft auf seiner Höhe.

214) Da ich den Privolven das Wasser weggenommen hatte, war ich gezwungen, gewaltige Wechsel von Hitze und Kälte in ganz kurzen Zeitabständen ablaufen zu lassen. Mir wurde bewusst, dass diese Regionen unbewohnbar sein müssten, jedenfalls unter freiem Himmel. So war es günstig, wenn zu bestimmten Zeiten des Tages Wasser heranfloss. Wenn dieses wieder zurückfloss, ließ ich die Lebewesen ihm folgen. Und damit ihnen das rasch möglich wäre, gab ich ihnen lange Beine, anderen auch Schwimmfähigkeit und Wasserverträglichkeit; nur sollten sie nicht zu Fischen werden. Und nichts davon ist für den unglaubhaft, der von Cola, dem Fischmenschen aus Sizilien, gelesen hat. Ich bedachte auch folgendes: Nichts ist auf Erden so gewaltsam, dass Gott nicht einer bestimmten Art von Lebewesen die Fähigkeit verliehen hätte, es auszuhalten: Hunger und Hitze in Afrika den Löwen; Durst [sitis] und unermessliche Wüsten des palmyrischen Syrien den Kamelen; hyperboreischen Frost den Bären etc.

215) Aufgrund der Tatsache, dass jede Materie, insofern sie Materie ist und keine Seele hat, von sich aus kalt ist. Und wenn sie durch eine äußere Ursache erwärmt wird, ist sie von selbst der Kälte wieder überlassen, wenn durch Wegfall der Ursache die zugeführte Wärme erlischt. Nun nimmt das Wasser der Privolven in der obersten Schicht zwar die Wärme der Sonnenstrahlen auf; aber zu den größeren Tiefen dringen die Sonnenstrahlen nicht durch, eben wegen der Tiefe, wie ich glaube.

216) Denn alles musste durch bestimmten Gebrauch festgelegt werden. Die Wärme des Wassers ergab sich aus der so großen Länge des Tages wie auch aus der Erfahrung in Chile, wo nämlich im Zeichen des Steinbocks – wie berichtet wird – in der Trockenzone sogar an unserem kurzen Tag ganz warmer Regen fällt.

217) Das ist gleichsam ihre Beschäftigung. Denn falls mir jemand entgegenhält, jene Gegenden seien unbewohnbar, wenn so-

gar das Wasser kochend heiß ist, so verweise ich ihn auf unsere Keller und tiefen Gruben, in denen wir im Sommer unser Getränk kühlen.

218) Muster waren die verschiedenen Rinden unserer Pflanzen und Früchte gemäß der verschiedenen Vorsorge der Natur, Muster waren die schildartigen Schalen der Austern und Schildkröten, die Schwielen der Füße, die Hufe und Sohlen der Tiere.

219) Ich hatte bei Arnobius, dem Afrikaner, gelesen, dass unter den Vergnügungen dieses Volkes auch die üblich sei, sich nackt der Sonne auszusetzen, indem sie sich sonnten wie die Eidechsen und – wenn ich mich nicht irre – auch die Krokodile. Daraus schloss ich, dass die Afrikaner deren Natur besäßen, da sie ja einheimische Tiere seien. Denn für uns Europäer dürfte das eher eine Art Tortur sein.

220) So wird von den Völkern Lucumoriens berichtet, einer Provinz des nördlichen Skythien: Es gebe Leute, die zu Beginn jener langen Nacht stürben, bei Sonnenaufgang aber wieder lebendig würden. Darum suchten sie sich sichere Bestattungsplätze, damit ihnen nichts Übles während der Abwesenheit der Seele zustoße. Darüber berichtet Martin Delrio in »De magia«.

221) Scaliger berichtet in seinen »Exercitationes«, dass aus dem Harz, welches durch die Sonnenhitze aus den Schiffsbalken quillt und kugelförmig festklebt, Enten entstünden, bei denen sich als letzter Teil des ganzen Körpers der Schnabel entwickle; wenn der sich löse, ließen sie sich ins Wasser hinab. Bekannt ist durch die Erwähnung vieler Gewährsleute ein Baum in Schottland, der das gleiche Lebewesen hervorbringe. In dem sehr heißen Sommer des Jahres 1615 sah ich in Linz einen Juniperus-Zweig, der aus den verlassenen Feldern von Traun stammte; ihm war die ungewöhnliche Gestalt eines Insekts angewachsen, von der Farbe des gehörn-

ten Skarabäus, der bis zur Hälfte entwickelt war und sich langsam bewegte, denn das Hinterteil, das noch am Baum klebte, war Harz des Juniperus.

222) Über die Länder der neuen Welt schreibt José de Acosta dasselbe. Siehe meine Abhandlung zu »Sidereus nuncius«, S. 18.

223) Diese Vermutung habe ich aus einer Disputation unter dem Vorsitz von Maestlin hergeleitet, die 1605 mit dem Titel »De passionibus planetarum« (Die Eigenschaften der Planeten) veröffentlicht worden ist. Davon handelt auch meine Abhandlung, S. 19. Doch ist es angebracht, die Sache auch hier ganz darzustellen, weil sie in den Zusammenhang gehört. Wir wollen nun ein Weilchen in ihr spazieren gehen.

Also: Der Autor beginnt in den Thesen 136 und 143 die Eigentümlichkeit zu behandeln, dass der Mond manchmal am selben Tag morgens als alter Mond und außerdem am Abend als Neumond erscheint, zu einer Zeit, wo er nicht mehr als sechs oder sieben Grad von der Sonne entfernt sein kann, wo doch zu anderer Zeit für sein Auftauchen zwölf Grad notwendig sind. Zur Erklärung der Gründe des Phänomens schlägt These 146 einen neuen Lehrsatz vor, dass nämlich der Mond von einer gewissen luftartigen Substanz umhüllt sei. Denn die These 139 hatte festgelegt, dass vom Mond dann, wenn er sich volle zwölf Grad von der Sonne entfernt habe, kaum der 80. Teil des sichtbaren Durchmessers von der Sonne beschienen sei. Um wie viel wird er also noch kleiner sein, wenn er nicht mehr als sieben Grad von der Sonne entfernt ist? Also nimmt der Autor an, die ganze Luft, die außerhalb der Begrenzung des Mondkörpers vorausläuft, werde von den Strahlen der Sonne gefärbt, da sie für diese Strahlen durchlässig, d.h. durchleuchtbar sei. Niemals werde daher der Mond völlig unsichtbar, nicht einmal bei zentraler Deckungsgleichheit.

Diesen Lehrsatz stützt er durch fünf zusätzliche Experimente. Erstens: Wenn man den Strahl der verfinsterten Sonne durch eine

Öffnung einfängt, dann erscheint auf dem Bild der Sonne immer der äußere, konvexe Kreisumfang als größer gegenüber dem inneren, konkaven der Verfinsterung, die natürlich von dem konvexen Körper des Mondes ausgeschnitten oder verdeckt wird. Der Vollmond hat jedoch meistens einen größeren Durchmesser als die Sonne. Folglich glaubt er, wenn wir den vollen Mond mäßen, mäßen wir das, was außerhalb des Körpers von der erleuchteten Mondluft ringsum hervorstehe. Wenn er aber selbst die Sonne verdecke, dann müsse er das allein leisten, ohne Hilfe von diesem seinem Luftkleid, das die Sonnenstrahlen durchdrängen, ohne überhaupt behindert oder unterbrochen zu werden.

Dieses von der Beobachtung der Sonnenfinsternis gewonnene Experiment ist freilich völlig gültig. Es veranlasste auch Tycho Brahe, den Durchmesser des Neumonds kleiner anzusetzen als den des Vollmonds. Auch Longberg pflichtete seinem Lehrer in der »Astronomia Danica« darin bei. Viel hat sich auch der friesische Astronom David Fabricius mit diesem Nachthemd des Mondes befasst. Dessen Ansichten habe ich in den Prolegomena zu »Ephemerides novae« behandelt. Völlig gültig, sage ich, ist es: Im Bild der verfinsterten Sonne, das durch eine kleine Öffnung eingefangen wird, ist der konvexe Teil-Umfang der eines größeren Kreises, der konkave der eines kleineren. Der vom Autor vorgetragene Grund ist allerdings nicht stichhaltig. Ich habe nicht die Absicht, die Existenz von Luft auf dem Mond zu bestreiten. Ich habe sie in der »Astronomiae pars optica«, S. 252 und 302, sowie in der Abhandlung S. 18 als existent angenommen. Aber sie leistet nicht das, wonach der Autor verlangt. Die Ursache bei dem Experiment ist nämlich eine andere, und zwar der Radius der Öffnung, durch die der Sonnenstrahl eindringt. Durch die Breite dieses Radius vergrößert sich rings der leuchtende Rand der sichelförmigen Abbildung der Sonne, auch an den Spitzen der Hörner, und so werden diese stumpf. Wenn dieser leuchtende Rand verdeckt wird, bleibt die echte Abbildung übrig, bei welcher der äußere Umfang schon enger ist, der innere, konkave weiter. Wenn man also dieses Mittel anwendet, findet man heraus, dass der Durchmesser des die Sonne abdeckenden Mondes übereinstimmt mit dem des Vollmonds.

Diese meine Lösung des Knotens führt jener Autor selbst aus meiner »Astronomiae pars optica« an, die zu der Zeit erschienen ist; er hielt in einer Anmerkung zur These die meiner Meinung entsprechenden Teile aufrecht, wo er meine Verneinung des Unterschieds zwischen Neu- und Vollmond lobt und anerkennt. Dennoch merzte er von den Experimenten über die Mondluft dieses erste nicht aus, weil er, glaube ich, das Urteil dem Leser überlassen zu müssen glaubte; oder weil er meinte, er habe eine ganz feine Öffnung benutzt, durch die auch die Hörner der Abbildung genügend scharf wiedergegeben würden? Aber ich glaube ihm nicht. Groß ist nämlich der Unterschied zwischen dem Verhältnis der Durchmesser, den der Autor aus der Beobachtung der Sonnenfinsternis 2./12. Oktober 1605 anführt, und dem Verhältnis, das ich aus ähnlichen Beobachtungen gewonnen habe. Darum muss man die Beobachter ermahnen, die Tafel, die das Abbild der verfinsterten Sonne aufnimmt, unbedingt gegen alles Schwanken zu sichern und immer der Öffnung senkrecht in demselben Abstand entgegenzustellen. Denn wenn sie schief steht, verzerren sich bestimmt die Kreisumfänge des leuchtenden Abbilds und werden von der Kreisform in Ellipsen verfälscht. Der Autor muss sich also fragen, ob er für diesen Missstand genügend Vorsorge getroffen hat.

Was die Sache selbst angeht, die als Ursache des verringerten Durchmessers angeführt wurde: Es muss, da ich sie selbst nicht bestreite, auch dargelegt werden, warum sie nicht der Grund für jene Verringerung sein kann; natürlich, weil auch durchscheinende Gegenstände Schatten werfen, wenn sie sich in der Sonne befinden. Das habe ich in der »Astronomiae pars optica« durch Experimente mit einer wassergefüllten Glaskugel bewiesen. Diese lässt die Sonnenstrahlen durch und verdichtet sie so sehr, dass sie Kleider ansengen und Pulver entzünden können. Aber die durchgelassenen Strahlen lenkt sie in eine andere Richtung um. Die Ränder

der Kugel hingegen werfen ihre Schatten in gerader Richtung von der Sonne. Denn wenn irgendwo das Licht der Sonne durchdringen kann, so entsteht dort kein Schatten. Was wird bei Mondfinsternissen geschehen, die wir oft beobachten, wenn beide Himmelslichter über dem Horizont stehen? Das Sonnenlicht hat hier unsere Luft durchdrungen und gelangt auch bis zum Mond, da die Erde nicht im Wege ist, weil ja beide Himmelslichter oberhalb stehen. Was ist es also dann, was den Mond in Schatten hüllt, wenn nicht unsere Luft, die den direkten Strahlen der Sonne im Wege steht? Es bringt also kein falsches Erscheinungsbild der Sonne durch Strahlen, welche die Luft durchdringen und in ihr gebrochen werden, es bringt nicht – sage ich – den Schatten der Erd-Luft zum Verschwinden. Also wird es auch den Mondschatten niemals zum Verschwinden bringen. So viel also zum ersten Beweis für die Mondluft.

Das zweite Experiment mit der Lufthülle des Mondes enthält These 148. Wenn der Halbmond irgendeinen Stern mit seinem dunklen Teil zu bedecken anfängt, scheint dieser dem Mittelpunkt des Mondes näher zu stehen als der gegenüberliegende leuchtende Rand. Wenn der Vollmond dabei ist, Sterne zu verdecken, scheint er sie vorher in die Umhüllung dieses seines leuchtenden Kleides aufzunehmen, durch das sie dann durchscheinen. Danach erst verbirgt er sie hinter seinem Körper und verdeckt sie völlig. Eine Beobachtung dieser Art findest du in den »Tabulae Rudolphinae«, Praecept. 133, S. 94, von der Konjunktion von Mars, Venus und Mond [dort dargestellt durch die astronomischen Symbole]. Gleicherart ist das vierte Experiment, These 150. Wenn der Mond sich erneuert, erscheint der ganze Körper in schwachem und zerfließendem Licht, während daneben das Horn oder die Sichel klar und scharf gezeichnet sind. Dann erscheint der Kreisumfang der leuchtenden Sichel viel größer als der Umfang des gegenüberliegenden Körpers. Der Autor glaubt, das klare Licht der Sichel stamme von der weiten Luftumhüllung des Mondes, die über den Körper hinausrage. Nimm das fünfte Experiment gleich dazu, aus

These 151: Das Horn des Mondes erscheint niemals schmaler als eine Fingerbreite, obwohl bisweilen Voll- und Neumond am selben Tag zu sehen sind, wobei der erleuchtete Teil kaum 1/80 des Durchmessers ausmacht. Der Autor behauptet wiederum, man sehe dann das Luftkleid, das über die Grenzen des Körpers hinausrage.

Diese drei Experimente hielt ich nicht für geeignet, eine so weite Ausdehnung über den Körper des Mondes hinaus zu beweisen. Den Grund der Erscheinung führe ich auf die Eigenart des Gesichtssinns zurück. Denn bei Einbruch der Nacht weitet sich die Pupille des Auges durch natürliche Bewegung, und das Licht des leuchtenden sichtbaren Punktes dringt dichter ein und berührt den Sehnerv auf der Netzhaut breit. Dasselbe geschieht auch am Tag, wenn das Auge sich auf starkes Licht richtet. Auf diese Weise wird das Bild der sichtbaren Dinge auf der Netzhaut verfälscht, da die leuchtenden Teile sich ausbreiten und den Bereich der dunklen Nachbarbezirke übernehmen. Aber diesem Bild auf der konkaven Netzhaut innerhalb des Auges entspricht auf das Genaueste auf der anderen Seite auch die Anschauung der sichtbaren Sache außerhalb.

Der Autor erkennt diese Lösung auch an, in der Anm. zu These 151, nennt aber meinen Namen nicht und schiebt sie weg, so gut er kann, indem er anführt, dass dergleichen sich auch am Tag ereignet. Aber das, womit ich seine Gründe entkräfte, gilt gleichwohl, wenn es auch bei Nacht klarer hervortritt, in sich selbst auch am Tag.

Jedoch lässt sich hieraus, besonders aus dem vierten und fünften Experiment, keineswegs überhaupt kein Zeugnis für die Mondluft gewinnen. Denn da die Sonnenstrahlen sie durchdringen, lassen sie sie hell aufleuchten. Obwohl die Umrandung zu anderer Zeit gleichwohl geeignet ist, Schatten zu werfen, reizt sie selbst dennoch durch diese ihre aufgesogene Helligkeit heftig das Auge. Dieser Heftigkeit entspricht jene Reizung und Färbung, die sich in der Netzhaut ausbreitet und daher auch die so ausgedehnte Erscheinung des leuchtenden Teils des sichtbaren Objekts hervorruft, der, wenn auch nicht durch wirkliche Ausdehnung, so doch durch seine wirkliche Stärke und Helligkeit jenes vorzeitige Sichtbarwerden des Mondes verursacht. Nicht die wirkliche sichtbare Ausdehnung der Sichel – sage ich – verursacht die erscheinende Ausdehnung gleichsam maßstabsgetreu; sondern die wirkliche Helligkeit verursacht die falsche und übergroße Ausdehnung wegen der starken Reizung der Netzhaut. Siehe was ich auf diese Weise gegen ähnliche Experimente des David Fabricius im Vorwort zu meinen »Ephemerides novae« bemerkt habe!

Ich habe das dritte Dokument übergangen, das der Autor in These 149 vorlegt. Der Rand des leuchtenden Mondes ist klar und rein und ohne Flecken. In der Mitte erscheint der ganze Mond fleckig; natürlich weil die Mondluft sich dem Blick in der Körpermitte dünn und in den Senkungen seicht, zu den Rändern hin aber tief darstellt. So nämlich erregt in den Ebenen der Erde die Luft über den Köpfen, obgleich sie von der Sonne erhellt ist, den Gesichtssinn nicht sehr, und für Leute, die aus einer tiefen Schlucht hochblicken, bedeckt sie nicht die größeren Sterne. Die Luft, die in der Ferne um Berge geschichtet ist, erscheint jedoch weißlich, weil sie dem Blick einen Durchlass von großer Tiefe darbietet, und tönt weiter entfernt stehende Berge mit blauer Farbe oder verdunkelt sie sogar völlig, und umwölkt auch die hellsten Sterne bei ihrem Aufgang, wenn die Sonne nicht scheint. So sind meistens die Wolken senkrecht über uns entweder unsichtbar oder spärlich und durchscheinend, zum Horizont hin, wo sich genauso schwache Wolken befinden, wie senkrecht über uns, aber ganz dicht.

Das sind die Beweise Maestlins für die Luft auf dem Mond, das ist ihre Kraft. Hiernach nämlich bringt er noch die These 152, die vorletzte seines Buches, in der er die Luft auf dem Mond vergleicht mit unserer Luft, welche die Erde umhüllt; und er vergleicht jene strahlende Helligkeit des Saumes, die der Grund der wunderbaren Erscheinungen ist, mit unserer Morgenröte. Und er erhebt unsere Augen in die Höhe – wie ich zum Mond –, damit sie von dort auf dieser unserer Erde völlig gleichartige Erscheinungen wahrnehmen.

Schließlich fügt er eine Anmerkung bei und sagt: »Ob jene Luft, ähnlich wie unsere, sich zu Wolken verdichtet, die durch ihre Dichtigkeit das Aussehen ganz solider Körper annehmen und dadurch, wie bei uns bei Sonnenaufgang und –untergang, weiß oder feuerrot erscheinen, lassen wir in der Schwebe. Das aber lehrt uns die Erfahrung mit Sicherheit, dass jener umhüllende Glanz zu verschiedenen Zeiten mehr oder weniger hell erscheint.« Und er fügt meiner Hypothese noch ein geeignetes Beispiel bei: »Im Jahr 1605 wurde am Abend des Palmsonntags am Körper des abnehmenden Mondes, der die Farbe glühenden Eisens hatte, gegen Norden ein schwärzlicher Fleck beobachtet, der dunkler als der übrige Körper war. Man hätte sagen können, es sei eine weit ausgebreitete Wolke, schwanger von Regen und stürmischen Schauern. Dergleichen sehen nicht selten Leute, die von Gipfeln hoher Berge in tiefere Täler hinabschauen.« Einige Zeit danach kam ich mit ihm ins Gespräch, und er versicherte mir, jene Wolke sei nicht von gewöhnlicher Größe gewesen, sondern habe beinahe die Hälfte des Durchmessers bedeckt. Und das ist es, woran ich mich erinnerte, als ich diesen letzten Teil meines Traums vollendete. Mit der Wiederholung dieser Erinnerung beschließe ich auch diese Anmerkungen.

Johannes Kepler
Geographischer Anhang oder, wenn du lieber willst, Mondbeschreibung

An den sehr verehrungswürdigen Pater Paul Guldin,
Priester der Gesellschaft Jesu, etc.

Ehrwürdiger und hochgelehrter Mann, verehrter Gönner.

Es gibt kaum jemanden, mit dem ich zu dieser Zeit lieber öffentlich über astronomische Studien sprechen würde, als mit dir, wenn sich über den Genuss dieses Gesprächs hinaus irgendein Gewinn meiner Reise zeigen würde, in dieser turbulenten Zeit, wo der ganze Hof durch Kriegssorgen in Aufregung versetzt ist. Umso willkommener ist mir der Gruß, der mir von R. D. T. durch hiesige Mitglieder seines Ordens bestellt worden ist. Besonders P. Zucchi hätte sein überaus wertvolles Geschenk, ich meine das Fernrohr, keinem anderen anvertrauen können, dessen Hilfe mir in dieser Sache willkommener wäre als die deine. Sogleich wie ich von ihm hörte, dass dieses Kleinod in meinen Besitz übergehe, fasste ich den Beschluss, dir als erstem eine Frucht dieses wissenschaftlichen Genusses vorzusetzen, die aus dem Gebrauch dieses Geschenks erwachsen ist.

Denn wovon soll ich nicht sprechen? Wenn du den Geist auf die [a] Mondstädte richtest, kann ich dir bestätigen, dass ich sie sehe. Jene von Galilei zuerst bemerkten [b] Mond-Niederungen erscheinen hauptsächlich als Flecken, d.h., wie ich zeige, tief gelegene [c] Teile in einer ebenen Fläche, wie es bei uns die Meere sind. [d] Aber aus der Gestalt dieser Tiefebenen selbst schließe ich, dass es eher sumpfige [e] Gegenden sind. Und in diesen pflegen die [f] Endymioniden die Umrisse ihrer Städte abzumessen, und zwar zu [g] ihrem Schutz [h] gegen den feuchten Sumpf und [i] gegen die Sonnenhitze, [k] vielleicht auch gegen Feinde. Das System der Befestigung ist das folgende: [l] Einen Pfahl schlagen sie ein im Mittelpunkt der künftigen Befestigung. [m] An diesen Pfahl knüpfen sie Seile, je nach Ausmaß der künftigen Stadt [n] lange oder kurze; [o] das längste von mir ermittelte misst fünf deutsche Meilen. [p] Mit diesem so befestigten Seil laufen sie zur Peripherie des künftigen Walls, [q] die durch die Enden der Seile festgelegt wird. Dann kommt [r] das ganze Volk zusammen, um den Wall aufzuschütten. [s] Die Breite des Grabens beträgt mehr als eine deutsche Meile. Das ergrabene [t] Erdreich nehmen sie in [u] einigen Städten ganz ins Innere auf, in [x] anderen schütten sie es teils außerhalb, teils innerhalb auf, [y] so dass auf diese Weise ein doppelter Wall entsteht, [z] dazwischen ein sehr tiefer Graben. [aa] Die einzelnen Wälle laufen in sich selbst zurück, ihre Form ist kreisrund, wie mit dem Zirkel ausgeführt. [bb] Das erreichen sie durch die gleichbleibende Länge der Seile, die vom Zentralpfahl ausgespannt werden. [cc] Auf diese Weise wird erreicht, dass nicht nur der Graben sehr tief liegt, sondern dass auch der Mittelpunkt der Stadt, wie der Nabel eines geschwollenen Bauchs, als eine klaffende Lücke erscheint, [dd] während rings die ganze Umgebung durch die Aufhäufung des aus dem Graben ausgehobenen Erdreichs in die Höhe ragt. [ee] Denn die Entfernung vom Graben bis zum Stadtmittelpunkt scheint zu groß, als dass man das Erdreich dorthin schaffen könnte. [ff] In diesem Graben also sammelt sich die Flüssigkeit des feuchten Bodens, [gg] und was an Gelände innerhalb des Grabens liegt, trocknet aus. Wenn er voll Wasser steht, wird der [hh] Graben schiffbar; wenn er ausgetrocknet ist, wird er als [ii] Landweg begehbar. [kk] Wo auch immer also ihnen die Gewalt der Sonne beschwerlich fällt, da ziehen sie sich gegen jenen Teil des Ringgrabens in den Schatten zurück, und zwar in den des äußeren Walls, [ll] wenn sie im Zentrum leben, [mm] und in den Schatten des inneren Walls, wenn sie außerhalb des Zentrums in dem der Sonne abgewandten Teil des Grabens leben. [nn]Während der Ort 15 Tage lang ohne Unterbrechung von der Sonne gedörrt wird, wandeln sie herum [περιπατοῦσιν], wie sie selbst es nennen, und können so, indem sie dem Schatten folgen, die Hitze ertragen. [oo]Das soll dir nach Art eines Problems vorgelegt sein. Es muss Stück für Stück mit den Phänomenen selbst bestätigt werden, die durch das Fernglas betrachtet werden können — wenn sie denn [pp] durch optische, physikalische und metaphysische Axiome mit den Schlussfolgerungen in Einklang zu bringen sind.

Aber das ist unterhaltsam etc.

Anmerkungen zu dieser Appendix

a) Es ist mein Vorsatz und der Sinn der folgenden Thesen — weil ich sie unter oo aus den Phänomenen zu beweisen versprochen habe, die unter pp durch optische, physikalische und metaphysische Axiome bestätigt sind —, dies in den folgenden Anmerkungen zu leisten.

I. Phänomen. Auf der Oberfläche des Mondes laufen, wenn sie als genau zweigeteilt betrachtet wird, helle Teile vor oder setzen sich fort über die Trennlinie hinweg, die sich gerade durch gefleckte Teile zieht, und dringen in den anderen, schattigen Teil des Mondes ein.

II. Wenn du auf dieses Phänomen unbezweifelte Axiome anwendest, nämlich dass die Sonnenstrahlen geradlinig sind; dass der Mond ein kugelförmiger Körper ist; dass jene Trennlinie nichts anderes ist als die Grenze der Sonnenbestrahlung, an der die äußersten Strahlen der Sonne den Mond berühren, so dass der zugewandte, bestrahlte Teil des Mondes sich zur Sonne hin richtet, der abgewandte, schattige, nicht bestrahlte wegen seiner konvexen Form sich von der Sonne wegbeugt; und dass deswegen — vorausgesetzt, die Kugel ist gleichförmig und vollkommen — die Trennlinie eine völlig perfekte Gerade in der Quadra sein muss, oder eine perfekte Ellipse vor und nach der Quadra: so folgt zwingend, dass in dem Bereich, in dem die Trennlinie keine vollkommene Gerade bildet, sondern gleichsam von leuchtenden Zacken unterbrochen wird, die in den schattigen Teil hineinragen, der Mond nicht vollkommen kugelförmig ist, und dass dort jene leuchtenden Zacken Bestandteile sind, die über die Oberfläche der fleckigen Partien hinausragen; oder dass die fleckigen Partien im Verhältnis zur beleuchteten Umgebung tiefer liegen, so dass dieselben Sonnenstrahlen, welche die fleckigen Partien jenseits der Trennlinie nicht mehr berühren können (daran gehindert natürlich durch deren konvexe Gestalt), jene Stellen oder leuchtenden Zacken sehr wohl noch berühren, da sie ja vom Mittelpunkt des Mondes aus gesehen erhaben sind und die Berührung der Sonne noch nicht durch ihre konvexe Gestalt ablehnen (sonst würde nämlich die Trennlinie auch durch jene Stellen geradeswegs hindurchgehen); so aber wird die Höhe ihrer Vorsprünge durch das Vordringen in die schattige Hälfte des Mondes angezeigt.

III. Phänomen. Die Trennlinie, die durch die leuchtenden Teile läuft, ist gezackt wie eine Säge oder ein quergebrochenes Brett.

IV. Wo also der Mond rein leuchtend wahrgenommen wird, erheben sich irgendwelche Geländestücke neben der Trennlinie in die Höhe, unmittelbar daneben finden sich nahe derselben Trennlinie im Wechsel mit jenen Erhebungen abschüssige Stellen. Das ist die Definition von »gezackt«. Die Anteile also an der Oberfläche des Mondes, die in reinem Licht leuchten, sind in Wahrheit Unebenheiten.

V. Phänomen. Andererseits verläuft die Trennlinie durch die fleckigen Gebiete der Mondoberfläche vollkommen gerade.

VI. Also sind die Flecken des Mondes Teile der gleichförmigen und vollkommen kugelförmigen Oberfläche.

VII. Phänomen. Wenn die Trennlinie durch die Flecken läuft, erscheinen im beleuchteten Teil des Mondes gewisse schattige Streifen, die aus dem unbeleuchteten Teil des Mondes hervorlaufen; sie trennen die Flecken von den rein leuchtenden Teilen gleichsam los.

VIII. Also erhellen die Sonnenstrahlen sowohl die leuchtenden als auch die fleckigen Abschnitte diesseits und jenseits jener schattigen Streifen auf der beleuchteten Hälfte. Das Gelände aber, durch das ein Streifen läuft, erhellen sie nicht.

IX. Aber gemäß II. sind die leuchtenden Teile hoch, die fleckigen niedrig. Also entstehen jene Streifen durch nichts anderes als den Schattenwurf der leuchtenden Teile, wie der Berge oder der Steilküsten, geworfen auf den Flecken wie auf eine Ebene oder das Meer.

X. Phänomen. Im abgedunkelten Teil des zunehmenden Mondes erkennt man nahe der Trennlinie leuchtende Punkte, die im Verlauf einiger Stunden heller werden, bis sie mit dem beleuchteten Teil an der Trennlinie zusammenwachsen; und dann wird klar, dass jene Punkte zum leuchtenden Teil des Mondes gehören, nicht zu den Flecken.

XI. Also müssen sich aus dem Teil der Oberfläche, der von den Sonnenstrahlen noch nicht berührt wird, irgendwelche Spitzen zu einer solchen Höhe erheben, dass sie von den Sonnenstrahlen erreicht werden können. Und wiederum jene ganze Umgebung solcher Spitzen liegt höher als der fleckige Teil der Oberfläche.

XII. Phänomen. Was in Nr. I und VII beschrieben wurde, beobachtet man so in der ersten und letzten Quadra [wenn Sonne, Erde und Mond einen Winkel von 90° bilden] bei demselben Flecken, durch den jeweils die Trennlinie läuft, jedes Mal zur selben Zeit, aber in einander entgegengesetzten Richtungen.

XIII. Also ist der Flecken, der gemäß II tief liegt und gemäß VI eben ist, auf allen Seiten umgeben von leuchtenden Höhen gemäß II und schroffen Erhebungen gemäß IV.

XIV. Phänomen. In der bestrahlten Hälfte erscheinen nahe der Trennlinie zahlreiche schattige Möndchen und Sicheln. Deren Hörner sind zur Trennlinie hin gerichtet. Und diesen schattigen Möndchen wenden sich Sicheln entgegen, deren Hörner sich fast berühren; sie sind stärker mit Licht gesättigt, als die übrige Umgebung.

XV. Also gibt es in der bestrahlten Hälfte kreisförmige, tiefer gelegene Stellen oder Höhlen, deren zur Sonne hin gelegener Teil von den Sonnenstrahlen nicht erreicht werden kann, während der andere Teil der Höhlung, der in Richtung der Trennlinie steil ist, direkter von den Sonnenstrahlen getroffen und stärker beleuchtet wird als die übrige außen herum liegende Ebene.

XVI. Phänomen. Von auffallender Größe ist eine der leuchtenden Sicheln, deren Hörner die Trennlinie direkt berühren, der im beleuchteten Teil eine schattige, gekrümmte Oberfläche gegenübersteht, fast wie kreisförmig aus ihr herausgeschnitten. Und das sind Unterschiede des kreisförmigen Lichts und Schattens, in den einander gegenüberliegenden Quadren jeweils umgekehrt.

XVII. Also besteht auch in der unbeleuchteten Hälfte eine ungeheure Höhlung oder Grube, deren Rand, der sich mit seiner Krümmung zur Sonne hin ausdehnt, Schatten in den Grund des Grabens wirft; die Hälfte des Randes aber, die von der Sonne weg in die unbeleuchtete Mondhälfte ragt, fängt den Strahl der Sonne auf, der durch eine Schlucht oder Lücke im gegenüberliegenden Rand dringt.

XVIII. Es gibt zwei Ursachen bei uns Erdbewohnern, welche die Oberfläche der Erde formen. Denn die Formung wird entweder durch den Geist vollzogen, wie der Ackerbau, die Errichtung von Festungen, die Umleitung von Flüssen. Oder sie basiert auf der Bewegung der Grundstoffe. Hier sind es die Eigenschaften der Grundstoffe, durch welche die Bewegung und Umformung stattfindet, nämlich Feuchtigkeit und Trockenheit, Härte und Brüchigkeit. Denn die Flüssigkeit fließt hinab zu Orten, die dem Mittelpunkt der Erde näher liegen, bis sie zum allgemeinen Gleichgewicht gelangt. Trockenes Material, das neben fließendem Wasser liegt, besteht umso dauerhafter, je härter es ist; was weicher und bröseliger ist, zergeht allmählich. Ich gebe ein einleuchtendes Beispiel.

Du fragst, wer jene Hügel errichtet hat, die verstreut in den Gefilden Böhmens liegen, wo die Landschaft gegen das benachbarte Erzgebirge hin in eine Enge übergeht. Wenn du von einem hohen Berg aus der Ferne eine Reihe von ihnen erblickst, würdest du vermuten, das sei das Werk von Riesen und so etwas wie Grabdenkmäler. Ich nenne dir den Urheber. Es ist der Fluss Elbe. Er nahm seinen Lauf am Fuß der Berge, drang allmählich tiefer und höhlte sein Bett aus. Es brauchte lange Zeit, in der häufige Regenfälle niedergingen und allmählich die fetten Schollen des ländlichen Bodens herauswuschen und das Erdreich in die Elbe spülten.

Steine, einst unter der Erde, sind schließlich, da die Erde abgetragen wurde, Berge geworden. Durch ihre Härte haben sie überdauert, während sich die Schollen ringsum wegen ihrer Brüchigkeit auflösten. Das ist auch der Grund dafür, warum auf den meisten Bergkuppen ein Felsengebilde gefunden wird. Burgen hätten dort einst gestanden, werden gedankenlose Leute versichern. Das ist die Ursache, die eine Menge Felsen durch die sandigen Gefilde Schlesiens hin verstreut hat. Solange nämlich die Erde vollständig erhalten ist, gibt es keinen starken Andrang von Flüssen. Es werden also nur überall Tälchen oder Gräben ausgewaschen von dem ständigen Sprudeln der Quellen. Die höher gelegenen Ebenen bleiben verschont, bis auf das, was Regenfälle von der Oberfläche abspülen. Wenn jene erschöpft und diese im Verlauf einer langen Zeit tiefer gelegt sind, entblößen sich die Steine, die einst von der Erde bedeckt lagen.

XIX. Da der Geist Schöpfer der Ordnung ist und es nichts Ungeordnetes und Verwirrtes gibt, was der Geist geplant hat, so folgt – wenn er nicht, auf sein Urteil gestützt, die Zügel Werkzeug-Ursachen überlassen hat, die von ihm selbst verschieden sind –, dass das Ungeordnete, insofern es ungeordnet ist, durch die Bewegung der Grundstoffe und die Notwendigkeit der Materie hervorgerufen wird.

XX. Wenn also an der Oberfläche des Mondkörpers, sofern es sich um erkennbare Teile handelt, irgendeine Unregelmäßigkeit erkannt wird – einige Stellen hoch, andere tiefliegend, einige eben, andere uneben –, so muss im Mondkörper etwas unseren

Grundstoffen und deren genannten Qualitäten Analoges vorhanden sein. Es sei uns gestattet, sie mit denselben Namen zu bezeichnen: dass sie also hart, brüchig, trocken, feucht sind.

XXI. Es gibt Mondflecken; diese bestehen also aus irgendeiner Feuchtigkeit, die durch ihre Weichheit das Licht der Sonne stumpf macht, die mit gleichmäßigem Gleiten rings um den Mittelpunkt der Kugel die niedrige Lage und Ebenmäßigkeit der Oberfläche verursacht. Es gibt Berge, die von der Sonne empfangene Helle durch ihre Trockenheit und Härte auch hell zurückwerfen, die sich über die Wasseroberfläche in die Höhe erheben, die auch durch ungleiche Erhabenheit der Teile die Oberfläche rau machen.

XXII. Phänomen. Bei den Flecken gibt es eine Unterscheidung gemäß der Dunkelheit, da die einen schwärzer sind als die andern. Es gibt einen Flecken, vom Mittelpunkt der Scheibe zum Süden hin verschoben, der dem österreichischen Wappen ähnelt; oben und unten ist er nämlich tiefschwarz; in der Mitte aber ist er geteilt durch einen gleichmäßig breiten Streifen, der ein wenig heller ist als das übrige Feld, aber weniger hell als die hellen Teile des Mondes.

XXIII. Auf dem Mond unterscheiden sich also die fleckigen Teile, d.h. die feuchten Gegenden, nach dem Grade der Feuchtigkeit. Die einen sind trockener, die anderen feuchter. Es gibt also etwas, das unseren Sümpfen, und etwas, das unseren reinen Meeren entspricht. So nämlich wachsen auch in unseren Sümpfen Gräser, Rohr, Binse, Schilf, streckenweise ragen auch Schollen heraus, die hart und trocken sind und weißlich, welche die Sonnenstrahlen heller zurückwerfen.

XXIV. Phänomen. Eine Sorte von Flecken, die rings um die Trennlinie liegen, erscheint durch ein sehr gutes Fernglas dem Auge nicht unähnlich dem Gesicht eines Knaben, das durch sich erhebende Pickel entstellt ist — jedenfalls wenn dieses Gesicht von einer Seite mit Licht angestrahlt wird, z.B. von der linken das Aussehen des ersten Abschnitts oder von der rechten das des zweiten. So wie nämlich in einem solchen Gesicht alle Erhebungen der Pickel erhellt werden von der Seite, die zum Licht zeigt, so erscheinen auch in den fleckigen Teilen des Mondes verstreut kleine runde Stellen, die alle von einer Seite hell sind, von der Gegenseite schattig.

XXV. Wenn also auch auf diese kleinen Stellen das Licht der Sonne aus der Richtung fiele, aus der sie aufleuchten, dann müsste man schließen, es gäbe tatsächlich auf dem Mond so viele Vorsprünge, wie es derartige kleine runde Plätze gibt. Sie müssten, da sie in die Höhe ragten, das Sonnenlicht auffangen und in die der Sonne abgewandte Richtung Schatten werfen. Aber wir beobachten das Gegenteil: nämlich dass die zur Sonne hin liegenden Teile schattig sind, jedoch die der Sonne abgewandten Teile bestrahlt. Also muss man auch jenen Flecken eine der früher angenommenen entgegengesetzte Form zuschreiben, nämlich dass sie sich nicht zu Hügelchen erheben, sondern sich in runde Höhlungen senken. Auf diese Weise lässt sich erklären, dass der der Sonne zugewandte Rand seinen Schatten in den Grund der Höhlung wirft, der gegenüberliegende Rand aber die Sonnenstrahlen nahezu im rechten Winkel auffängt und heller strahlt.

XXVI. Axiom. Wenn etwas geordnet ist und man die Ursache der Ordnung nicht von der Bewegung der Grundstoffe oder der Notwendigkeit der Materie ableiten kann, dann gibt es höchstwahrscheinlich irgendeine geistige Ursache. Ich muss das Axiom durch Beispiele erklären. Die gerade Linie ist etwas Geordnetes; eine Bleikugel, abgefeuert aus einer Muskete, fliegt in gerader Linie. Diese Bewegung ist nicht durch irgendeinen Geist veranlasst, sondern durch die Notwendigkeit der Materie. Die Materie des Schießpulvers explodiert, wenn sie gezündet wird, und treibt die Kugel an, wo diese der Ausdehnung im Wege steht. Da sie also durch die ganze Länge des Eisenrohrs entgegensteht, kommt es durch dieses zum gewaltigen Druck einer geradlinigen Entladung. So sind die Bewegungen schwerer Körper geradlinig. Folglich ist diese Art der Ordnung, ich meine die gerade Linie, irgendwie den schweren Körpern eigentümlich, vor allem den Lichtstrahlen, die gleichsam ein materieloser Körper sind, der sich in einem Nu bewegt. So hat das Häuschen der Schnecke die geordnete Gestalt einer Spirale; diese entstammt dennoch nicht dem Geist eines Architekten, sondern der Notwendigkeit der Materie. Gegen den Winter hin rollt sich nämlich die Schnecke in die Form eines Kegels zusammen; und wenn sie so zusammengerollt ist, ergießt sich über sie ein zäher Schleim, der sich zu einer Kruste verhärtet, und es ergeben sich Windungen gemäß der Zahl der Zusammenziehungen. So werden die Waben der Bienen sechseckig durch die Notwendigkeit der Materie, während die Waben-Körper sich möglichst eng zusammendrücken. Im Gegensatz dazu ist die Fünfzahl bei den Blumen etwas Geordnetes, das aber nicht vom Stoff herkommen kann; also muss man es auf die formende Kraft der Zahl und so in gewisser Weise auf die Teilhabe am Geist zurückführen. Ich habe über diesen Gegenstand in meinem Buch »De stella nova in Serpentario«, Kap. 26 und 27, gehandelt: Ob die häufige Übereinstimmung einer großen Zahl von Dingen im Rahmen einer einheitlichen Reihe blindem Zufall zugeschrieben werden kann.

XXVII. Phänomen. Jene in den Mondflecken befindlichen Höhlungen sind kreisrund, soweit wir das mit den Augen erkennen können. Dennoch haben nicht alle den gleichen Umfang. An manchen Stellen erkennt man auch eine Anordnung von ihnen auf der Fläche wie in einer Quincunx [= schräg versetzte Reihen].

XXVIII. Wenn wir das vorausgeschickte Axiom auf diese Phänomene anwenden, ergeben sich uns folgende Schlussfolgerungen: Zwar herrschen im Allgemeinen auf der Oberfläche der Mondkugel, sofern es um die Mischung von höher und tiefer gelegenen Teilen geht, Zufall und Notwendigkeit der Materie – das Erdreich wird von den unterirdischen Felsrücken abgetragen; Täler werden ausgewaschen, so dass Berge heraustreten; Wasserwogen fließen in tiefere Regionen hinab, die sich als Flecken darstellen, und verteilen sich dort gleichmäßig, streben allenthalben geradeswegs zu demselben Mittelpunkt der Mondkugel –, doch die kreisrunden Höhlungen und ihre Anordnung in den fleckigen Teilen des Mondes sowie eine gewisse Gleichförmigkeit der Abstände sind etwas Hergestelltes und von einem Architektengeist Erdachtes. Jene Aushöhlung in Kreisform kann nämlich nicht von sich aus von einer Bewegung der Grundstoffe herrühren, es sei denn, du sagtest, die Oberfläche des Mondes sei mit einer sehr dicken Sandschicht bedeckt und öffne sich in die Tiefe, und unter der Kruste befände sich leerer Raum, in den der Sand abfließen könnte. Dass dergleichen nicht behauptet werden kann, ergibt sich aus XXI. Flüssigkeit nämlich erfüllt jene Stellen, die abfließen würde, wenn es eine Öffnung gäbe, und jene Stellen nackt zurücklassen, so dass aus fleckigen weißlich-glänzende würden. Noch viel weniger kann die Anordnung der Mehrzahl der Höhlungen untereinander von der Bewegung der Grundstoffe herstammen.

XXIX. Aus dem Vorhergehenden scheint man schließen zu müssen, dass es auf dem Mond Lebewesen gibt, welche die Vernunft besitzen, jene Ordnungsgefüge herzustellen. Ihre Körpermasse kann aber nicht im Verhältnis zu jenen Bergen stehen, aus denen ja keinerlei Ordnung aufscheint. So nämlich schaffen ja auch die Bewohner auf der Erde keine Berge und Meere (selten nämlich treten Menschen auf wie Xerxes und Nero; und nicht einmal deren Werke sind mit den natürlichen Bergen und Meeren vergleichbar), sondern sie errichten Städte und Festungen, in denen man Ordnung und Kunst erkennen kann. Und gerade darum scheinen die Oberflächen der Kugeln [des Mondes und der Erde] dem blinden Zufall überlassen, damit auf ihnen Platz sei für die Tätigkeit des Verstandes bei der Ordnung und Ausschmückung in Teilen von ihnen.

XXX. Phänomen. Wenn man Höhlungen dieser Art genauer betrachtet, dann erscheinen, wenn man in der Vorstellung eine gerade Linie von der Sonne durch den Mittelpunkt der Höhlung zieht, in ihr sechs Unterschiede, je drei des Lichts und ebenso viele des Schattens, als ob noch eine Höhlung innerhalb der Höhlung läge. Denn der größere und äußere schattige Teil ist mit dem Rücken zur Sonne hin gekrümmt; der beleuchtete aber wendet zwar seine Hörner zur Sonne und dem schattigen Teil hin, seine Krümmung aber von der Sonne weg. Den gleichen Anblick findet man im Innersten der inneren, engen Höhlung. Aber diese bescheint das äußere aus Richtung der Sonne leuchtende Licht, wobei der gebogene Rücken der Sonne zugewandt ist, auf der Gegenseite aber liegt Schatten, wobei die Hörner zur Sonne gewandt sind. Und rings um den äußersten Rand zeigt sich eine Abweichung. Bei einer Reihe von Höhlungen ist dieser Rand nicht deutlicher sichtbar und nicht heller als die äußere Umgebung, die – wie ich sagte – zu den Mondflecken gehört. Und sofort hinter dem Lichtkreis, in dem die Markierungen leuchten, beginnt in einem Bogen die Schwärze. Und auf der Gegenseite der Sonne folgt auf das Licht der Wand, die den Sonnenstrahlen direkt entgegensteht, geringere Helligkeit, fortgesetzt durch die Fleckenfläche. Bei anderen Höhlungen wiederum wird der äußerste Rand auf der Sonnenseite zwar von einer dünnen Linie sehr hellen Lichts umrahmt, auf der sonnenabgewandten Seite aber von einer dünnen Schattenlinie, die den Rand von der Umgebung abhebt.

XXXI. Hieraus ergibt sich, dass sich aus der Tiefe der Höhlung ein Hügel erhebt, der in seiner Mitte wie ein Nabel wiederum eine Vertiefung aufweist, wie ich schon im Jahre 1625 in meinem »Tychonis Brahei Hyperaspistes« dargelegt habe. Weiterhin, dass eine Reihe Höhlungen unmittelbar von der Ebene selbst eingetieft, andere hingegen mit einem hochragenden Wall gleichsam gegen die Umgebung befestigt sind.

XXXII. Die Menge der unterschiedlichen Bauwerke spricht auch für eine vielfache Nutzung, sei es, dass es viele Nutzer gibt, sei es, dass derselbe Nutzer sie zu verschiedenen Zeiten nutzt; doch rät hier die Vernunft, entsprechend der Verschiedenheit der Zeiten auch eine gewisse Verschiedenheit der Bauwerke anzunehmen. So bestimmt die Ordnung für die vielen Formen einen Sinn und Zweck, der sie alle umfasst.

XXXIII. Aus diesem Axiom und aus XXIX beweisen wir mit Leichtigkeit, dass auf dem Mond irgendein Volk existiert, das in der Lage ist, jene Höhlungen zu bauen. Es muss aus sehr vielen Einzelwesen bestehen, so dass der eine Teil die eine Art Höhlung baut und nutzt, ein anderer wieder eine andere Art. Doch sind sie nach unserem Urteil einander völlig ähnlich und jedenfalls durch Rechtssicherheit untereinander gebunden. Das garantiert das gegenseitige Einverständnis unter den Urhebern der verschiedenen Höhlungen.

XXXIV. Füge hier hinzu ein Experiment, entnommen meinem Bericht über die von mir beobachteten Jupiter-Planeten. Es trägt vorneweg den unpassenden Titel »Vorwort an den Leser«. Ich zitiere die Worte von S. 17:

»Ich kann es nicht unterlassen, in meiner Begeisterung auch ein Schauspiel zu schildern, das uns der abnehmende Mond (an den Tagen, die dem Vollmond folgen) darbot. Es gibt im Gesicht des Mondes über seinem linken Auge – von unserer rechten Seite aus gesehen – einen kleinen, allgemein bekannten Flecken, einen tiefschwarzen Punkt. Ich vermutete, das sei nichts anderes als eine tiefe Höhlung; es ist klar, dass sie bei zunehmendem Mond weniger sichtbar ist, weil sie beim Sinken des Mondes zur Sonne sich neigend direkter angestrahlt wird als bei Vollmond. Dann nämlich wird das abgelenkte Licht der Sonne stärker verschattet. Diese Höhlung zeigte am Abend des 4. September (i. J. 1610), da sie sich durch das Instrument zum Anblick eines sehr großen Flecks entfaltet hatte, eine schwärzlich-rostrote Färbung, von einem Rand hellsten Lichts umgeben. Aber das klaffte am Morgen des 5. September als Rand gegen den dunklen Teil des Mondes. Denn der Kreis oder die Grenze der Belichtung ging über diesen Flecken hinaus in einer vollkommen gebogenen Linie. Der Rand hellsten Lichts aber streckte sich über die Grenze des Lichts mit beiden Armen in die umschattete Zone. Die Arme waren verkürzt und zurückgebogen wie die Landzungen, die in Ancona, Messina, Genua und andernorts Häfen bilden, am Ende mit einer spitzen Biegung. Es war das ausdrucksstarke Bild eines Sees, dem Umriss nach könnte man sagen, es sei das Kaspische Meer, der Binnengestaltung nach ähnelt es mehr dem Schwarzen oder dem Jonischen Meer. Im See selbst nämlich, wo er nach innen zum Körper des Mondes sich kehrte, war ein heller leuchtendes Plätzchen zu erkennen, durch eine Landenge verbunden mit den hell leuchtenden Gestaden. Drei Lichtarten ließen sich unterscheiden: Die hellste war die der Gestade und Berge; die rostrote und dunkle gehörte zu dem Flecken oder See, bis zur Grenze der beleuchteten Zone; doch etwas näher an der Dunkelheit des Sees war der Glanz jenes Plätzchens. Abends um neun Uhr, als der Mond aufgegangen war, hatte das Licht den ganzen See verlassen, die Gestade konnte man in ihrer wunderschönen kreisförmigen Biegung erblicken, als ob sie aus dem Mond ausgeschnitten oder ausgehöhlt wären. Allein die Halbinsel innerhalb jener Höhlung der Gestade war noch erleuchtet.

Die Landenge war ganz klar erkennbar. Es war ein Anblick wie der des taurischen Chersonesos [Halbinsel] im Schwarzen Meer oder der Peloponnes, abgeschnürt vom Festland auf beiden Seiten durch verschattete Buchten, jedoch mit langer Stirnseite und dem See gerade entgegengestreckt, nicht wie die genannten Halbinseln mit vorn spitzem Winkel, in den See vorstoßend; aber fast dreimal so lang wie breit. Seltsam aber war auf der Halbinsel, die durch die Landenge mit den gebirgigen Gestaden verbunden war, ein strahlend heller Punkt, wie ein Berg. Unmittelbar gegenüber in dem ganz hellen Abschnitt der Gestade befand sich ein dunkler Punkt, vielleicht das Zeichen eines Walls, über den Erdreich in den See befördert worden war, der dann die Halbinsel gebildet hat, wie Herodot über die Erdaufschüttung in Ägypten sinniert. Oder es sind Spuren irgendeines Nero, der den Isthmos durchsticht, oder eines Kleombrotos, der die Halbinsel mit einem Wall befestigt, gegen das Heer irgendeines Xerxes.« Soviel aus dem Bericht, geschrieben i. J. 1611 in Frankfurt.

Ich finde in den Beobachtungen des Jahres 1622 unter dem 22. September eine ähnliche Beschreibung des ohne Zweifel selben Fleckens, natürlich wieder bei abnehmendem Mond, wenn die Schneidelinie (linea τῆς τομῆς) ein kleines Horn vom westlichen Gesicht des Mondes abtrennt. Hier der Wortlaut: »In der westlichen Schneidelinie (gemeint ist eine gekrümmte oder elliptische Linie) waren ebenfalls ein Gestade und eine hohe, gewundene Uferböschung zu sehen, die gleichsam einen Schatten ins Meer warfen (gegen jenes Horn des Mondes, das schon vom Sonnenlicht verlassen war). Denn das Licht setzte sich in Teilen dieses Meeres über den Schatten hinaus in der Mitte des Bogens fort bis zur Schneidelinie. Ein wenig gegen Süden befand sich etwas wie eine leuchtende Landenge, aber in der hellen Uferböschung auch deutlich erkennbar ein schwarzer Punkt; und entsprechend jenseits von ihm im Meer war ein heller Berg erkennbar. Die Hörner jenes hellen Ufers streckten sich vor wie Vorgebirge; die Schneidelinie erstreckte sich durch das Meer hindurch, wurde vom unteren Horn gleichsam unterbrochen, kehrte innerhalb des Horns in ihren (elliptischen oder gekrümmten) Verlauf zurück und setzte sich fort durch einen anderen Flecken.« Dies i. J. 1622 am 22. September.

Ich möchte aber auch eine Beobachtung ganz zitieren, aus der einige Teile in den vorausgeschickten Phänomenen entnommen sind, weil sie über das meiste auch jetzt noch aufklärt, und weil in ihr einige Grundlagen des Briefs enthalten sind, zu dessen Teilen wir hier den Beweis liefern.

»Im Jahr 1623 habe ich am 17. Juli mitten in der Nacht den Mond von 1 bis 2 Uhr betrachtet, indem ich das Fernrohr des P. Niccolò Zucchi benutzte, das eine sehr große Reichweite besitzt. Die meisten Höhlungen erschienen rund, aber im oberen und unteren Teil des Mondes fast elliptisch, gemäß der Wegbeugung vom Blick, die sich aus der konvexen Gestalt der Kugel ergibt; und einige Schatten von deutlich quer-elliptischen Tälern – nach Art des gehörnten Monds – waren sichtbar, so dass man daraus leicht die konvexe Gestalt der Mondkugel sogar durch Augenschein erkennen konnte. Die unteren fleckigen Gebiete waren mit einigen leuchtenden Kreisen bedeckt, die in sich Höhlungen und Schatten umfassten, allerdings in geringer Zahl. Man hätte sie für sumpfige oder schlammige Teile des Monds halten können, in denen man brunnenartige kreisförmige Dämme errichtet hatte, welche die umliegende Feuchtigkeit fernhalten sollten. Eine von diesen, zum höheren Teil des Mondes hin gelegen, schob vor sich eine deutlich sichtbare Art von Spalte her, in der Mitte ihrer Länge ein wenig breiter. Nicht bei allen Höhlungen setzte sich der Rand deutlich vom (fleckigen oder sumpfigen) Körper des Mondes ab. Oft zeigte er eine zusammenhängende und gleichmäßige stumpfe Helligkeit, bis hin zum lichtlosen Schatten. Die meisten größeren Höhlungen hatten in der Mitte eine Art Abbild der runden Glasscheiben in den Fenstern: natürlich erhoben sich aus der Tiefe der Höhlungen einzelne Hügel — nicht freilich bis zur Höhe der äußeren Böschungen – und deren Mitte war wieder abgesenkt, wie bei geschwollenen Bäuchen der Nabel oder (ein näherliegender Vergleich!) die Krater des Ätna. Das gab ihr Schatten preis. Aber wenn die Höhlungen sich auch gegenseitig nicht überdeckten und nicht zusammenhingen, sondern jede für sich getrennt lag, so folgten doch am unteren Teil der Schnittlinie, in Form einer Krümmung einander schattige Möndchen (sich gegenseitig — wie gesagt — überschneidend), so dass sie durch die Reihung selbst den Anblick eines schattigen elliptischen Bogens darboten. Auf diese Weise entstanden zwei schattige Spaltungen, einander benachbart, von der Trennlinie zwischen Licht und Schatten aus in den nach oben gebogenen beleuchteten Teil eindringend. Dennoch waren sie von beiden Seiten her — wie schon gesagt — durch beleuchtete Teile unterbrochen, die sich in zusammenhängenden Strecken kreuzten. Man hätte meinen können, es wäre ein sehr langes Tal, das sich auf beiden Seiten zwischen zerklüfteten Bergen erstreckte, und das, wenn man diese von der Seite betrachtete, kaum zu erkennen wäre.« Dies am 17. Juli 1623.

Das also sind die Beobachtungen und die Axiome, aufgrund derer ich nun die Teile des Briefs beweisen werde, die durch einzelne Buchstaben gekennzeichnet sind.

b) Dass die Höhlungen hauptsächlich in den Flecken vorkommen und nicht in den hellen Teilen, das bezieht sich auf XXIV und ist auch selbst aus dem Augenschein entnommen.

c) Dass die Flecken niedriger sind als die hellen Stellen, folgt, wie XIII.

d, e) Aus einem Flecken in sattem Schwarz entnehme ich Meere XXI, und aus dem verwaschenen Schwarz Sümpfe XXII, XXIII.

f) Wenn die Ausdehnungen etwa gemessen würden, dann muss eine Übereinstimmung zwischen ihnen bestehen, die man durch XXXIII erkennen kann.

g) Es ist Sache der Vernunft, ein festes Ziel anzustreben. Obwohl sie aber auch dem Spiel huldigt, um die Zeit zu vertreiben, so sind dennoch die zum Spiel geschaffenen Werke in ihrer Größe nicht mit denen zu vergleichen, die ihre eigene Erhaltung zum Ziel haben. Diese Werke aber müssen riesengroß sein, da sie bei einem Abstand von 50000 Meilen unserer Wahrnehmung nicht entgehen.

h) Weil manche Höhlungen von einem Wall umgeben sind; und weil die Höhlungen in die Flecken-Bezirke eingetieft sind, welche die beherrschende Flüssigkeit schwärzt. Daher schließe ich, dass der Wall der außen vorhandenen Flüssigkeit entgegengestellt ist. Die sich aber innerhalb des Walls befanden, die schöpften jene Endymioniden aus, wie – glaube ich – unsere Holländer sie gelehrt haben. In der Abhandlung [zu Galileis »Sidereus nuncius«], S. 17, habe ich das Gegenteil orakelt, nämlich dass die Gräben vielleicht gezogen würden, um Wasser aus der Tiefe herauszulocken. Aber da hatte ich noch nicht bemerkt, dass die Höhlungen sich in den dunklen Flecken-Zonen befinden, nicht in den hellen Bereichen.

i) Die Sonne ist zweifellos ihr beständigster Feind. So habe ich in meiner Abhandlung [zu Galileis »Sidereus nuncius«], S. 17, über diese Sache geschrieben: »Da sie einen Tag haben, der fünfzehn unserer Tage lang ist, da sie unerträgliche Hitze fühlen und vielleicht keine Steine haben, um Schutzgebäude gegen die Sonne zu errichten, da sie aber vielleicht Lehm haben, der zäh ist wie unser Ton, haben sie den zur Bautechnik verwendet, so dass sie gewaltige Felder ausheben und das Erdreich rings aufschütten und so in der Tiefe sich hinter aufgeschichteten Hügeln im Schatten verbergen. Auch ergehen sie sich gemäß der Bewegung der Sonne innerhalb der Siedlung im Kreis und folgen dabei den Schatten. Und das ist ihnen eine unterirdische Wohnstätte wie eine Art Stadt: zahlreiche Höhlen, in jene runde Böschung eingeschnitten. Acker und Weide liegen in der Mitte, so dass sie auf der Flucht vor der Sonne dennoch nicht allzuweit von ihren Ländereien weichen müssen.« Das habe ich schon damals so vermutet, als ich noch nicht entdeckt hatte, dass sich aus den Höhlungen Hügel erheben mit einem abgesenkten Nabel in der Mitte; und dass einige Höhlungen von einem äußeren Wall umschlossen sind. Ich überlegte mir nämlich, dass sie länger Schatten gewinnen könnten, wenn sie nicht nur einen Hohlraum aushöben, sondern den Aushub auch noch an der Außenseite gegen die Sonne aufschichteten. Dass sie das tun müssten, schloss ich aus dieser möglicherweise sicheren Ursache. Dass es tatsächlich geschieht, bezeugen jetzt die Augen und das Fernglas: Ob gegen die Sonne, wie dieser Buchstabe i annimmt, oder gegen Flüssigkeit, wie davor h, oder gegen beides, muss in der Schwebe bleiben.

k) Da einmal der Anfang gemacht ist mit dem Vergleich zwischen den Völkern des Mondes und der Erde, so ergibt sich dasselbe Urteil über Ähnlichkeiten. Wir sehen, dass die fleckigen Bereiche des Mondes kultiviert sind, und werden der rauen und gebirgigen Landschaft die wilden Tiere und die barbarischen Räuberbanden zuteilen. Diese sollen die Feinde der zivilisierteren Geschöpfe sein, die gegen jene ihre Befestigungen errichten. Aber beziehe hierauf den Befund bei XXXIV, der auf keine andere Weise erklärt werden kann denn als Schutzwehr gegen das Eindringen von Feinden.

l) Die Höhlungen haben die Form des Kreises. Ein Kreis wird vom Mittelpunkt aus geschlagen. Dieser muss also erkennbar sein und mit etwas versehen, womit man die Abstände zum Umfang messen kann.

m) Gleicher Abstand solcher Länge kann nur mit einem Seil erreicht werden.

n) Weil die Durchmesser der Höhlungen ungleich sind.

o) Da mein Instrument mit einem Durchblick 12' scr. von 30' des Mondes erfasste, dessen Durchmesser aber 400 deutsche Meilen lang ist, erfasste mein Instrument also ungefähr 160 Meilen. Der Durchmesser dieses Fleckens macht also ungefähr den 16. Teil der Fassungskraft des Instruments aus. Er erstreckt sich also über zehn deutsche Meilen, der Radius also über fünf.

p) Man sage nicht, ein Kreis mit dem Radius von fünf Meilen lasse sich durch einen ununterbrochenen Zug eines Zirkelbeins schlagen — es sei denn, ein Zeichner stünde zur Verfügung, der selbst wenigstens 20 Meilen an Körpergröße mäße.

q) Aber auch ein einziges am Pfahl befestigtes Seil genügt nicht, um mit seinem Ende im Kreis herumgeführt zu werden. Denn das Seil wird durch sein eigenes Gewicht auf die Erde durchhängen, es wird an Hügeln und Felsen hängenbleiben und anderen Hindernissen, welche die Oberfläche des Erdbodens rau machen. Es bleibt also nur, dass einzelne Punkte des künftigen Kreises in Sichtabstand voneinander mit einzelnen Seilen festgelegt werden, die am selben Pfahl befestigt sind. Und dennoch muss der Erdvermesser vom Pfahl aus mit einem Lastkarren zur Peripherie fahren, damit ihm die Länge des Seils für fünf Meilen reicht.

r) Aus XXIX ergibt sich, dass die Einzelwesen des Mondvolks in ihrer Körpermasse nicht mit den Mondbergen zu vergleichen sind. Aus XXXIII aber ergibt sich, dass ihre Anzahl groß sein muss. Da also die Phänomene von ihren ungeheuren Werken Zeugnis ablegen, müssen sie durch ihre Zahl bewerkstelligen, was sie durch die Körpermasse nicht leisten können. Als ähnliche Beispiele kann man anführen den Turm von Babel, die ägyptischen

Pyramiden, den riesig langgestreckten und mit Steinen belegten Damm in der peruanischen Provinz, die Mauer, die China gegen die Tartaren schützt.

s) In jener großen Höhlung mit dem Durchmesser von zehn deutschen Meilen wird der größte Teil des Durchmessers von einem in der Mitte liegenden Spalt eingenommen, zwischen dem Rand und dem Hügel, der sich im Inneren erhebt; und wer sagt, der sei nicht kleiner als eine deutsche Meile, der behauptet etwas als ziemlich groß, was der Augenschein bezeugt. Von hier schätze aber die Körpermasse ein, die, obwohl mit ihren Bergen nicht zu vergleichen, dennoch viel größer als unsere Körpermasse ist; das ergibt sich natürlich aus den Werken, die unsere an Masse weit übertreffen. Und das habe ich in meiner »Astronomiae pars optica«, S. 250, allein aus dem Vergleich der Berge des Mondes mit den unsrigen deutlich darzustellen gewagt, mit folgenden Worten: »Mit Recht nenne Plutarch den Mond einen solchen Körper, wie die Erde es ist, aber uneben, gebirgig; und die Berge sind jedenfalls höher im Verhältnis zu seiner Kugel als die Berge der Erde im Vergleich zu ihr. Und, um mit Plutarch auch zu scherzen: Weil es bei uns üblich ist, dass Mensch und Tier sich dem Charakter ihres Landes oder ihrer Gegend anpassen, so werden auch auf dem Mond Lebewesen existieren, deren Körpermasse viel größer und deren Wesensart viel härter als unsere ist etc.«

t) Da Gräben durch XXV sichtbar und etwas Hergestelltes sind, ist es durch XXVIII unmöglich, dass sie auf andere Art entstehen als durch Aushub von Erdreich. Sie finden nämlich in ausgehöhltem Gelände nichts, aus dem sie ausheben könnten. Aus Materie kann nicht nichts werden, so wie die Kunst nicht aus nichts etwas Körperliches schaffen kann.

v) Dies sei richtig von den Höhlungen, die außerhalb keinen befestigten Graben durch einen beleuchteten Rand erkennen lassen, wie zu XXX gesagt und in der Beobachtung des Jahres 1623, hinter XXXIV. Dass aber drinnen Erdreich ausgehoben worden ist, folgt daraus, dass aus der Tiefe sich erhebende Hügel erkennbar sind; und aus dem metaphysischen Axiom, dass nichts ohne Ursache geschieht. Es erhebt sich aber hier eine Anhöhe in der Mitte der Höhlung; also hat diese ihre Ursache. Es gibt aber keine wahrscheinlichere Ursache als die Aufschüttung von Erdreich, das vorher den rings sichtbaren nahen Graben erfüllt hatte; und eine andere Ursache dürfte nicht leicht auszudenken sein.

x) Es folgt, dass bei den Höhlungen, die ein leuchtender Rand umschließt, ein Teil des ausgehobenen Erdreichs nach draußen geschafft worden ist. Daraus besteht nämlich eben jener Rand. Das ganze Erdreich, würde ich sagen, wenn die Höhlung leer wäre, wenn aus ihrer Tiefe sich nicht ein Hügel erhöbe. Wo also drinnen ein Hügel ist, dort ist – so muss man annehmen – ein Teil auch nach drinnen aufgeschüttet worden.

y) Ein doppelter Wall bei diesen. Denn was ich den äußeren Rand genannt habe, ist der erste Wall. Was aber nach drinnen aufgeschüttet wird, ergibt keinen Wall für den äußeren Graben (dem von drinnen keine Gefahr droht), sondern einen für die Grube mitten im Nabel des Hügels.

z) Dass der Graben recht tief ist, bezeugt die Menge des aufgeschütteten Erdreichs, aus dem ja sowohl der äußere Damm besteht, der rings in beträchtlicher Höhe umläuft, als auch der innere Hügel, der gleichfalls sehr ansehnlich ist.

aa) Aus der Beobachtung XXVII und aus der Bautechnik, die sich bisher entwickelt hat. Unter der Voraussetzung, dass alle Stellen vom Pfahl denselben Abstand haben, und dass von einer bezeichneten Stelle zur nächsten der Graben sich fortsetzt, entsteht insgesamt ein Kreis aus dem Graben und darum auch aus dem äußeren und dem inneren Wall, wie ich ja in bb darlege. Wenn wir nämlich ein Geschöpf voraussetzen, das der Vernunft bis zu einem gewissen Grad teilhaftig ist, dann kann ihm nicht diese Gleichheit der Seile unbekannt sein, die nach allen Richtungen ausgespannt sind.

bb) [fehlt im Original]

cc) Der Geist tut nichts ohne Sinn und Zweck. Aber den Gipfel des inneren Hügels – oder den Nabel – auszuhöhlen, scheint überflüssig. Denn wenn das Erdreich aus dem Graben nach innen hin aufgeschüttet wird, entsteht, während der Wall in die Höhe wächst, ganz von selbst um den Mittelpunkt ein Loch, wie ich in dd darlege.

dd) [fehlt im Original]

ee) Auch das lehrt uns unsere irdische Mechanik und Architektur. Es ist nämlich eine der Hauptvorschriften. Natürlich umfasst das auch den Hauptteil der Arbeiten, besonders beim Bau der Fundamente.

ff) Sümpfe haben wir auf dem Mond durch XXIII. Das übrige zu erschließen genügt unsere Landwirtschaft, nämlich dass, wenn man ein sumpfiges Gebiet mit einem tiefen Graben umschließt, sich die Flüssigkeit natürlich sowohl von außen als auch von dem umschlossenen Bezirk in ihm sammelt.

gg) Wenn das [die Trocknung] nicht tief genug aus dem Bezirk geschieht, dann kann aus dem Graben in ihn geworfenes Erdreich die Grasnarbe höher legen und von der Oberfläche der Flüssigkeit frei halten.

hh) Bei dem, was mit Vernunft unternommen wird, geschieht in der Regel nichts ohne Zweck. Hier ist ein Graben geschaffen von vernünftigen Geschöpfen – wie im Brief hypothetisch angenommen – zur Aufnahme von Wasser, und zwar kreisförmig. Und wozu dient Wasser, das kreisförmig herumgeführt wird, wenn nicht, um darauf zu segeln?

ii) Die Länge des glühend heißen Tages führt beinahe täglich zur Austrocknung der Flüssigkeit. Wenn das sich ereignet, erfüllt der Graben einen weiteren Zweck: Spaziergänge in der Tiefe.

kk) Der Zweck des Spaziergangs ist die Abkühlung, nicht die reine Erholung oder bloßes Spiel. Allzu groß sind dazu diese Werke. Diese Art der Vermutung haben wir oben unter die Axiome aufgenommen. Vielmehr ist es die unbedingte Notwendigkeit, sich durch den Schatten des Walls in der Tiefe vor der Gewalt der Sonne zu schützen. Und damit sie das immer können, ist der Ringgraben nötig und – entsprechend der Bewegung der Sonne

– ein Ortswechsel, entweder zu Schiff fast ohne Mühe oder zu Fuß mit größerer Anstrengung.

ll) Weil die, die sich im Graben aufhalten, auf der einen Seite den Hügel haben, auf der anderen den äußeren Wall. Wenn also die Sonne in Richtung des äußeren Walls steht, spendet ihnen dieser Wall Schatten.

mm) Wenn für sie oder ihre Gegenüber die Sonne in Richtung des Hügels steht, verbergen sich die, die sich im Graben befinden, hinter dem Hügel oder der inneren Aufschüttung im Schatten.

nn) Denen nämlich, die sich im Krater des Hügels aufhalten, bietet der äußere Wall keinen Schatten, der innere aber gewährt ihn, und das ohne Anstrengung, weil der Platz in der Tiefe rings um den Mittelpunkt eng ist und sie auf kurzem Weg von sonnengedörrten Plätzen zu schattigen gelangen können; oder wenn der Wall am Mittag, da die Sonne auf die Scheitel brennt, keinen Schatten wirft, dann – das ist eine vernünftige Annahme – haben sie Höhlen, die in die Wallböschung gegraben sind, in denen verborgen sie die Mittagssonne meiden.

Und so glaube ich alles, was im Brief steht, bewiesen zu haben, wie unter oo versprochen, und zwar durch die Unterschiedlichkeit mehrerer Axiome, wie unter pp. Genug auch von diesem Brief! Mit seiner Niederschrift beschließe ich dieses mein Buch, da ich den Leser auf den Weg dazu gebracht habe, das folgende Buch des altgewohnten Schriftstellers kennenzulernen.

Ende*

* Diesem Text folgt in der Originalausgabe von 1634 die lateinische Übersetzung von Plutarchs Dialog über das Gesicht im Mond durch Johannes Kepler, mit umfassender Kommentierung, wiederum in Form von Endnoten.

Beatrix Langner
Das Kugelspiel.
Ein Leitfaden für Mondreisende

Das Problem der Wissenschaft kann nicht
auf dem Boden der Wissenschaft erkannt werden.
Friedrich Nietzsche

Mission Pythagoras

Am 14. September 1959 schleuderte die sowjetische Mondsonde Lunik 2 beim Aufprall zwischen den Kraterrändern von Autylus und Archimedes zwei glänzende Edelstahlkapseln in den Mondsand. Mittels eines kunstvollen Mechanismus sprengten sich diese merkwürdigen Objekte kurz darauf selbst auf, und je zwölf regelmäßige Fünfecke mit dem sowjetischen Staatsemblem und den kyrillischen Buchstaben CCCP sprangen in die lunarische Nacht. Einen Monat nach der harten Landung von Lunik 2 sendete Lunik 3 aus dem Orbit die ersten Bilder von der Rückseite des Mondes zur Basisstation Baikonur. Die Welt unter dem Mond rieb sich die Augen. Zwischen Himmel und Erde klaffte ein Guckloch, groß genug, um allen je erdachten metaphysischen Systemen zu entschlüpfen. Die sublunare Sphäre, dem Menschen für die kurze Spanne seiner diesseitigen Existenz von den Göttern zugewiesen, war zur passagenen Zone geworden. War es nun göttliche Ironie oder purer Annexionismus, dass jene rätselhaften Kapseln ausgerechnet die Form eines Dodekaeders hatten, eines der regulären Körper also, aus denen nach Pythagoras die Welt zusammengesetzt ist?

Als reguläre Körper werden dreidimensionale konvexe Vielecke bezeichnet, deren Flächen jeweils identische Kantenlängen aufweisen und deren Ecken eine ihnen umbeschriebene Kugel im gleichen Winkel berühren. Im pythagoreischen Kosmos war die Zahl das Maß aller Dinge. Aus vier regulären Körpern war die Welt, aus vier Elementen der Urstoff der Natur zusammengesetzt, sich immerfort bildend, verwandelnd und auflösend. Dem Dreiseit entsprach das Feuer, dem Würfel die Erde, dem Achtseit die Luft, dem Zwanzigseit das Wasser. Auch Platon nannte im »Τίμαιος« (Timaios) deren vier, die sich durch vollkommene Schönheit auszeichnen. »Es gab dann noch eine fünfte Zusammensetzung; doch diese verwendete der Gott für das All, um es mit Bildern auszuschmücken.« Erst Aristoteles wies diesem fünften Körper, dem Dodekaeder, die Ätherluft zu, weil es den Raum einer Kugel am dichtesten ausfülle und seine zwölf Seiten auf die zwölf Abschnitte des Tierkreises verweisen. Dass es nur fünf dieser mit Zirkel und Lineal konstruierbaren »Weltkörper« geben könne, bewies Euklid im XIII. Buch seiner »Στοιχεῖα« (Die Elemente), das achtzehnhundert Jahre später den italienischen Mathematiker Luca Pacioli zu seinem Prachtwerk über die universale Schönheit der platonischen Körper anregte (»De divina proportione«). 1509 widmete Pacioli es seinem Gönner, Ludovico Sforza, dem Herzog von Mailand.

»Fünf Körper hat die mächtige Natur erzeugt,
Die treffend man als einfache bezeichnet.
Denn in jedweder Mischung finden sie vereint sich
Und fügen ordnungsmäßig sich zusammen.

Rein, unvermischt und makellos erschaffen
Als Feuer, Wasser, Himmel, Luft und Erde.
Zahllosen Keimen gaben sie den Ursprung
Nach Platos Meinung, und die erste Form.

Doch weil vom Leeren die Natur erschreckt
Nach Aristoteles in Erd' und Himmel,

Nicht können sie für sich allein besteh'n.
Und keiner Art begegnet unser Auge.

Doch Platos Geist und dem Euklids gelang es,
Fünf kugelartige Körper zu entdecken
Von regelrechter Form und schönem Anblick
Von gleichen Flächen und von gleichen Kanten.

Und noch ein sechster kann niemals entstehen.«

Die sechzig Illustrationen zu den »Göttlichen Proportionen« lieferte Paciolis Freund Leonardo da Vinci. In den mathematischen Teilungsverhältnissen von Kreis und Kugel suchten viele Architekten, Illuministen, Maler nach dem Geheimnis universaler Harmonie, dem Goldenen Schnitt. In seiner Allegorie der »Melencolia« zeigte 1514 Albrecht Dürer den Weltenbaumeister höchstselbst in seiner Werkstatt, versunken in Ratlosigkeit, weil sich das Runde nicht zum Eckigen, das Krumme nicht zum Geraden, die Kugel nicht zum regelmäßigen Vieleck fügen will. Peter Apian setzte auf das Titelblatt seines astronomischen »Instrument Buch« von 1533 vier Astronomen bei der Himmelsbeobachtung, denen steinerne Dodekaeder und Ikosaeder als Messtische dienen. Noch vierhundert Jahre später werden Salvador Dalí und M.C. Escher mit ihren Strahlentierchen und Sternpolyedern dem schönen Kosmos des Neuplatonismus ihre Reverenz erweisen. Hervorgetrieben aus dem neulateinischen Humanismus, der um die Mitte des 13. Jahrhunderts, von Italien ausgehend, die europäische Gelehrtenwelt ergriff, verdrängte die wiedergefundene Erzählung von der formenschaffenden Magie der Natur allmählich die strenge Grammatik spätantiker Wissenssysteme. Aus dem verschütteten Bergwerk platonischer Weltweisheit beförderten Marsilio Ficino und Pico della Mirandola halbvergessene Naturphilosophen und Dichterpriester, aus denen Platon und seine Nachfolger ihr Weltwissen geschöpft hatten, zurück ans Licht der Sonne: Pythagoras, Philolaos, Archytas, Empedokles. Der mythopoetische Raum mutierte zum Denkraum. Die pythagoreische Harmonie der Zahl stimmte sich ein auf die universale Mathematik des Kosmos. Die platonische Weltseele machte sich auf ihren langen Weg ins weißglühende Zentrum der Himmelskugel, um das bald fünf Planeten friedlich kreisen. In den Träumen der Vernunft kündigt sich die Geburt der neuzeitlichen Naturwissenschaften an.

In einer warmen Sommernacht des Jahres 1609, fast auf den Tag genau dreihundertfünfzig Jahre vor dem Aufprall von Lunik 2, schreckte ein Prager Astronom gegen Morgen aus dem Schlaf. Ihm hatte geträumt, er lese in einem Buch über einen jungen Isländer namens Duracotus, den es als Kind auf ein fremdes Schiff und nach langer Fahrt auf eine dänische Insel zu dem Astronomen Tycho Brahe verschlagen hatte. Nachdem Duracotus einige Jahre dem König der Sterngucker als Gehilfe gedient hatte, kehrte er in seine Heimat Island zu seiner Mutter Fiolxhilde zurück, die an jenem Abenteuer nicht ganz unschuldig war. Sie war eine Heilkundige, die alle Krankheiten und Heilpflanzen kannte. Ihr Wissen empfing sie von Geistern, mit denen sie Zwiesprache hielt. Als er sie einmal zum Kräutersammeln in die Berge begleiten durfte, wurde er Zeuge ihrer geheimen Künste. Fiolxhilde führte ihn an einen Kreuzweg und schlug den Mantel über ihre Köpfe. Dann rief sie mit lauter Stimme einen Zauberspruch. Sogleich erschien ihr Lieblingslehrer, der Dämon von Levania, und erzählte in klarem Isländisch, auf welche Weise die Dämonen Menschen auf den Mond beförderten und mit welchen klimatischen und astronomischen Verhältnissen dort oben zu rechnen sei. Mit der Beschreibung der Mondbewohner riss sein Bericht plötzlich ab, als der Träumer von einem heftigen Regen geweckt wurde, der an die Fenster prasselte.

Der Träumer hieß Johannes Kepler. Seit acht Jahren wirkte er als kaiserlicher Mathematiker und Astrologe am Prager Hof Rudolphs II. von Habsburg, Kaiser des Heiligen Römischen Reiches deutscher Nation. Schon als Alumnus der Tübinger Theologischen Fakultät hatte sich der gebürtige Schwabe in seiner Phantasie oft auf den Mond versetzt, um sich die Bewegung der Erde um ihre eigene Achse und um die Sonne vorstellen zu können, wie sie Nikolaus Kopernikus fünfzig Jahre zuvor in Zahlen und Formeln beschrieben hatte. Was den Augen der Phantasie anschaulich war, wollte er in einem theoretischen Modell wissenschaftlich beweisen. Beherzt griff der junge Magister also in den pythagoreischen Baukasten und schob die fünf regulären Polyeder mittels Zirkel und Lineal nacheinander so zwischen die damals bekannten Planeten, dass sie genau in die Durchmesser ihrer Kreisbahnen passten bzw. sie umschlossen; ein elegantes Gebilde aus Dreieck, Würfel, Achtseit, Zwölfseit und Zwanzigseit, in dem der Mond gehorsam um die Erde und diese mit den anderen Planeten um die Sonne kreiste. So kam er auf fünf harmonische, einander kongruente Planetenabstände, von denen der kleinste zwischen Merkur und Venus, der größte zwischen Jupiter und Saturn lag.

»Der Erdkreis ist das Maß für alle anderen. Ihm umschreibe ein Dodekaeder; der dieses umspannende Kreis ist der Mars. Dem Mars umschreibe ein Tetraeder; der dieses umspannende Kreis ist der Jupiter. Dem Jupiterkreis umschreibe einen Würfel; der diesem eingeschriebene Kreis ist der Saturn. Nun lege in den Erdkreis ein Ikosaeder; der diesem eingeschriebene Kreis ist die Venus. In den Venuskreis lege ein Oktaeder, der diesem eingeschriebene Kreis ist der Merkur.«

Zweitausendeinhundert Jahre nach Pythagoras stimmte die Erde sich wieder ein auf die Musik der Sphären. Reihenfolge und Abstände der Planeten ordneten sich wie durch Magie nach einer einfachen Regel von berückender Schönheit. Sanft schmiegten sich die geometrischen Körper aneinander, die Vielflächigen an die Vielflächigen, die »Stehenden« zu den Stehenden, die »Schwebenden« zu den Schwebenden. Da man in der euklidischen Geometrie zwei Klassen regulärer Körper unterschied, versetzte Kepler die der ersten Klasse zwischen die drei äußeren Planeten, die die Erde umschlossen, die der zweiten Klasse zwischen die zwei inneren, die von der Erde umschlossen wurden.

»Da also der Unterschied zwischen den Körpern offen zutage lag, konnte es nichts Passenderes geben als unsere Erde, die doch die Summe der ganzen Welt, die Welt im Kleinen, und daher der vornehmste unter den Planeten ist, mit ihrer Sphäre zwischen die genannten zwei Klassen zu legen und ihr den Platz anzuweisen, den wir ihr oben zuerkannt haben.«

Die astronomischen Zahlen entnahm der damals fünfundzwanzigjährige Kepler der Schrift des Nikolaus Kopernikus, »De revolutionibus orbium coelestium« (Von den Umdrehungen der Himmelskörper), sowie den gebräuchlichen Tafelwerken der Planetenörter. Lange nachdem er die Tübinger Universität verlassen und eine Stelle als Mathematiklehrer in Oberösterreich angetreten hatte, veröffentlichte er 1596, wozu ihn sein ehemaliger Professor Michael Maestlin tatkräftig ermunterte, die Ergebnisse jahrelanger Tüfteleien und Berechnungen in seinem ersten Buch »Mysterium cosmographicum« (Das Weltgeheimnis), »Vorbote kosmographischer Abhandlungen enthaltend das Weltgeheimnis bezüglich der bewunderungswürdigen Verhältnisse zwischen den Himmelsbahnen und bezüglich der wahren und eigentlichen Ursachen für Zahl und Größe der Himmelssphären, sowie für die periodischen Bewegungen; dargelegt mit Hilfe der fünf regulären geometrischen Körper«. Als Anhang waren die »Narratio prima« (Erster Bericht) des Georg Joachim Rheticus beigebunden, eine kurze Zusammenfassung der kopernikanischen Theorie, sowie die »Prutenicae tabulae coelestium motuum« (Prutenische Tafeln der Himmelsbewegungen) des Erasmus Reinhold von 1551. So war jedem Leser sofort klar, dass dieser junge protestantische Gelehrte das Erbe des Nikolaus Kopernikus anzutreten gedachte: das Jahrtausende alte Bauwerk des geozentrischen Kosmos zum Einsturz zu bringen.

Schon in den ersten Sätzen der Widmungsrede an seinen Vorgesetzten, den kaiserlicher Kämmerer, Rat und Landeshauptmann in Graz, ließ der Verfasser keinen Zweifel an der Bedeutung seiner Entdeckung.

»Wünscht man etwas Neues? Zum ersten Mal wird jetzt von mir dieser Gegenstand unter den Menschen allgemein bekannt gemacht. Wünscht man Gewichtigkeit? Nichts ist größer und weiter als das Weltall. Wünscht man Würde? Nichts ist köstlicher, nichts schöner als unser strahlendster Gottestempel. Will man Geheimnisvolles erkennen? Nichts in der Natur ist oder war mehr verborgen. Nur dadurch wird mein Gegenstand nicht alle befriedigen, weil sein Nutzen der Gedankenlosigkeit nicht einleuchtet. Es handelt sich hier um das Buch der Natur, das von den Heiligen Schriften so hoch gefeiert wird.«

Kein ehrgeiziger Mathematiklehrer, kein dilettierender Astrologe würde gewagt haben, sein erstes Buch so unverblümt anzupreisen. Hier aber sprach ein äußerst feiner Verstand, ein Dichter, der sich seiner rhetorischen Mittel sicher sein durfte, ein prometheischer Kopf, der aus dem Buch der Natur die persönliche Aufforderung empfangen hatte, sich zum Genie zu bilden. 1604 notierte Kepler in seinen Kalender:

»mit warheit mag ichs sagen
das so oft ich die schöne ordnung
wie eins aus dem anderen folget vnd abgenommen wirdt
mit meinen gedancken auff einmahl durchlauffe
so ists
alls hett ich ein göttlichen
nit mit bedeuttenden buchstaben
sondern mit wesentlichen dingen in die Welt
selbsten geschribenen Spruch gelesen
dessen inhalts: Mensch streckh deine Vernunfft hieher
diese dinge zu begreiffen.«

Feuerkugeln über Regensburg

Zeitgenössische Portraitisten haben den Kepler der Prager Jahre in der spanischen Hofuniform der Habsburger Monarchie gemalt; engsitzendes Wams, halsabschnürender Faltenkragen, darüber der vornehm gestutzte Kinnbart, dunkelstrenge Augen, die auf den Betrachter gerichtet sind, zwei steile Falten über der Nasenwurzel. Ein von Selbstbeherrschung und Denkarbeit innerlich gestrafftes Antlitz. Kein Hintergrund, keine Staffage mildern den stolzen Zug. Dieser Mann steht für sich, über ihm nur die Sterne. So wollten ihn die Mitlebenden sehen, als prometheischen Genius. Andere stellten ihn im Mantel mit breitem Pelzbesatz als vornehmen Patrizier dar. Das ungeschönteste Portrait stammt von Hans von Aachen, wahrscheinlich 1612 kurz vor Keplers Abreise aus Prag entstanden. Es zeigt einen kleinen, ausgezehrten Mann mit skeptisch-klugem Blick, das Gesicht hektisch gerötet, die Augenlider entzündet. Das dämonischste hängt in den Florenzer Uffizien: die stechenden Augen unbewimpert im maskenhaften Gesicht, ein faustischer Geist, mehr gefürchtet und bewundert als geliebt.

Als Zweifler an Gottes Wort verschrien ihn die einen, die andern schüttelten den Kopf über den verrückten Phantasten. Seine Erfindungs- und Denkkraft war erstaunlich. In Ulm entwickelte er eine exakte Methode zur Berechnung des Rauminhalts/Hohlmaßes von Braukesseln, in Graz ein »lustiges Kunstbrünnlein«, das mit einer hydraulischen Pumpe betrieben wurde, in Prag ein astronomisches oder Linsenfernrohr. Mit Gregor Horst, dem Leibarzt des hessischen Landgrafen, zerschnitt er Tieraugen, um die Physiologie des Sehens zu ergründen; mit dem späteren Universitätsrektor Ján Jesenský obduzierte er Kalbsföten auf der Suche nach der Seele des Ungeborenen. Vom Dach seines Prager Wohnhauses, wo ihm sein Freund Martin Bacháček ein provisorisches Observatorium aus Brettern gezimmert hatte, beobachtete er Kometen, novae und Finsternisse. Er dichtete für Freunde Hochzeitscarmina und Grabreden, verfasste Flugschriften, Bücher, Horoskope, Prognostica, astronomische und optische Abhandlungen, schrieb hunderte Briefe an dilettierende Sternfreunde und verdarb sich die Augen über nächtelangen mathematischen Berechnungen im Schein einer Kerze. Um die musikalischen Intervallgesetze zu verstehen, baute er sich ein Monochord. Mit Kapellmeistern und Musikern der Prager Hofkapelle stritt er über die Dur-Moll-Tonalität und mit dem Leipziger Thomas-Kantor Sethus Calvisius über die gregorianische Kalenderreform oder Mehrstimmigkeit in der protestantischen Kirchenmusik. Er experimentierte mit Eis und Wärmestrahlung, Licht und Schatten, Spiegel und Camera obscura, führte täglich Buch über das Wetter, studierte Bücher über Navigation, verschlang Reiseberichte aus der Neuen Welt und begriff als erster Naturforscher, dass in den geologischen Sedimenten das Gedächtnis der Erde geschrieben steht.

»Dieser Mensch hat in jeder Hinsicht eine hundeähnliche Natur. Sein Äußeres ist das eines Schoßhündchens. Sein Körper ist behänd, sehnig und gut proportioniert. Sogar seine Begierden waren dieser Art: Er nagte gern an Knochen und trockenen Brotrinden und war so gefräßig, dass er alles, worauf seine Augen zufällig fielen, gierig packte; dennoch trinkt er wenig, wie ein Hund, und gibt sich mit der einfachsten Nahrung zufrieden.«

In diesem Selbstportrait als junger Hund von 1597 gibt sich Kepler mit schonungslosem Sarkasmus als heroischer Charakter zu erkennen, der Armut, körperlichen Leiden und unbezwingbarer Schwermut zeitlebens mit Selbstironie und asketischer Selbstzucht entgegentritt. Giordano Bruno hat den heroischen Charakter in seinem Aufsatz »De gli eroici furori« (Von den heroischen Leidenschaften) als Signatur des leidenschaftlichen Forschers und Denkers beschrieben, und vergleicht dort die »Gedanken an göttliche Dinge« mit Hunden, die ihren Herrn, den nach Wissen jagenden Verstand, früher oder später verschlingen. Der junge Nietzsche sah ihn später im bewunderten Schopenhauer verkörpert, als stoische Selbstbildung versus Lebens- und Liebesgenuss. Sinnenfeindlich war Kepler nie, ganz im Gegenteil. Sein Genius war die Natur; ihren Geheimnissen und ihren Freuden jagte er nach, bis der Jäger zum Gejagten wurde.

Ein Menschenalter später, kurz vor seinem 59. Geburtstag am 27. Dezember 1630, erstellte sich Kepler das Horoskop, wie er es seit seiner Jugend gewohnt war. Es zeigte dieselbe Konstellation wie bei seiner Geburt im Jahre 1571. Astrologen sehen darin ein Vorzeichen des nahen Todes. Aber nicht von den Sternen drohten Unheil und Verderben. Der Krieg zwischen katholischen und protestantischen Reichsfürsten überzog Europa seit zwölf Jahren mit Tod und Zerstörung. Anfang Oktober 1630 verabschiedete sich Kepler von Frau und Kindern und ritt vom schlesischen Sagan in Richtung Leipzig, um die Buchmesse zu besuchen. Über Ulm und Regensburg wollte er weiter nach Linz, um bei der Landeskasse der oberösterreichischen Stände hochverzinste Obligationen auszulösen, sein letztes Vermögen.

»Ich mache mir über alles Sorgen«, hatte er kurz vor der Abreise einem Freund anvertraut, »über mein Guthaben in Linz, über den Absatz der Tafeln, über die Seekarte, für die ich meinem Vertrauensmann hundertzwanzig Gulden gab, über meine Tochter, über Euch, über meine Freunde in Ulm.«

Gemeint war die Seekarte für seine »Ephemeriden«, ein fortlaufendes Tabellenwerk mit den täglichen Planetenpositionen bis 1636, ergänzt durch Landkarten und Wetterbeobachtungen. Die Hochzeit seiner ältesten Tochter Susanne mit seinem jungen Mitarbeiter Jakob Bartsch, der Streit mit den Erben Tycho Brahes um die Rückgabe der Tychonischen Planetentabellen, all das verstärkte seine Unruhe.

Ich sehe den Mann, der als Astrologe bei Fürsten, Kriegsherren und Kaisern, als Kalendermacher bei Ratsherren und Handwerkern, als Gelehrter bei Gelehrten aller Fakultäten gefragt war, wie er sich am Abend des 2. November 1630 der vieltürmigen Reichsstadt Regensburg nähert, den weiten Reitermantel um die magere Gestalt geschlagen, sein erschöpftes Pferd am Zaum führend, für das ihm der Abdecker am nächsten Tag noch zwei Gulden zahlen wird. Am nördlichen Brückenturm, der die bayerische Grenze bildet, trägt er sich in das Fremdenbuch ein. Unter der Steinernen Brücke strudelt schwarz die Donau. In den vergangenen Tagen ist er fast sechshundert Kilometer geritten. Drei Monate zuvor ist der Druck des letzten Bandes der »Ephemeriden« abgeschlossen worden. Die eigene Druckpresse in Sagan war ein Privileg, das sich durch guten Absatz seiner Bücher in klingende Münze verwandeln sollte, aber diese Hoffnung erfüllte sich so wenig wie jede andere in den letzten zwei Jahren.

Es war der Herzog von Friedland, besser bekannt als Generalissimus Wallenstein, der dem berühmten kaiserlichen Hofastronomen drei Jahre zuvor Zuflucht in Sagan geboten hatte, als Keplers Schicksal am seidenen Faden hing, den die Kriegsparteien spannen. Im Mai 1628 hatte Kepler seine Familie aus Regensburg nachkommen lassen, zwei kleine Kinder und ihre Mutter, die junge Susanna. Bücher, astronomische und geografische Instrumente, sein ganzer persönlicher Besitz, waren in Regensburg und Ulm zurückgeblieben.

Doch auch Sagan war kein Ort geworden, an dem er bleiben konnte. Nach der Rekatholisierung des Herzogtums war Lutheranern und Reformierten der Gottesdienst untersagt, ein christliches Begräbnis verweigert. »Wir müssen noch froh sein, wenn man uns nicht verbrennt«, schrieb Kepler damals einem Freund. Die Schlesier behandelten ihren schwäbischen Mitbürger, der sich unbeugbar zur Augsburgischen Konfession bekannte, wie einen Störenfried.

»Ich bin hier ein Gast und Fremder, beinahe völlig unbekannt, und verstehe nicht einmal die Mundart der Leute, die mich dafür wieder für einen Barbaren halten.«

Auch in Regensburg, wo seit mehreren Wochen der Kurfürstentag berät, die Generalversammlung aller deutschen Reichsfürsten, stehen die Dinge für die Protestanten nicht gut. Die Auseinandersetzungen zwischen katholischen und protestantischen Landesherren über das Restitutionsedikt von 1629 sind nicht beigelegt worden. Das Reich ist tief gespalten. Der Krieg geht in sein dreizehntes Jahr. Im August ist General Wallenstein auf Drängen des bayerischen Kurfürsten Maximilian als kaiserlicher Oberbefehlshaber entlassen worden. Kaiser Ferdinand II. erwartet nun auch von seinem Hofmathematiker ein öffentliches Bekenntnis zum Katholizismus. Dazu ist Kepler nicht bereit. Unwahrscheinlich, dass er unter solchen Umständen von den 12000 Gulden, die ihm die Reichskasse für 18 Jahre in kaiserlichen Diensten schuldet, jemals noch einen Kreuzer sehen sollte. Musste ihm nicht klar sein, dass er sich in Lebensgefahr begab, als er seinen Fuß in die Stadt setzte, in der es von kaiserlichen Beamten, Lauschern und Agenten der Inquisition wimmelte?

Sein letzter Brief vom 31. Oktober aus Leipzig war ein Lebewohl an Matthias Bernegger, den vertrauten Freund in Straßburg. Seine letzte Hoffnung aber war das Guthaben in Linz, wo er vierzehn Jahre lang bescheiden als Mathematiklehrer gelebt und seine wichtigsten astronomischen Werke verfasst hatte, und das Werk, das er von diesem Geld drucken lassen und verkaufen wollte: »Somnium sive astronomia lunaris«, sein astronomisches Vermächtnis. Der größte Teil der Bögen war gedruckt, bevor er Sagan verließ. Schon im Jahr zuvor hatte er Bernegger die kleine Traumerzählung angekündigt:

»Was wirst Du sagen, wenn ich Dir zur Erheiterung meine ›Astronomie des Mondes, oder der Himmelserscheinungen auf dem Monde‹ zueignete? Verjagt man uns von der Erde, so wird mein Buch als Führer den Auswanderern und Pilgern zum Monde nützlich sein. Dieser Schrift gebe ich Plutarchs ›Mondgesicht‹ bei, von mir neu übersetzt und in den meisten lückenhaften Stellen nach dem Sinn ergänzt, was dem Xylander, der kein Astronom war, nicht gelingen konnte.«

War er nicht selbst ein Vertriebener, ein Weltnarr wie Raphael Hythlodeus, der Held von Thomas Morus' »Utopia«, ein Nichtigkeitsbesessener, ein glühender Phantast? War nicht, wie er in seinem Brief »Strena seu de nive sexangula« (Über den sechseckigen Schnee) von 1610 gesagt hatte, für solche Leute das Nichts die einzige Heimat, das Reich der Gedanken? Gehetzt von ständiger Geldnot, bedrängt von den päpstlichen Inquisitoren, hatte er es Bernegger geklagt:

»Was soll ich mehr sagen? Campanella hat vom Reich der Sonne geschrieben, warum ich nicht von dem des Mondes? Thue ich etwas Ungeheuerliches, wenn ich die Zyklopensitten unserer Zeit lebhaft schildere, aber aus Vorsicht die Szene von der Erde auf den Mond verlege? Helfen wird es freilich nicht. Weder Morus mit seiner ›Utopia‹ noch Erasmus mit seinem ›Lob der Narrheit‹ blieben unangefochten und mussten sich verteidigen. Wir wollen lieber den Teer der Politik dahinten lassen und auf den grünen Auen der Philosophie verbleiben.«

Es ist ihm nicht vergönnt, die Fertigstellung von »Somnium« zu erleben. Dreizehn Tage nach seiner Ankunft stirbt Johannes Kepler in Regensburg. Ein gewagtes Leben endet in einem rätselhaften Tod. Am 17. November wird ihm vor der Stadtmauer von einem protestantischen Pastor die letzte Ehre erwiesen. Ein Kirchenchronist meldete, am Abend dieses Tages seien feurige Kugeln vom Himmel gefallen. Keplers Schwiegersohn Jakob Bartsch berichtete aus Straßburg von einer Mondfinsternis am dritten Tag nach der Grablegung. Belegt sind außerdem drei Sonnenfinsternisse des Jahres 1630, davon eine totale am 31. Mai 1630, die außer Kepler auch seine Freunde und Mitstreiter, der hessische Landgraf Philipp III. in Kassel, Hugo Grotius in Paris, Matthias Bernegger in Straßburg und Wilhelm Schickard in Tübingen beobachtet hatten, und eine ringförmige am 4. Dezember. Die Feuerkugeln waren ein Meteoritenschwarm des Kometen »Tempel-Tuttle«, der erst 1865/66 identifiziert wurde und alljährlich um den 15. November im Sternbild Löwe erscheint, die Leoniden.

Ein Himmelstheater von so beachtlicher Dramatik war jedenfalls nicht übertrieben für den Erforscher der Finsternisse und Poeten des Schattens, den Herrn der Kometen und Monddämonen, der als Begründer der physikalischen Astronomie so große Fußabdrücke hinterlassen sollte, dass sich am kaiserlichen Hof jahrelang kein Nachfolger fand. Der einzige Würdige, der junge Würzburger Universitätsprofessor und Jesuitenpater Athanasius Kircher, zog 1633 seine Kandidatur zugunsten einer Berufung an das Collegio Romano zurück. Im selben Jahr wurde Keplers Grabmal vor den Mauern von Regensburg von katholischen Söldnern zerstört und mit ihm der Epitaph, den er sich einige Monate zuvor in düsterer Vorahnung geschrieben hatte:

> »Mensus eram coelos, nunc terrae metior umbras,
> Mens coelestis erat, corporis umbra iacet.«
>
> Den Himmel hab ich gemessen, jetzt mess ich die Schatten der Erde, / Himmelwärts strebte der Geist, des Körpers Schatten ruht hier.

1634, als sein Verfasser schon vier Jahre tot war, erschien Keplers heiterer Traum einer Prager Sommernacht in einer vervollständigten Ausgabe mit dem Druckort Frankfurt am Main unter dem Titel »Ioh. Keppleri Mathematici olim imperatorii somnium, seu opus posthumum de astronomia lunari« (Joh. Keplers/ Weiland Kaiserlichen Mathematikers TRAUM,/ oder/ Nachgelassenes Werk/ ueber die Astronomie des Mondes). Auf den Vorsatztitel ließ Keplers Sohn Ludwig eine Widmung an Philipp III., Landgraf von Hessen-Butzbach, den Förderer der Astronomie, setzen. Nach dem Willen des Vaters fügte er auch einen geographischen Anhang an, dem Jesuitenpater und engen Freund Paul Guldin gewidmet, sowie die lateinische Übersetzung von Plutarchs Dialog über das Mondgesicht, »Plutarchi libellus de facie in Luna, latine redditus«. Die Gelehrtenwelt überging das Werkchen mit Geringschätzung. So wurde es vergessen, bevor es noch einen Leser fand.

Im Sommer zuvor hatte Galileo Galilei im Heiligen Offizium Santa Maria sopra Minerva im Herzen von Rom die Behauptung des Nikolaus Kopernikus widerrufen, die Erde bewege sich nicht nur um sich selber, sondern auch um die Sonne. Diese etwas peinliche Episode steht seither am Anfang jeder neuzeitlichen Astronomiegeschichte. Wäre es nicht viel schöner, mögen sich die sowjetischen Raumfahrtingenieure der Lunik-Mission gedacht haben, das Zeitalter der Astrophysik mit Johannes Keplers Traum vom Mond beginnen zu lassen, der krächzenden Botschaft des kleinen, isländisch sprechenden Dämons? Aus welchem Grund hätten sie sonst ihre erste Mondmission auf den Namen »Mečta« getauft, das russische Wort für Traum? Diese glänzenden Dodekaeder im Mondsand, sind sie nicht ein unverwüstliches extraterrestrisches Denkmal für Johannes Kepler, den Baumeister des harmonischen Kosmos?

Seit 1776 hütet die russische Nation in der Sternwarte Pulkovo bei St. Petersburg einen unerschwinglichen Schatz, Johannes Keplers kompletten schriftlichen Nachlass, 14000 handbeschriebene Blätter, gebunden in 18 Bände, sowie einige persönliche Erinnerungsstücke. Auf Empfehlung des Schweizer Mathematikers Leonhard Euler hatte die russische Zarin Katharina II. das Corpus für die St. Petersburger Akademie der Wissenschaften erworben, nachdem der Nachlass einhundertfünfundvierzig Jahre nach Keplers Tod in einem Koffer auf einem Dachboden in Frankfurt am Main entdeckt worden war, ohne dass die deutsche Wissenschaftswelt sonderlich Notiz davon genommen hätte.

Was war sein Vergehen, dass man ihn zu Hause so gründlich vergaß, während seine Astronomie in England zuverlässig weiterwirkte? Warum hat ihn sein Traum nicht überlebt, der doch so alt ist wie die Geschichte des Denkens: die Erde zu verlassen und zu den Sternen zu fliegen?

Scheiben, Kreise, Sphären

Seit Menschen den Himmel beobachten, sehen sie die Sterne und Planeten auf unregelmäßigen, sich periodisch wiederholenden Bahnen durch den Himmel fahren und machen sich ihre Gedanken. Wo endet der Himmel? Wie groß ist der Mond? Wie weit sind die Sterne entfernt? Thales von Milet sah die Gestirne als erdartige glühende Massen, Demokritos und Anaximandros hielten sie für »radförmige Verdichtungen von Luft, die von Feuer erfüllt seien und an gewissen Stellen aus Öffnungen Flammen aushauchten«. Das Universum dachte sich Anaximandros unendlich an Zahl und Ausdehnung. Die Bewegung der Planeten erklärte er sich so, »dass von den Kreisen und den Kugeln, auf denen ein jeder einherfahre, die Planeten bewegt würden.« Die Erde ruhte in der Mitte der Himmelskugel, ein Zylinder mit gewölbten Grundflächen. Doch dann kam im 6. vorchristlichen Jahrhundert Pythagoras von Samos nach Apulien und lehrte, der Himmelskörper seien zehn und ihre Gestalt sei kugelförmig: Saturn, Jupiter, Mars, Merkur, Venus, Sonne, unter ihr der Mond, unter diesem die Erde, unter ihr die Gegenerde und schließlich das »Zentralfeuer«, der »Herd« oder das »Haus des Zeus«. Denn zehn war die Tetraktys (Vierheit), aus der das Weltgebäude zusammengesetzt war, aus den ersten vier Zahlzeichen für vier Elemente: Feuer, Wasser, Luft und Erde. Das ganze himmlische Geschehen – Sonnen- und Mondfinsternisse, Jahreszeiten, Tag und Nacht – erklärte Pythagoras aus den Umläufen von Mond und Erde um das »Zentralfeuer«. Die Erde war bewegt. Das Zentralfeuer, das die Bewegung bewirkte, teilte sie in eine östliche (Erde) und eine westliche (Gegenerde), ähnlich den Halbkugeln aufgeschnittener Pfirsiche um ihren Kern.

Sein Wissen hatte er auf Reisen nach Palästina und Ägypten und während seiner babylonischen Gefangenschaft erworben, nachdem ihn der weise Thales, den er aufgesucht hatte, um sich von ihm das Mysterium des Dreiecks erklären zu lassen, mittels dessen man die Entfernung von Schiffen und die Höhe der ägyptischen Pyramiden messen könne, seines hohen Alters wegen abgewiesen hatte. Aufgewachsen auf einer Ägäis-Insel, hieß es von Pythagoras, er sei geboren worden von einer Parthenos, einer unberührten Jungfrau, was schon allein genügt hätte, ihn den christlichen Philosophen der Spätantike verhasst zu machen. Denn das Vorrecht der jungfräulichen Geburt war von nun an für den Aramäer Jesus von Nazareth reserviert.

Mit Pythagoras Ankunft in Süditalien wurden Kroton und Metapont, die großgriechischen Stadtstaaten Apuliens, zum Geburtsort der abendländischen Wissenschaften. Den sichtbaren Himmel nannte Pythagoras Kosmos, im Unterschied zu Uranos, dem Götterhimmel. Seine Abneigung gegen fleischliche Nahrung, die Verehrung weiblicher Naturgottheiten und strenge Geheimhaltung setzten seine Anhänger dem Verdacht politischer Sektiererei aus, denn die Zeiten waren kriegerisch, wie alle Zeiten seit dem Anfang der Welt. Attische Demokratie und italische Tyrannis rangen in den Stadtstaaten des Mittelmeerraums um Vorherrschaft. Erst nachdem der Geheimbund im vierten Jahrhundert zerschlagen war, trugen seine Schüler die pythagoreische Lehre zurück ins griechische Mutterland. Diogenes Laertios berichtete: »Einige Pythagoreer, zu denen auch Philolaos gehört, behaupten, der Mond scheine erdartig zu sein, weil er, wie unsere Erde, ringsum bewohnt würde, jedoch von größeren und schöneren Lebewesen und Pflanzen. Denn die Lebewesen auf ihm seien fünfzehnmal so groß ›wie bei uns‹; sie sonderten keinerlei Ausscheidungen aus sich ab und der Tag ›dort‹ sei ebenfalls fünfzehn Mal so lang ›wie bei uns‹.« (zit. Capelle, Die Vorsokratiker, S. 481)

Philolaos, der große Unbekannte aus Tarent, erschien auf der Bildfläche, lange nachdem in Kroton das Haus in Flammen aufgegangen war, in dem sich die letzten Pythagoreer zu treffen pflegten, und mit ihm alles, was an Aufzeichnungen noch vorhanden war. Er war es auch, der zuerst aus verstreuten Bruchstücken nach- und aufschrieb, was seitdem pythagoreisches Denken genannt wird. Das Planetensystem bestand bei Philolaos aus zehn Himmelskörpern, wie schon Pythagoras gelehrt hatte. Philolaos soll auch das siderische Jahr (mit 69 Erdenjahren) und das Erdenjahr (mit 364,5 Tagen) als Erster berechnet haben.

»Die andern Philosophen lehren, dass die Erde in ihrer Ruhelage verharre; der Pythagoreer Philolaos aber behauptet, dass sie sich im Kreise um das Feuer bewege, und zwar in einem schiefliegenden Kreise, in ähnlicher Weise wie Sonne und Mond.« (zit. Capelle, Die Vorsokratiker, S. 482)

Dieses Zentralfeuer oder auch nous war der Nabel der Welt, ihr energetisches Zentrum, erster Erkenntnisgrund und Quelle der harmonischen Ordnung des Kosmos. Denn physis und logos waren EINS in der Zahl. Durch Teilung wurde in der pythagoreischen Kosmodizee aus dem Urchaos die Welt und aus Gegensätzen Harmonie. Wie es zehn Himmelskörper gab, so auch zehn Gegensatzpaare: Grenzendes und Unbegrenztes, Gerades und Ungerades, Eins und Vieles, männlich und weiblich, ruhend und bewegt, Licht und Finsternis, Gut und Böse, Quadrat und Rechteck etc. Ohne Gegensätze keine Harmonie, ohne Harmonie kein Maß, ohne Maß keine Erkenntnis. Von den geometrischen Körpern galten den Pythagoreern nur jene als harmonisch, deren Seiten und Winkel als ganzzahlige Verhältnisse darstellbar waren, denn pythagoreische Mathematiker rechneten mit natürlichen Zahlen, die sie »sagbare« nannten. Von diesen zu den ganzzahligen Teilungsverhältnissen der Saiten von Kithara und Lyra war nur noch ein kleiner Schritt. Die Entdeckung, dass die Tonhöhe von den Teilungsintervallen bestimmt werde, war nicht weniger bedeutsam als die Erfindung der Musik aus dem Rückenpanzer einer Schildkröte, die Euripides den Orphikern zuschrieb. Wurde aus Orpheus mythischer Kithara einst der schöne Klang geboren, so aus dem pythagoreischen Kosmos nun die Musik der Sphären, hörbare Mathematik.

Für alles Meta-Physische, das zwar der Vernunft denkbar, mit Zirkel und Stöckchen aber nicht darstellbar war, blieben auch bei den Pythagoreern weiter die Götter zuständig. Erst mehr als hundert Jahre nach Pythagoras dachte Archytas von Tarent, der Ingenieurphilosoph und Führer der italischen Demokraten, weit über seinen Meister hinaus; aus dem Bereich der natürlichen Zahlen drang er bis zu den Brüchen und irrationalen Zahlen vor und entwickelte die pythagoreische Musiktheorie weiter. Archytas war der erste Mathematiker, der überzeugt war, dass die Welt der Zahlen ebenso unendlich sei wie der Kosmos. Selbst wenn es möglich wäre, bis ans Ende des Universums zu gelangen, wäre dahinter immer noch Etwas und nicht Nichts, so dass die ausgestreckte Hand entweder ins Leere oder auf einen Körper stieße. Sogar hielt er es für möglich, dass Menschen irgendwann fliegen könnten und konstruierte zum Beweis eine hölzerne Taube mit beweglichen Flügeln.

Ungefähr zehn Jahre nach dem Tod des Pythagoras in Metapont um 510 v. Chr. wurde Anaxagoras geboren, ein ionischer Gelehrter aus der Nähe von Smyrna. Als philosophischer Lehrer des Strategen Perikles genoss er in Athen hohes Ansehen, bis er sich eines Tages vor Gericht als Götterleugner verantworten musste, behauptete er doch, die Himmelslichter seien feste Körper, die von einer Kraft bewegt würden.

»Er erklärte die Sonne für eine glühende Masse und für größer als der Peloponnes. Der Mond aber habe bewohnte Gegenden, aber auch Berge und Täler.«

Das Zentralfeuer der Pythagoreer und die Mischelementelehre der ionischen Atomisten ersetzte Anaxagoras durch die Hypothese einer einzigen bewegenden Weltkraft: des Äthers als fünftem kosmischen Element. Eine neue Art von Luft strömte in das Weltgebäude, Himmelsluft, die all die feurigen Massen der Sterne in perpetuierende Umschwünge versetzte. Die Planetengötter waren entzaubert. Der Mond als kalter Gesteinsplanet empfing sein Licht fortan von der Sonne. Erschüttert floh Hekate, die mythische Verkörperung der Mondphasen in ihrer Dreigestalt als Proserpina, Luna, Diana unter den Schutz der attischen Tempel. Der launischste aller Planeten musste sich künftig bescheiden, Griechen, Chaldäern, Indern, Ägyptern, Chinesen und Sumerern die Erdenzeit anzuzeigen.

Noch zu Lebzeiten des Pythagoras erregte weit entfernt von Kroton, auf dem griechischen Festland, ein Rhapsode namens Xenophanes mit seinen Spottreden auf die Götter landauf landab großes Aufsehen. Diese himmlische Sippe aus mordlustigen Uraniden, Titanen und betrunkenen Olympiern mit ihren Beischlaf- und Fruchtbarkeitsmysterien, Inzesten, Blutfehden und Eifersuchtsdramen, lästerte der Wanderredner, sollten in der Lage gewesen sein, die Welt zu erschaffen? Der Schöpfer einer vernünftig geordneten Welt konnte nach Ansicht des Xenophanes nur ein unsichtbarer und gestaltloser All-Gott sein, ungreifbar, unerkennbar, namenlos, doch jedenfalls vernunftbegabt. Die Griechen hätten sich ihre Götter hingegen nur nach eigenem Vorbild ausgedacht, und wenn die Pferde Götter hätten, sähen sie eben wie Pferde aus.

»Das Wesen Gottes (aber) sei kugelförmig und gleiche in nichts dem Menschen. Ganz sehe er und ganz höre er; atmen freilich tue er nicht. Und er sei ganz Geist und Weisheit und ewig.«

Mit der Gottkugel des Xenophanes trat zum ersten Mal ein transzendentales Prinzip an die Stelle des sichtbaren Kosmos. Die Welt zerfiel in das Eine (Gott) und das Andere (die Vielzahl der Naturphänomene). Dieses kugelförmige Weltall als Sinnbild des EINEN Schöpfergottes wurde zum grundlegenden Axiom aller monotheistischen Religionen, die sich im 6. vorchristlichen Jahrhundert in verschiedenen Erdteilen ankündigten. Ein System von Regeln und Gesetzen zur Rückbindung des Menschen via Gott an die Natur, religio, rückte allmählich an die Stelle des natürlichen Kultus. Aus brennenden Dornbüschen sprach Gott zu Abraham und Moses nun in Zungen und Zeichen, die von den Priestern mitgeschrieben werden mussten. Theosophie ersetzte die Verehrung von Bäumen, Steinen und Bächen, Predigt den Rausch ekstatischer Vereinigung mit Sonne, Mond und Sternen. Waren die Planeten im Rauch der Tieropfer vorher Inkarnationen der vergöttlichten Allnatur, nahmen sich nun Theologen, Auguren und

Astrologen ihrer an. Geometer zeichneten Dreiecke und Kreise in den Sand, um ihre Entfernung und Größe zu messen. Nur eine Generation nach Xenophanes und Pythagoras verlegten Sophokles und Euripides den Kampf zwischen Himmel und Erde, Mikrokosmos und Makrokosmos, Mensch und Schicksal auf die Bühne griechischer Amphitheater. Von ihrer Persönlichkeit, ihren charakterlichen Eigenarten blieben den Planeten nur die göttlichen Namen. Die Eine-Welt-Kugel wird zum Inbegriff einer »theozentrischen Totalität« werden, deren planetarische Unterkugeln, stumme Attribute göttlicher Allmacht, jeden Anspruch auf Respekt in Gestalt blutiger Opfergaben verloren haben. Denn im Gegensatz zur kosmischen ist die monotheistische Kugel unteilbar; Mathematik kann ihr nichts anhaben. Das Denken des Einen als Kugel erklärt die Welt zu Gottes Spielball, dessen Umfang endlich ist, was Archimedes und Archytas schon rein rechnerisch bezweifelt hatten. Generationen von Mathematikern, Astronomen und Theologen werden an dem Versuch scheitern, Himmelsmathematik und christliche Metaphysik im Namen der Kugel auf einen Nenner zu bringen. Der »Seinsapfel« (Peter Sloterdijk) wird zum ewigen Zankapfel und Sündenfall aller Menschen, die in ihrem Wissenshunger ebenso nach metaphysischen Gewissheiten verlangen wie nach handfesten Fakten.

Einen der überzeugendsten Vorschläge, die metaphysische Kugel aus der kosmischen Entstehungsgeschichte der Welt abzuleiten, hat Platon in seinem letzten philosophischen Dialog »Τίμαιος« (Timaios) unterbreitet. Zusammengesetzt aus dicht gepressten Polyedern gemäß der pythagoreischen Elementenlehre, wonach die feinen Feuer- und Luftkörper noch die kleinsten Zwischenräume ausfüllen, damit nirgends Leere ist, rotiert diese kompakte Kugel so schnell, dass zwischen den Elementarkörperchen starke Bindungskräfte freigesetzt werden, die den Weltstoff ganz ohne göttlichen Beistand zusammenhalten.

Der über siebzigjährige Platon konnte aus ersten Quellen schöpfen. In Tarent hatte er die Gastfreundschaft des gelehrten

Archytas genossen. Auf seinen Reisen durch Unteritalien soll er Philolaos Hauptwerk »Περὶ φύσεως« (Über die Natur) von dessen Töchtern und Enkeln in Herakleia selbst erworben haben. Weil er aber offenbar weder der atomistischen Lehre des Demokritos noch dem rein physikalischen Bewegungsmodell des periodos (Umlauf oder Atem) seines Idols Pythagoras ganz traute, dachte sich Platon als erste Instanz einen Demiurgen, den mythischen Weltschöpfer.

»Eine Seele aber setzte er in seine Mitte und dehnte sie über das Ganze aus und umhüllte den Leib auch noch von außen mit ihr. Er bildete also einen einzigen Himmelskreis, der sich allein und einsam um sich selber dreht und der dank seiner eigenen Vortrefflichkeit imstande ist, sich selber beizuwohnen, und der keines anderen bedarf, sondern dem es genügt, mit sich selbst bekannt und befreundet zu sein. Durch alles das schuf er ihn also zu einer glückseligen Gottheit.«

Man könnte also sagen, Platon habe Pythagoras in gutem Glauben remythisiert, als er einem rein physikalischen Prinzip a posteriori wieder eine metaphysische Urheberschaft zuwies. Als letzter Kronzeuge der pythagoreischen Kosmodizee wies der »Τίμαιος«-Dialog sämtlichen neuplatonischen Philosophen, Mystagogen, Träumern und Magiern der Spätantike den Weg ins Reich der mystischen Spekulation und des Aberglaubens. Aus dem »Mischkrug des Pythagoras« schlüpften scharenweise ägyptische Dämonen und platonische Seelchen in die Wissenschaftsgeschichte des Frühhumanismus ein, die sich von den Geistern des 1463 von Marsilio Ficino übersetzten »Corpus hermeticum« wenig unterschieden und, sehr zu Keplers Kummer, in Astronomie und Mathematik ihr Unwesen trieben.

Eine der originellsten Erfindungen zur Versöhnung von Metaphysik und Mathematik im Namen der Kugel war das Globusspiel, ludum globi, des Theosophen, Mathematikers und Bischofs von Brixen Nikolaus von Kues. Zur frommen Unterhaltung seiner christlichen Brüder während der wochenlangen Wartezeiten des Konstanzer Konzils hatte er auf eine Holzplatte zehn konzentrische Kreise (für die zehn Sphären des aristotelischen Kosmos) gezeichnet und von einem Schreiner hölzerne Kugeln anfertigen lassen, die an einer Seite ausgehöhlt waren. Jeder Spieler erhielt mehrere Kugeln verschiedener Größe, die er auf die Holzplatte warf. Je näher die geworfene Kugel dem Mittelpunkt rollte, umso mehr Punkte bekam der jeweilige Spieler. Jeder der konzentrischen Ringe stand für eine der zehn ontologischen Kategorien des christlich-aristotelischen Weltbilds, von den menschlichen Lastern und Leidenschaften über die Wissenschaften und Künste bis zu den Planeten. Das Zentrum des Kreises symbolisierte die christliche Erlösung und zugleich den Tod. Wie Ewigkeit und Vergänglichkeit, Kreuzigung und Auferstehung in Christo, so fielen Punkt und Umfang in der Kreismitte zusammen. Nikolaus von Kues' Theologie war reine Mathematik. Gott konnte zugleich als Mittelpunkt, Totalität und an jedem einzelnen Punkt des Universums gedacht werden. Fast zweihundert Jahre vor Kepler und hundert Jahre vor Kopernikus war Nikolaus von Kues überzeugt: »Die Welt hat keinen Umfang. Die Erde bewegt sich. — Alle Welten sind bewohnt«. Nur die metaphysische Umbiegung der Weltmitte in ein christliches Heilsgeschehen bewahrte den Bischof vor unfrohen ketzerischen Schlussfolgerungen, sah doch sein Kugelspiel dem konzentrischen Modell des Sonnensystems schon recht ähnlich, das Nikolaus Kopernikus errechnen würde.

Die gefangene Erde

Mit der nächsten Generation griechischer Gelehrter nach Platon verlor sich die älteste pythagoreische Kosmologie nahezu spurlos aus dem naturphilosophischen Diskurs. Es war Aristoteles, Sohn eines wohlhabenden Arztes aus Stageira, der zwölf Jahre nach Platons Tod den Streit um dessen Nachfolge an der Spitze der platonischen Akademie mit einem Machtwort beendete: er gründete seine eigene Philosophenschule in den Wandelgängen des Athener Lyceums (Peripatos). Nach den physikalischen Eigenschaften der fünf Elemente begann er das System der Natur neu zu ordnen, wobei er dem Äther die Kreisbewegung, der Erde die (vertikale) Schwerkraft, dem Wasser das Fließen zuwies. Kraft ihrer eigenen Schwere sank die Erde auf den Grund des kosmischen Bauwerks. Über ihr wölbten sich die leichteren Elementsphären von Wasser, Luft und Wolken und die sublunare Sphäre (unter dem Mond), darüber sieben Planetensphären - Mond, Merkur, Venus, Mars, Jupiter, Saturn, Sonne. Auf umwälzenden Glasschalen fuhren sie durch den Himmel, überstrahlt vom Fixsternhimmel mit seinen abertausend Lichtern. Als letzte und äußerste Welthülle dachte sich Aristoteles den leeren Kristallhimmel oder das Erste Bewegliche, primum mobile, die mit reinem Licht oder Ätherluft gefüllte Sphäre, deren schnelle Rotation die unter ihm liegenden Sphären initiativ mitreiße. Das Himmelsgebäude des Peripatos war begrenzt, EINS, kreisförmig, bewegt, entstehungslos, unvergänglich und kugelförmig; jenseits der Welt war keine Welt. Es gab dort »auch keinen Ort und kein Leeres und keine Zeit« (Aristoteles, De caelo).

Die aristotelische Planetentheorie war im eigentlichen Sinn das Werk von Kallippos, Mathematiker am Peripatos, der noch von dem berühmten platonischen Astronomen Eudoxos am Observatorium von Knidos ausgebildet worden war. Ursprünglich beruhte sie auf einem mathematischen Modell, nach dem die Planeten, befestigt auf dreiunddreißig durchsichtigen Kugelschalen, wie Kanonenkugeln um die Erde kreisen. Jedem Planeten, wozu auch Sonne und Erdmond gezählt wurden, hatte Eudoxos zusätzlich zur eigenen Umlaufbahn eine zweite Umkugel zugewiesen, die sich entgegen seiner Umlaufbahn bewegte. Diese steckte er wiederum in eine dritte Kugel, deren Achse schief zur zweiten stand, Merkur, Venus, Mars und Jupiter zusätzlich noch in eine vierte. Es handelte sich, wie gesagt, um ein rein rechnerisches Modell zum Zweck, die ungleichförmigen, am Himmel als Schleifen und Rückwärtsbewegungen sichtbaren Bahnen der Himmelskörper berechnen zu können. Man kann sich das etwa so vorstellen, als besitze jeder Planet seine eigene Himmelskugel, die in einer weiteren Himmelskugel steckt und so fort. Aristoteles, der sich Eudoxos abstrakte Sphären nur als massive Hohlkugeln vorstellen konnte, schlug seinem Mathematiker Kallippos vor, zusätzlich »rückführende« Kreise einfügen, deren jeder wiederum unterschiedliche Geschwindigkeiten und Umlaufzeiten hatte, da sich die vielen gegenläufigen Planetenschalen gegenseitig verbeulen, zerdrücken oder zumindest in ihrem Lauf stören müssten. So kam man im peripatetischen Kosmos am Ende auf siebenundvierzig Sphären oder Bahnkreise für sieben Himmelskörper, was den Antiaristoteliker Giordano Bruno anderthalb Jahrtausende später zu der Bemerkung veranlasste, Aristoteles habe von Naturwissenschaften nicht das Geringste verstanden. Der ganze Aufwand war letztlich dem Paradox geschuldet, dass sich die Bewegung der Planeten von der Erde aus stets parallaktisch darstellt, das heißt unter veränderlichen Winkeln, da unser Beobachtungsstandort selbst sich durch den Raum bewegt. Als »Rettung der Phänomene« zieht es sich wie eine Karawane der Irrtümer und Täuschungen durch die Astronomiegeschichte bis zu Kopernikus und Tycho Brahe.

Ein letztes Mal erwachte die Kosmologie der Pythagoreer in Alexandria, der Hauptstadt des von Alexander dem Großen eroberten ägyptischen Ptolemäerreichs, zu kurzem Leben, als sich ein halbes Jahrhundert nach Platons Tod der Mathematiker und Astronom Aristarchos von Samos einer öffentlichen Befragung vor einer Untersuchungskommission des Museions unterziehen musste, der 285 v.Chr. nach dem Vorbild der platonischen Akademie gegründeten philosophischen Akademie. Während einer Mondfinsternis hatte der junge Gelehrte die Zeit gemessen, die der Mond im Erdschatten verweilt, und den Schluss gezogen, dass der Durchmesser der Erde mindestens 2,85 Mal so groß sein müsse wie der des Mondes (was den realen Verhältnissen schon recht nahekommt), die Sonne aber um ein Vielfaches größer als beide. Das ergab sich aus der Messung des Winkels, in dem die Sonnenstrahlen auf den Mond treffen. Demnach konnte nicht die Erde, wie seit Aristoteles gelehrt wurde, sondern nur die Sonne im Mittelpunkt des Planetensystems stehen, schon allein weil sie der größte und damit schwerste Himmelskörper sei. Aristarchos war überzeugt, dass die Erde nicht in der Weltmitte ruhe, sondern sich in zweifacher Bewegung befinde, einmal in schiefer Lage um sich selbst und zweitens auf einer Kreisbahn um die Sonne. Als einziger Planet umkreise der Mond die Erde. Weil dies aber dem Augenschein tollkühn widersprach, wurde Aristarchos von den Aristotelikern des Museion überstimmt. Die Sphärentheorie des Eudoxos blieb die allein gültige Planetentheorie und wurde hundert Jahre später durch Apollonios von Perge in Alexandria verfeinert, indem dieser auf die Großkreise oder Sphären kleinere Kreise (Epizykel) setzte, deren Mittelpunkte (Deferenten) auf den Großkreisen wanderten, so dass nun schon achtzig Umläufe bei der Berechnung der Planetenbahnen berücksichtigt werden mussten. Diese sogenannte Epizykeltheorie empfing in dem berühmtesten Werk der spätantiken Astronomie ihre letzte Weihe, dem 13-bändigen »Μαϑηματικὴ Σύνταξις« (lat. Almagest) des Universalgelehrten Claudius Ptolemäus aus Alexandria. Ägyptischer Herkunft, studierte Ptolemäus jahrelang die Vorarbeiten seiner griechischen Vorgänger, insbesondere des Astronomen Hipparchos von Nicäa, der um 150 v. Chr. auf der Insel Rhodos mehr als 1000 Sternörter vermessen und katalogisiert hatte und zuerst das Phänomen der Präzession richtig erkannte, die Rotation der Erdachse um sich selbst.

Anderthalb Jahrtausende behauptete die geozentrische Epizykeltheorie nun unanfechtbare Autorität, lieferte sie doch mit hinreichender Genauigkeit die phänomenologische Erklärung für eine Welt, in der ohne Gottes Ratschluss kein Apfel vom Baum fiel. Ptolemäus war kein Philosoph oder Theologe, sondern Mathematiker, doch auch er konnte sich einfach nicht vorstellen, wie sich Menschen auf einer rotierenden Kugel kopfüber auf den Beinen halten können, warum Wind von Norden, Süden, Westen und Osten weht und die Sterne still am Himmel stehen, wenn wahr sein sollte, dass die Erde schnell wie ein Wurfgeschoss um die Sonne fliege.

Mit dem Tod des Syrers Iamblichos von Chalkis um 325, eines Schülers des Neuplatonikers Porphyrios, schließt sich der elegante, harmonische Kosmos der Pythagoreer für die nächsten tausend Jahre. Einsam ruht die Erde unter der Last ihrer Würde als »Herd der Welt« im Zentrum des Universums, gefangen unter achtzig undurchdringlichen Kugelschalen. Das atmende All erstarrt in ewigem Schweigen. Um 529 wurde die platonische Akademie in Athen von Kaiser Justinian aufgelöst. Das alexandrinische Museion erlosch schon um 390 mit der Zerstörung des Serapeion, der größten spätantiken Bibliothek. Das grausamste Martyrium war aber einer gelehrten Frau bestimmt, Hypatia von Alexandria, der ersten und vermutlich letzten namentlich bekannten Pythagoreerin der Spätantike. Dem Zeugnis ihrer (christlichen) Biografen nach lehrte sie als Mathematikerin, Astronomin und Philosophin in der Tradition von Iamblichos und Appolonius von Perge am Museion und korrespondierte mit vielen Gelehrten ihrer Zeit. Auf offener Straße wurde Hypatia im März 415 oder 416 von christlichen Fanatikern gelyncht.

Es waren arabische Gelehrte, die die griechischen Quellentexte retteten und an die Nachwelt weitergaben, sodass nicht alle Hypothesen von Anaximandros, Pythagoras und Aristarchos mit ihren Schriften verlorengingen. In Bagdad fand der Astronom, Astrologe und Optiker Mohammed ibn Dschābir al-Battānī um 900 zu der ältesten Annahme zurück, der Mond habe eine erdähnliche Oberfläche und leuchte nicht selbst, sondern reflektiere auf seiner Oberfläche das Sonnenlicht. Seine astronomischen Tafelwerke wurden im 16. Jahrhundert ins Lateinische übersetzt und in Nürnberg gedruckt. In Isfahan entstand um die Mitte des 10. Jahrhunderts der erste arabische Sternenkatalog des persischen Astronomen Abd ar-Rahman as-Sufi, der auch die Präzession berücksichtigte. Im Jahr 1000 wurde die Sternwarte von Kairo gegründet. In

Toledo beschäftigte sich Abū Isḥāq Ibrāhīm ibn Yaḥyā an-Naqqāsh az-Zarqālī mit der Schiefe der Ekliptik, in Sevilla mühte sich Abū Isḥāq Nūr al-Dīn al-Bitrūgī ab, die ptolemäische Epizykeltheorie zu vereinfachen. 1259 wurde in Maragha, im Nordwesten des Iran, mit dem Bau eines der größten Observatorien des Mittelalters begonnen, als in Europa an dergleichen noch niemand dachte. Der persische Astronom und Forscher Naṣīr ad-Dīn aṭ-Ṭūsī arbeitete dort mit christlichen, arabisch-islamischen, persischen, chinesischen und eurasischen Mathematikern und Astronomen zusammen. Die in Maragha entstandenen Ilchane-Planetentafeln (Zīj-i Īlkhānī) sollen Kopernikus wesentlich bei seinem Planetenmodell geleitet haben. Erst im 13. Jahrhunderts fand die ptolemäisch-aristotelische Astronomie im Schutz der Artes liberales, der sieben freien Künste, an den jungen Universitäten des christlichen Abendlandes ein bescheidenes Asyl, streng beargwöhnt von der theologischen Scholastik.

Keplers fröhliche Astronomie

Um 1600 erreicht die Kleine Eiszeit in Europa ihren vorläufigen Tiefpunkt. Die kontinentalen Temperaturen sinken im Winter auf unter minus 20 Grad Celsius. Kalendermacher und Astrologen haben starken Zulauf.

»Es ist eine ungeahnte Kälte in unserm Land. In den Höfen auf den Bergen sterben die Leute vor Kälte. Nach zuverlässigen Berichten fallen ihnen die Nasen ab, wenn sie nach Hause kommen und sich schnäuzen... Was die Türken betrifft, so haben sie am 1. Januar das ganze Land von Wien bis Wiener Neustadt verheert, alles in Brand gesteckt und Menschen und Beute mit sich geführt.« (Kepler an Maestlin 1593/94)

In Graz ist der Magister Johannes Kepler erleichtert, als seine beiden Vorhersagen gemeinsam eintreffen: die Türken und die Kälte. Die Errechnung astrologischer Prognostiken zählt zu seinen

Amtspflichten als Landesmathematiker. Zwanzig Gulden pro Kalender sind mehr, als die Landschaftskasse ihm für den Unterricht an der Grazer Stadtschule zahlt. Bis 1623, dreißig Jahre lang, wird er Jahr für Jahr diese Ein-Blatt-Kalender verfassen, nach denen Barbiere Wundbehandlungen, Bauern Aussaat und Ernte, Priester wiederkehrende Kirchenfeste ausrichten. Hinzu kommen aufwändige Horoskope, die wohlhabende Privatleute bei ihm bestellen. All das hält ihn von wesentlicheren Arbeiten ab, die 1589 mit seinem Eintritt in das Tübinger Stift und seinen ersten Schritten in die Wissenschaft der Astronomie begonnen hatten, als der achtzehnjährige Student der Theologie, begierig nach Poesie, die Werke der klassischen Literatur verschlang: eine vollkommen neue, auf die kopernikanische Planetentheorie gestützte Kosmologie.

»Damals bin ich auf zwei in griechischer Sprache geschriebene Bücher der ›wahren Geschichten‹ des Lucian gestoßen, die ich mir auswählte um diese Sprache zu erlernen, angeregt durch die ansprechende Erzählung, die doch auch etwas über die Natur des Weltalls brachte. Er schiffte über die Säulen des Herkules hinaus in den Ocean und wird von einer Windhose ergriffen, die ihn zuletzt mitsamt seinem Schiffe bis hinauf zum Monde führt. Dies waren für mich die ersten Fußstapfen des in späterer Zeit betretenen Weges zu Mond.«

Bei dem Syrer Lukian von Samosata, einem Zeitgenossen des Astronomen Claudius Ptolemäus, konnte Kepler auch die Geschichte des Athener Kaufmanns Menippus lesen, der sich eines schönen Tages je einen Flügel von einem Adler und einem Geier auf den Rücken schnallte, um zum Mond zu fliegen (»Ἰκαρομένιππος ἢ Ὑπερνέφελος«, Ikaromenippus oder Die Luftreise). Dort trifft er den pythagoreischen Philosophen Empedokles, der ihm ein allessehendes Auge schenkt. Schließlich gelangt Menippus vor den Thron der Mondgöttin Selene, die sehr verärgert ist über die widersprechenden Mondtheorien der drei Athener Philosophenschulen — Stoa, aristotelischer Peripatos und platonische Akademie. Menippus lässt sich bei der höchsten Götterversammlung melden, um Selenes Beschwerden auszurichten, aber Jupiter will nichts davon hören und setzt Menippus unsanft vor die Himmelstür.

Der erste Schriftsteller, der vor Lukian im Flugsimulator der Phantasie die Erde verließ, war der Römer Marcus Tullius Cicero. Im 6. Buch der »De res publica« lässt er Scipio Aemilianus auftreten, den Zerstörer Karthagos und Eroberer der iberischen Halbinsel. Im Traum wird Scipio zur galaktischen Milchstraße getragen, wo sein Großvater Scipio Africanus maior ihn erwartet. Dieser deutet dem Enkel eine rühmliche Zukunft als Staatsmann und Heerführer in den Punischen Kriegen, mahnt ihn jedoch zum tugendhaften Leben und zeigt ihm von oben die Erde, die aus dieser Entfernung nicht größer als ein Sandkorn erscheint.

Das »Somnium Scipionis« wurde Anfang des 5. Jahrhundert durch den spätantiken Schriftsteller Macrobius, Verfasser geistreicher Saturnalien, ausführlich kommentiert. Auch Vergil und Petrarca ließen sich von Ciceros Traumkunst verzaubern und schrieben eigene Versionen und Kommentare. Die dritte kosmische Reise der griechisch-römischen Antike, Plutarchs Dialog »Περὶ τοῦ ἐμφαινομένου προσώπου τῷ κύκλῳ τῆς σελήνης« (Über das Gesicht im Mond), entstand gegen Ende des ersten Jahrhunderts. Alexander von Humboldt nannte ihn die erste Schrift der Astrophysik; erstmals wurde die Kohäsionstheorie (die gegenseitige Anziehung der Himmelskörper) in den astronomisch-kosmologischen Diskurs eingeführt. Plutarch lebte in der zweiten Hälfte des ersten Jahrhunderts während der römischen Besetzung im griechischen Chaironea und übte das Amt eines Apollonpriesters in Delphi aus. Nachdem er wie Lukian die stoischen, peripatetischen und platonischen Mondtheorien gründlich verglichen hat, übergibt er das Schlusswort einem Mann namens Sulla. Wenn ein Mensch stirbt, erzählt Sulla, trennt sich die Seele vom Körper und irrt ziellos zwischen Erde und Mond umher, bis Persephone sie sanft vom nous trennt, der Vernunft. Die vernunftlose Seele löst sich im Mond auf, das nous kehrt als reines Licht zur Sonne zurück. Vor ihrer Erlösung aber schwärmen die Seelen als Dämonen im Kernschatten der Erde oder müssen den Menschen als niedere Geister, Schutz- und Strafengel dienen.

Sullas platonischer Mythos fasst mit logischer Strenge ins Bild, worüber die Teilnehmer des Symposions (ein Stoiker, ein Grammatiker, ein Peripatetiker, zwei Mathematiker, ein Platoniker sowie Plutarchs Bruder Lamprias als Moderator) sich stundenlang nicht einigen konnten: dass der Mond seiner physikalischen und astronomischen Natur nach zwischen Erde und Sonne stehen müsse, sodass Eklipsen dem Astronomen ein anschauliches Bild vom Verhältnis der drei Himmelskörper geben.

So viel wir wissen, ging es dem jungen Kepler in seiner akademischen Abschlussarbeit an der Tübinger Universität genau darum, die erdähnliche Beschaffenheit des Mondes und seine Erdumlaufbahn per analogiam zu beweisen, das heißt durch die hypothetische Verlegung seines Standorts auf den Mond. Das von Keplers Mitstudent und Freund Christoph Besold ausgearbeitete Thesenpapier wurde von der Philosophischen Fakultät abgelehnt, da es sich eindeutig auf die kopernikanische Planetentheorie stützte; Kepler verließ 1593 die Universität und war genötigt, sich nach einem Lebensunterhalt umzusehen, den er durch Vermittlung des württembergischen Konservatoriums an der schon erwähnten protestantischen Grazer Landschaftsschule im Erzherzogtum Österreich denn auch recht bald fand.

Bei einer seiner üblichen astrologischen Berechnungen des Trigons Jupiter—Saturn—Sonne für ein in Auftrag gegebenes Horoskop fiel ihm eines Tages auf, dass die Seiten der Dreiecke im Tierkreis einen zweiten, kleineren Inkreis bilden. Das war die Entdeckung, die seinem Leben die entscheidende Wendung geben sollte.

»Das Verhältnis zwischen den beiden Kreisen war für den Augenschein ganz ähnlich jenem, das zwischen Saturn und Jupiter besteht, und das Dreieck ist die erste der geometrischen Figuren, wie Saturn und Jupiter die ersten Planeten sind. Gleich habe ich mit einem Viereck die zweite Entfernung zwischen Mars und Jupiter, mit einem Fünfeck die dritte, mit einem Sechseck die vierte ausprobiert.« (»Harmonice mundi«)

Astrologie, Astronomie und Geometrie waren also die gemeinsamen Mütter seines ersten Buches, das drei Jahre später unter dem Titel »Mysterium cosmographicum« erschien. Erst dreiundzwanzig Jahre später – die Keplerschen Planetengesetze waren gefunden, Kepler als Nachfolger Tycho Brahes schon ein weithin anerkannter Astronom – sollte sich zeigen, dass die schöne Theorie der regulären Polyeder weder Keplers eigenen Berechnungen noch den wirklichen Verhältnissen am Himmel standhielt, da sie auf der kopernikanischen Hypothese kreisförmiger Planetenbahnen beruhte. Nichts passte mehr. Hier ragte eine Ecke in die nächstliegende Bahn, dort fehlte ein Stückchen vom Kreisumfang.

War der Lösungsweg zwar falsch, so stimmte doch die Lösung. Fünf Himmelskörper umkreisten in diesem theoretisch-geometrischen Modell des Sonnensystems in geordneten Abständen auf regelmäßigen Bahnen die Sonne. Freilich wusste Kepler noch nicht, dass er die konzentrischen Kreisbahnen gegen exzentrische Ellipsen austauschen musste, damit sein Modell auch als mathematischer Beweis der Sonnenumlaufbahnen gelten durfte. Erst die exakte mathematische Ableitung der Marsbahn aus der schier unübersehbaren Menge astronomischer Daten in der »Astronomia nova« verdichtete den empirischen Boden für den Abschluss seines kosmologischen Bauwerks in der »Harmonice mundi« (Weltharmonie) von 1619.

Um aber den pythagoreischen Zahlenkosmos zu retten, der ihn auf dem kleinen poetischen Umweg über die Schönheit der regulären Polyeder erst auf die Spur der wahren Verhältnisse am Himmel geführt hatte, musste Kepler zu einer rhetorischen List greifen. Noch einmal nahm er einen tiefen Zug aus dem »Mischkrug des Pythagoras«, ließ seine pythagoreischen Pappschachteln nun nach ihrer geometrischen Fähigkeit, ineinander zu schlüpfen, als Männchen (Würfel, Zwölfseit) und Weibchen (Achtseit, Zwanzigseit) in Erscheinung treten und kopulierte sie zu himmlischen Ehepaaren.

»Zu diesen kommt noch eine unverheiratete bzw. ein Zwitter, das Vierseit, denn dieser kann sich selbst eingeschrieben werden, wie dort die weiblichen Figuren den männlichen eingeschrieben werden und so unter sie zu liegen kommen (subjiciuntur), und wie dabei die Weibchen den männlichen entgegengesetzte Geschlechtszeichen besitzen: nämlich die den Winkeln entsprechenden Ebenen und umgekehrt.« (»Harmonice mundi«)

Das war nicht Mystik, wie von heutigen Lesern oft angenommen wird, sondern metaphorisch verspielte Arithmetik. Seit Philolaos wurden die geraden Zahlen dem weiblichen, die ungeraden dem männlichen Genus zugeordnet. Die Zahl 5 galt als Zahl des Gamos, der ehelichen Paarung, weil sie aus der Mischung von 2 und 3 hervorgeht. Durch Vereinigung des »empfangenden Anfangs« der geraden mit dem »zeugenden Mittel« der ungeraden Zahl wird aus mathematischer Teilung der Fortpflanzungsakt. Denn bei der Teilung natürlicher gerader Zahlen geht die Rechnung ohne Überzähliges auf, während bei ungeraden Zahlen immer ein Rest bleibt, der zeugungslustig der Leere entgegenstrebt wie der Zipfel des Mannes dem glatten Leib der Frau.

Die Stellung der Erde im kopernikanischen Planetensystem ergibt sich in dieser fröhlichen Astronomie wiederum als harmonische Mitte – und nur darauf kam es dem wieder nüchternen Astronom an – aus der Umarmung des (männlichen) Dodekaeder und des (weiblichen) Ikosaeder, »(von denen ersteres die Sphäre der Erde von außen stützt, letzteres von innen)«. Ihre Sonderstellung wird im planetarischen »Gleichnis der Fortpflanzung in deren Ehe und ihrem göttlichen und unaussprechbaren Proportionsverhältnis« damit begründet, dass sie das kosmische Gleichgewicht zwischen den inneren und äußeren Planeten kopulierend erhält, während sie ihrerseits durch den Mond unterstützt wird. Der pythagoreische Mythos der Zahl, ermüdet auf seinem langen Weg durch die Jahrhunderte und in seiner naturphilosophischen Beweiskraft geschwächt, erwachte in Keplers »Harmonice mundi« zu neuem Leben. Poesie und Mathematik feierten im Himmel Hochzeit, freudig erbebten die Planeten, und ihr Gelächter war zu hören bis zu den Ringen des Saturn.

Als spezielles Problem des heliozentrischen Planetenmodells erwies sich immer wieder der Mond. In der alten ptolemäisch-aristotelischen Epizykeltheorie wurde er, wie die Sonne, als Wandelstern behandelt, beanspruchte also eine eigene Sphäre. Da in Keplers geometrischem Modell nur fünf reguläre Körper für die Abstände zwischen den Planeten zur Verfügung standen, musste er in der Weltharmonik für die Umlaufbahn des Mondes eine andere Erklärung finden, um sich den Aristotelikern, denn andere Physiker gab es nicht, in ihrer eigenen Sprache verständlich zu machen. Kepler löste das nun so, dass er die Mondsphäre als kleine Ausbeulung, »wie ein Edelstein an einem Ring«, der Erdsphäre zurechnete. Allerdings trug er wenig Bedenken, sie notfalls, wenn es seiner Argumentation diente, auch wieder zu entfernen. »Und ich kann wirklich nicht sagen, nach welcher Seite sich die kosmographischen oder auch metaphysischen Grundsätze mehr neigen.« (»Harmonice mundi«)

Ein solches diskursives Verfahren, das den Leser an der logischen Operation des Schließens teilhaben lässt, lockte mit zweifachem Erkenntnisgewinn: Die Abstände zwischen Erde und Venus – Ikosaeder – sowie Mars und Erde – Dodekaeder – blieben unangetastet. Die Erde, ihrer peripatetischen Glorie als Weltmitte beraubt, erlangte als »Sonne«, d.h. als Zentralgestirn des Monds, ihre Würde zurück. »Wie der Mensch Gott, so muss die Erde der Sonne entsprechen.« So wird die Rechnung zwischen Gott und der Welt schon ganz im Sinne der Descartesschen mathesis universalis aufgemacht; die Aristoteliker sind mit ihren eigenen logischen Kategorien geschlagen. Die Erde steht wieder im Mittelpunkt der Welt — allerdings nur vom Mond aus gesehen. Der kleine Störenfried, der »sein winziges Häuschen um die Erde herum sozusagen auf Widerruf gepachtet« hat, muss der Erde folgen auf ihrem Weg um die Sonne. Er sorgt für »Licht und Feuchtigkeit« wie ein »Haushofmeister, der immer um seinen Herrn ist, oder wie Leute, die auf einem Schiff hin- und hergehen«. Und neben dem gemeinsamen Lauf um die Sonne hat er »auch sonst vieles mitbekommen, was auf der Erdkugel zu finden ist: Kontinente, Meere, Berge, Luft oder etwas diesen Dingen irgendwie Entsprechendes.« (»Harmonice mundi«)

Der wankelmütige Mond, die Himmelsuhr, in dessen silberner Sichel christliche Theologen den Thron der jungfräulichen Muttergottes erblickten, den Alchemisten als Magier verehrten, Wanderer und Liebende als Nachtlicht, Aristoteliker als Grenzwächter der sublunaren Sphäre, Frauen als Herrscher über ihren biologischen Zyklus — nun war er für immer seines Zaubers beraubt. Als Diener und Haushofmeister der Erde wechselt er nicht nur das Geschlecht, sondern ist mit Pflichten überhäuft und zum Faktotum degradiert. Er beruhigt das Klima, sorgt für die Wasserstände der Flüsse und Meere, beherrscht die Gezeiten und hält die Erdachse in stabiler Schieflage. Als himmlischer Wettermacher trägt er die ganze Verantwortung dafür, dass die Erde ein bewohnbarer Planet mit gemäßigtem Klima bleibt.

Wenn aber dasselbe Prinzip den Mond an die Erde fesselte wie die Erde an die Sonne, dann war das Dogma der theozentrischen Welt-Kugel nicht mehr zu halten. Dann konnte es nicht mehr nur ein kosmisches Zentrum geben, es mussten mehrere sein. Wenn also die Sphären nicht länger als massive Kugelschalen durch den Äther walzten, die Planeten nicht mehr wie Kanonenkugeln im Brotteig feststeckten, dann durfte auch das »Mondhimmelchen« ruhig ein wenig über die Erdsphäre hinaus in die Venussphäre ragen.

»Wir brauchen aber nicht zu fürchten, dass die Mondsphäre durch die Ausmaße der benachbarten Körper zusammengepresst und zerdrückt wird, wenn sie nicht in der Erdsphäre selber geborgen und eingeschlossen ist. Denn es wäre töricht und ungeheuerlich, diese Körper mit einer Art Stoff auszustatten, der einem anderen Körper den Durchgang verwehrte, und sie so an den Himmel zu versetzen. In der Tat scheuen sich viele nicht zu bezweifeln, ob es überhaupt am Himmel derartige stahlharte Sphären gibt und fragen sich, ob nicht vielmehr die [Wandel-]Sterne durch eine gewisse göttliche Kraft, frei von den Fesseln der Sphären, über die himmlischen Gefilde hin und durch den Himmelsäther getragen werden, wobei der Lauf durch eine Einsicht in die geometrischen Verhältnisse geregelt würde.« (»Harmonice mundi«)

Das waren deutliche Worte, die jedermann verstehen konnte, dem nicht das Dogma des Geozentrismus den Verstand verdorben hatte. Denn eines wollte Johannes Kepler auf gar keinen Fall: eine Astronomie für Astronomen schreiben wie der Kaufmannssohn Nikolaus Kopernikus aus Thorn an der Weichsel, dessen Trompetenstoß einer astronomischen Zeitenwende, der »Commentariolus« (Kleiner Kommentar über die Himmelsbewegungen), um 1509 folgenlos verhallt war. Kopernikus hatte darin in sieben Axiomen die Grundzüge seiner Theorie der Himmelsbewegungen zusammengefasst, die in der unerhörten Behauptung gipfelten: »Für alle Himmelskreise oder Sphären gibt es nicht nur einen Mittelpunkt.«

Alle Probleme der bisherigen Astronomiegeschichte, insbesondere der unübersichtlichen Epizykeltheorie, waren endlich darin erkannt, dass sich die am Himmel sichtbaren Bewegungen von der Erde aus als Täuschungen darstellen, da die Erde selbst sich in periodischer Bewegung befinde.

»Ihre Bewegung allein also genügt für so viele verschiedenartige Erscheinungen am Himmel.«

1491 bis 1494 hatte Kopernikus in Krakau die sieben freien Künste zur Vorbereitung auf ein Theologiestudium absolviert, sich aber bald in astronomische Studien vertieft, entgegen den Vorkehrungen seines Onkels und Vormunds, des Bischofs von Ermland, der den Jungen schon als künftigen Kanonikus des Domkapitels Frauenburg inskribiert hatte. In Bologna, Rom, Padua und Ferrara setzte er seine Lieblingsstudien bis 1510 als Schüler angesehener Astronomen wie Domenico Maria da Novara fort, lernte Griechisch, um die hellenistischen Urtexte der abendländischen Astronomie lesen zu können und übte sich im Gebrauch von Quadranten und Astrolabien. Erst mit siebenunddreißig Jahren ließ er sich als Domherr in Frauenburg nieder. Bis zu seinem Lebensende versah er gewissenhaft die Pflichten eines geistlichen Landesherrn.

Aus Furcht vor der päpstlichen Inquisition veröffentlichte Nikolaus Kopernikus sein Hauptwerk »De revolutionibus orbium coelestium« erst 1543, drei Jahrzehnte nach dem »Commentariolus«. Es gibt in sechs Büchern eine vollständige Begründung des heliozentrischen Weltbildes und schließt mit einer panegyrischen Anrufung der Sonne als Weltmitte und Symbol höchster Vernunft.

»In der Mitte von allem thront die Sonne. Könnten wir, in diesem schönsten aller Tempel, den Lichtbringer an irgendeiner besseren Stelle platzieren, von der aus er das Ganze auf einmal zu erleuchten vermag? Er wird zu Recht die Lampe, der Verstand, der Beherrscher des Universums genannt; Hermes Trismegistos nennt ihn den sichtbaren Gott, und die Elektra des Sophokles heißt ihn den Allessehenden. So sitzt die Sonne auf ihrem königlichen Thron und regiert ihre Kinder, die Planeten, die sie umkreisen. (...) Und in der Zwischenzeit wird die Erde von der Sonne begattet und geht mit ihrer jährlichen Wiedergeburt schwanger.«

Zunächst aber ersetzte Kopernikus die übliche Methode der »Rettung der Phänomene« durch die schrittweise Analyse der Abweichungen, die sich im Hinblick auf die Umlaufbahnen der Planeten aus der dreifachen Bewegung der Erde ergeben: 1) die tägliche Rotation der Erde um ihre Achse, 2) die jährliche Bewegung um die Sonne, 3) die Präzession der Erdachse. Das Buch kursierte nach Kopernikus' Tod in wenigen Abschriften unter Gelehrten. Der Mathematiker Nicolaus Reimers übersetzte es 1586 im Auftrag des Gründers der ersten deutschen Sternwarte, des Landgrafen Wilhelm IV. von Hessen-Kassel, ins Deutsche, damit auch Jost

Bürgi, ein Schweizer Uhrmacher und Instrumentenbauer der Kasseler Sternwarte, es lesen könne. Und so zeitigte dieses geheimnisvolle »Buch, das niemand las« (Arthur Koestler) zunächst wenig Wirkung, wie Kopernikus selbst es nicht anders erwartet hatte.

»Möglicherweise wird es Schwätzer geben, die sich als Richter über astronomische Fragen aufspielen, obwohl sie davon überhaupt keine Ahnung haben, und, indem sie einige Bibelstellen zu ihren Zwecken auslegen, mein Werk für falsch halten und es zensieren werden. Diese schätze ich gering, so wie ich ihre Kritik als unbegründet zurückweise. Beispielsweise hat Lactantius, der ansonsten ein glänzender Autor, aber kein Astronom war, sich über diejenigen lustig gemacht, die glaubten, dass die Erde kugelförmig sei. Die Gelehrten sollten also nicht überrascht sein, wenn heute solche Personen sich ihrerseits über mich lustig machen. Astronomie wird für Astronomen geschrieben.«

Astronomie, die für Astronomen geschrieben war, stand auf verlorenem Posten. Auf jeden Astronomen kamen hunderttausend Bauern und Handwerker, die am Morgen die Sonne im Osten aufgehen und am Abend im Westen untergehen sahen. Um die Erde aus dem Mittelpunkt der Welt in einen Aussenarm des galaktischen Spiralnebels zu verrücken, genügte es nicht, die mathematischen Formeln für die Umlaufbahnen der Planeten zu errechnen. Die »logische Zentral-Sonne« der Vernunft wärmte nicht den empirischen Menschen. Was die kopernikanische Astronomie brauchte, war eine neue, große Erzählung von Sonne, Mond und Sternen, die jeder verstand.

Die Stadt der Sterne

Hoffnungsvoll hatte Johannes Kepler sein »Mysterium cosmographicum« 1596 an die berühmtesten Gelehrten seiner Zeit verschickt, unter ihnen Galileo Galilei und Nicolaus Reimers (Ursus), kaiserlicher Hofmathematiker in Prag. Mit schmeichelnden

Worten bat er Reimers, ein Exemplar Tycho Brahe zu übergeben, dem dänischen König der Sterngucker. Dass Brahe und Reimers seit Jahren einen Rivalenkampf um die Vaterschaft an jenem seltsamen Hybrid der Astronomiegeschichte ausfochten, dem heliogäischen Planetenmodell, hat Kepler vielleicht nicht gewusst. Aber er kannte natürlich die »tychonische Hypothese«, nach der sich die Planeten zwar um die Sonne bewegen, wie es Kopernikus bewiesen hatte, diese und der Mond aber um die Erde. Dem »tychonisch-kopernikanischen Interregnum« (Salomo Friedlaender) der Astronomiegeschichte beanspruchte als Dritter im Bunde Nicolaus Reimers Ursus beizutreten. Kurz nach Erscheinen von Keplers »Mysterium cosmographicum« hatte er mit einer Abhandlung die Öffentlichkeit gesucht und Keplers Brief als vermeintliche Zustimmung angefügt. Tycho Brahe unterstellte Reimers daraufhin, dieser habe bei einem Besuch 1584 in Uraniborg die Papiere mit Brahes Berechnungen gestohlen.

Seit Juni 1599 hielt sich Brahe auf Einladung des Kaisers Rudolph II. auf dem unweit von Prag gelegenen Schloss Benatek auf. Seit der Verlegung der kaiserlichen Residenz von Wien in die Stadt an der Moldau war Prag zu einem Schutzort der Wissenschaften und Musen erblüht. Der schöngeistige Kaiser beschäftigte auf dem Hradschin eine große Zahl von Hofdichtern und Spaßmachern, Musikern, Malern, Hellsehern, Astrologen, Mechanikern und Ingenieuren. Die kaiserliche Hofkapelle bestand aus fünfzig Mitgliedern, geleitet von bedeutenden Kapellmeistern wie Jakob Regnart, Philipp de Monte, Carolus Luython. Pieter Brueghel d. Ä. zählte zu Rudolphs Lieblingsmalern. Adriaen de Vries schuf die bekannteste Statue des Kaisers. Guiseppe Arcimboldo, Bartholomäus Spranger, Hans von Aachen wurden von ihm gefördert; ihre allegorisierenden, anekdotischen Malweisen wurden später in den Begriff des Prager Manierismus gefasst. Als sich Kepler und seine junge Frau in Graz nicht mehr sicher fühlen konnten, weil die protestantische Minderheit seit Jahren von den katholischen Beamten des Erzherzogs mit Enteignung, Ausweisung oder Schlimmerem bedroht wurde, wandte er sich mit der dringenden Bitte an Tycho Brahe, ihn als Gehilfen anzustellen. Dieser war zunächst verstimmt, musste er den jungen Deutschen doch für einen Komplizen seines Rivalen Reimers halten. Mit Recht vermutete er andererseits in dem geistreichen Verfasser des »Mysterium cosmographicum«, dem der Ruf eines mathematischen Genies und philosophischen Feuerkopfs vorauseilte, einen vielseitig verwendbaren Mitarbeiter. Zudem war Brahe wie Kepler ein Liebhaber der Verskunst und der Sinnesfreuden. Er lud ihn also zu sich ein, »als Freund und Kunstgenossen«. Am 30. September 1600 reiste Kepler von Graz nach Prag, Bücher und Hausrat auf zwei Planwagen verstaut; am 4. Februar standen sich die beiden Astronomen zum ersten Mal gegenüber.

Brahe war, nach zwanzigjähriger Arbeit, der unumschränkte Herr der Sterne. Seine Beobachtungstabellen erfassten eintausend Sternörter, seine Planetentafeln standen kurz vor dem Abschluss. Kepler sah gleichwohl, dass kein Weltenbaumeister auf Schloss Benatek, seinem künftigen Arbeitsplatz, das Szepter schwang, sondern ein himmlischer Buchhalter. Doch nicht als ein Brutus war er nach Prag gekommen, sondern als Zauberlehrling. In geduldiger Arbeit errechnete er Nacht für Nacht die Bahnkoordinaten zunächst für den Mond, dann für den Mars. Brahe wiederum ließ sich sein Wohlwollen vergelten, indem er Kepler eine Verteidigungsschrift gegen den Usurpator Reimers abnötigte (»Apologia Tychonis contra R. Ursum«). Ihre Zusammenarbeit wurde jäh beendet an jenem opulenten Dinner im Palais Rosenberg, als Brahe von einer schweren Blasenkolik befallen wurde. Er starb am 4. Oktober 1601. Zwei Tage nach der Beisetzung wurde Kepler zum kaiserlichen Mathematiker und Nachfolger von Tycho Brahe als Hofastrologe Rudolphs II. ernannt.

Er habe vorigen Sommer eine neue Astronomie gefunden, schrieb Kepler 1610 an seinen Freund Johann Wacker von Wackenfels, eine »Astronomie für Mondbewohner, und nicht nur das, sondern eine Mondgeografie«. Die erste Fassung des »Somnium« wurde demnach im Sommer 1609 geschrieben, die Handlungszeit aber zurückverlegt in das Jahr, in dem auf dem Reichstag zu Regensburg die verhängnisvolle Saat des Dreißigjährigen Krieges zwischen Protestanten und Katholiken gelegt wurde, die genau zehn Jahre später mit dem Sturz zweier katholischer Hofräte auf den kaiserlichen Misthaufen des Hradschin aufgehen würde. Die katholischen Landesherren, an ihrer Spitze Rudolphs Bruder Matthias, Erzherzog von Österreich, hatten auf jener Reichsversammlung gegen die Verlängerung des Vertrags über den Augsburger Religionsfrieden von 1555 gestimmt, der gleiche Rechte der Religionsausübung für die Anhänger der lutherischen und der katholischen Konfession festlegte. Aus Protest schlossen sich im Mai desselben Jahres fünfundzwanzig Fürstentümer und Städte des Reichs zur Protestantischen Union zusammen. Unerwartet trat Kaiser Rudolph II. in dieser angespannten Situation als Schirmherr der lutherischen Reichsstände auf; in den »Majestätsbriefen« versicherte er seine böhmischen und mährischen Untertanen im Juli 1608 der freien Religionsausübung und kirchlichen Versammlungsfreiheit. Daraufhin besetzte Erzherzog Matthias mit seinen Streitkräften Ungarn und Mähren und verlangte Rudolphs Abdankung. In dem nun ausbrechenden habsburgischen Bruderzwist wusste Rudolph II. sein Kabinett und die Hofräte auf seiner Seite. Einige pflegten persönliche Beziehungen zu böhmischen Intellektuellen, die sich zum Utraquismus bekannten, einer tschechischen Sonderform des Protestantismus. Zu ihnen gehörte Keplers Freund Johann Wacker von Wackenfels, mit dem ihn neben der lutherischen Konfession die Liebe zur schönen Literatur verband. Wacker von Wackenfels korrespondierte mit Dichtern wie Paul Melissus, Nicodemus Frischlin, dem protestantischen Pädagogen Georg Rollenhagen und wurde bald zu Keplers engstem Vertrauten. Auch nach seiner katholischen Konversion blieb der Hofrat seinen tschechischen und protestantischen Freunden treu.

Mit Rudolphs und Matthias' Bruderzwist und der Libussa, der böhmischen Stammmutter, lässt Kepler seinen Traum einer Reise zum Mond anklingen. Man wird im Zeitalter der fanatischen »Hexenhammer« und rauchenden Scheiterhaufen nicht leicht einen anderen Autor finden, der sein Buch mit einer Verneigung vor der Klugheit der Frauen beginnt. Der Einzige vor Kepler war der große Naturforscher und Magier Agrippa von Nettesheim, dessen »Declamatio de nobilitate et praecellentia foeminei sexus« (Über die Ehrbarkeit und die Vorzüge des weiblichen Geschlechts) von 1509 möglicherweise Pate gestanden hat. Der Legende nach hat Pythagoras, der oft in den Höhlen weiblicher Naturgottheiten auf Kreta meditiert haben soll und den Hera-Kult, Schutzgöttin seiner Heimatinsel Samos, in Kroton einführte, mit seiner Mutter zusammen gelebt, die des Schreibens kundig war und, als sein persönliches Gedächtnis, seinen Kalender führte. Eine subtile Anspielung auf Hera verbirgt sich auch in Keplers Verweis auf Euripides »Iphigenie in Aulis« (vgl. Note 60). Was nur heißen kann: Auch die namenlose Mutter des Pythagoras war schon eine Astronomin, die den Lauf der Sterne und Planeten kannte, und damit eine Vorfahrin von Fiolxhilde und Libussa.

Diese Libuše war eine der Töchter des legendären böhmischen Fürsten Krok. Auch ihre älteren Schwestern Kazi und Teta waren gelehrte Frauen, die von den Böhmen als Reformatorinnen der Heilkunst und des Naturkultus verehrt werden. Noch zu Kosmas Zeiten (um 1100), des ersten böhmischen Chronisten, soll es Kazis Grabhügel an dem Fluss Mze gegeben haben. Libuše, die für ihre Gabe der Wahrsagung berühmt war, heiratete einen einfachen Bauern und gründete mit ihm das böhmische Fürstengeschlecht der Přemysliden, deren Hausburg der Prager Vyšehrad wurde. Weil sie die Hauptstadt zuerst im Traum sah, gilt Libuše als Gründerin der Stadt Prag. »Sieh ich erblickte die Stadt. Ihr Ruhm reicht bis zu den Sternen.«

Von der Stadt der Sterne zur Hauptstadt der europäischen Astronomie wurde Prag aber erst durch zwei Männer: Tycho Brahe und Johannes Kepler. Von den Kindheitsjahren im schwäbischen Leonberg bis in die Prager Zeit begleitete Kepler das Idol des dänischen Naturforschers. Der Traum seiner Jugend hieß Uraniborg. Auf der sagenumsponnenen dänischen Øresundinsel Hven wusste er den Mann, der alles besaß, um eine neue Astronomie zu begründen: Sextanten, Astrolabien, Mitarbeiter und nicht zuletzt eine Menge Geld. Ein Quadrant von achtunddreißig Fuß Durchmesser (= ca. 12 m), der größte in Europa, beanspruchte eine ganze Wand in Brahes Arbeitszimmers. Die Insel bei Helsingör, Scharlachrote Insel genannt, war die Mitte der astronomischen Welt. Der König von Dänemark finanzierte dort den Aristokraten Brahe auf Empfehlung des hessischen Landgrafen Wilhelm IV., der selbst ein bedeutender Astronom war. Dorthin wünschte sich jeder Schüler der Sternkunde; seine Säle waren gefüllt mit kostbaren alten Büchern, Landkarten und Instrumenten. Stjerneborg, das zweite Observatorium, wurde unterirdisch angelegt, um die wertvollen Instrumente vor Erschütterungen zu schützen; zu Himmelsbeobachtungen wurden die Dächer mechanisch geöffnet.

1577 wurde am europäischen Himmel ein Komet beobachtet. Kepler erzählte einmal, wie seine Mutter Katharina mit ihm damals auf einen Hügel in Leonberg gestiegen sei und dem Sechsjährigen die Erscheinung gezeigt habe. Zur selben Zeit verfolgte Brahe in Uraniborg, das im Jahr zuvor erbaut worden war, die Passage des Kometen und vermutete, dass es sich dabei um ein bewegliches Himmelsobjekt handeln musste. In dieser autobiografischen Konstellation treffen nun also die Hauptpersonen in Keplers Mondtraum zusammen: Fiolxhilde, die mythische weise Frau und Mutter von Duracotus, der als vaterloser Knabe in die Fremde zieht, um als Schüler des berühmten Tycho Brahe zurückzukehren, reich an Wissen und Erfahrung.

Kometen und novae waren beunruhigende Ereignisse, deren Ursprung sich mit dem ptolemäischen Sphärenmodell nicht erklären ließ. Nach der aristotelischen Lehre war alles, was sich oberhalb der sublunaren Sphäre befindet, unbeweglich, unveränderlich und ewig. Kometen wurden daher als bewegliche Himmelskörper den Planeten zugeordnet. Demnach mussten sie sich auf einer Kreisbahn bewegen, die nachzuweisen aber noch niemand gelungen war. Christoph Rothmann, der Astronom des hessischen Landgrafen, und der Engländer Leonard Digges waren die Ersten, die aufgrund ihrer Kometenbeobachtungen die aristotelische Äthertheorie in Zweifel zogen.

Am Anfang von Brahes Laufbahn stand die astronomische Beschreibung der Supernova vom 11. November 1572 in »De nova stella«. Ihr helles Licht war zwei Wochen lang sogar am Tage zu sehen und verschwand erst im April 1574. 2008 wurden Lichtechos dieser thermonuklearen Explosion eines weißen Zwergsterns aufgefangen und spektralanalytisch ausgewertet, so dass es zum ersten Mal gelang, sichtbar zu machen, was Brahe, Maestlin und andere mehr als 400 Jahre zuvor gesehen hatten.

»Astronomia nova«

Die nächste Supernova erschien im Oktober 1604 am Himmel und löste eine Massenhysterie aus, da das Erscheinen des »neuen Sterns« zusammenfiel mit einer Jupiter-Mars-Konjunktion. Man wollte darin, je nach Geschmack und Bildung, ein Vorzeichen des nahenden Jüngsten Gerichts, des Siegs über die Türken oder die Heraufkunft eines neuen Kaisers sehen. Johannes Kepler beobachtete sie vom Dach seines Prager Wohnhauses. Sogleich rief ihn der Kaiser an den Hof, erwartete er doch von seinem Hofastrologen in erster Linie eine günstige Deutung seines politischen Schicksals. Er sei nicht als Prophet angestellt, wurde er von Kepler stolz beschieden, sondern um die von Meister Brahe begonnene Erneuerung der Astronomie fortzusetzen.

»Ich will Euer Gnaden nicht verhalten, daß mich je mehr und mehr geduncken wolle, wir suchen zu vil Kunst bey disen Dingen. Den Ochsen soll man angreiffen bey seinen Hörnern, den Bockh beym Bart und so fort an. Also auch von disen Zeichen zu reden, sollte man billich sie dahero aestimieren, was sie an jnen haben und wie sie pflegen meniglich zu bewegen. Bedeuten sie nichts, so thuen wir närrisch, daß wir jnen nachsehen. Bedeuten sie etwas, wolan, so mueß die Bedeutung also beschaffen sein, daß sie auch der gemeine Mann verstehen khan.«

Nachdem Kepler das seltene Phänomen gleich zweifach – auf Deutsch für den »gemeinen Mann« und zwei Jahre später in lateinischer Gelehrtensprache in »De Stella nova in pede Serpentarii« (Vom neuen Stern im Fuß des Schlangenträgers) – beschrieben hat, packt er den Ochsen bei den Hörnern. Auf der Grundlage der tychonischen und seiner eigenen Marsbeobachtungen legt er 1609 in der »Astronomia nova« die theoretischen und empirischen Grundlagen einer vollkommen neuen, »ursächlich begründeten« Astronomie dar. In der Widmungsschrift für den Kaiser kleidet Kepler seine zehnjährige Arbeit in das Gleichnis des Krieges; einmal weil Mars im antiken Götterhimmel der Kriegsgott ist, zum anderen, weil auch der kunstbeflissenste Kaiser, wenn er sich von türkischen Heeren umstellt sieht, die Sprache der Kriegskunst besser versteht als die Sprache der Astronomie. Der Krieg des christlichen Europa gegen die islamische Welt zog sich mittlerweile mehr als hundert Jahre hin, wogte hin und her zwischen Nordafrika, Indien, Portugal, Spanien und dem habsburgischen Vielvölkerstaat.

»Oft legte sich der Glanz der Sonne oder des Mondes, oft trüber Wolkenhimmel auf die Augen des Zielenden; noch öfters hat die dazwischentretende dampfige Luft die abgeschossenen Kugeln vom rechten Weg abgelenkt und nicht selten haben die schiefgestellten Wände Fehlschüsse erhalten, wenn sie auch sehr nahe trafen. Dazu kam die Beharrlichkeit des Feindes in seinen Seitensprüngen, seine Wachsamkeit in seinen Hinterlisten, während wir gerade schliefen, seine Hartnäckigkeit im Widerstand. (...) Und dann in meinem eigenen Lager, gibt es eine Art von Unglück und Unheil, die nicht darin gewütet hätte! Der Verlust des hochberühmten Anführers [Tycho Brahe], Zwietracht, Seuche, Krankheiten, gute und böse häusliche Geschäfte, beide dazu angetan,

Zeit zu rauben. Ein neuer unvorhergesehener schrecklicher Feind im Rücken, wie ich in meinem Buch ›De Stella nova in pede Serpentarii‹ erzählt habe; ein anderes Mal ein ungeheurer Drache mit sehr langem Schweif, der Feuer spie und mein Lager bedrohte. Fahnenflucht der Soldaten und Mangel an Mitstreitern, Unerfahrenheit der Rekruten. Und die Hauptsache von allem: äußerster Mangel an Zufuhr.« (»Astronomia nova«)

Und genau so war es. Johannes Kepler hatte der alten Astronomie den Krieg erklärt. Die Beschreibung seines Kampfes sollte frische Zufuhr, sprich: Gulden aus der Staatsschatulle werben, die ihm der Kaiser seit acht Jahren schuldig war. Seit sein Generalissimus Tycho Brahe 1601 gestorben war, führte Kepler den Feldzug gegen die ptolemäische Planetentheorie mehr oder weniger allein weiter. Er fürchtete seine Feinde nicht, weder am Himmel noch auf Erden.

»Da ich ja nun in diesem Welttheater einigermaßen Bescheid weiß, hat sich in mir durch die Lehren der Erfahrung die sichere Überzeugung gebildet, dass wie zwischen Mensch und Mensch, so auch zwischen Stern und Stern, Feind und Feind kein großer Unterschied besteht.«

Keplers Feldzug für eine neue, logisch-rational begründete Astronomie war ein Zweifrontenkrieg — auf der einen Seite gegen den populären Aberglauben, auf der andern gegen das kirchliche Dogma des Aristotelismus. Dabei ging er keineswegs zimperlich vor. Die Ehre, von Keplers Pfeilen getroffen worden zu sein, hat der Nachwelt den Namen so manches Halbgelehrten erhalten. In der »Astronomia nova« widerlegt er zunächst die kopernikanische Prämisse der konzentrischen Kreisbahnen der Planeten und ersetzt sie durch den aufwändigen Beweis exzentrischer Ellipsen, in deren einem Brennpunkt die Sonne steht (Erstes keplersches Gesetz). Damit endet das tychonisch-kopernikanische Interregnum; für alle Planeten gelten dieselben Naturgesetze. Schließlich legt Kepler dar, wie selbst aus falschen Hypothesen im logischen Schlussverfahren wahre Aussagen über physikalische Phänomene möglich sind und erweist sich mit diesem Meisterstück analytischer Philosophie als überragender Denker. Nachdem Schritt für Schritt die antike Epizykeltheorie widerlegt wird, entwickelt der IV. und V. Teil des Buches das Hauptthema, die ursächliche, d.h. physikalische Begründung der heliozentrischen Planetentheorie. Anstelle der mittleren Sonnenabstände, wie in Brahes Berechnungen, geht Kepler von den realen Bahnparametern aus. Auf diesem Weg gelangt er zu der Erkenntnis, dass die Bahngeschwindigkeit eines Planeten sich in Abhängigkeit zu seinem jeweiligen Sonnenabstand verändert.

»Die Zeiten, die der Planet in gleichen Bögen des Exzenters verweilt, sind proportional dem Abstand des Planeten von dem Punkt, von dem die Exzentrizität ihren Ausgang nimmt. Die Ohren gespitzt, ihr Physiker! Denn jetzt wird der Plan aufgenommen, einen Einfall in eure Domäne zu machen.« (»Astronomia nova«)

Das Zweite keplersche Gesetz, das für alle Planeten gilt, den sonnenfernen Saturn ebenso wie den sonnennahen Merkur, lautet daher: »In gleichen Zeiten überstreicht der Fahrstrahl gleiche Flächen.« 1616 wird Kepler in der Lage sein, aus dem detaillierten Vergleich der extremen, also größten und kleinsten Sonnenabstände je zweier Planeten das Dritte keplersche Gesetz abzuleiten, wie er es in seiner »Harmonice mundi« formuliert: »Die Quadrate der Umlaufzeiten verhalten sich wie die dritten Potenzen der mittleren Abstände (oder großen Halbachsen).« In der »gemeinsamen Bewegungskraft der Sonne« als Gravitationszentrum des Planetensystems ist die letzte Ursache für Abstände, Geschwindigkeiten und Umlaufzeiten der Planeten gefunden. Nachdem dies erledigt ist, wendet sich Kepler mit leichterem Geschütz wieder seinen anderen Gegnern zu.

Sterne und Planeten wurden seit Jahrtausenden als göttliche Botschaften an den Menschen gelesen. Der Mond war die Himmelsuhr, an der die irdische Zeit abgelesen wurde. Über die Zahl und Reihenfolge der Planeten/Wandelsterne herrschte unter den Astronomen allerdings ebenso große Uneinigkeit wie unter Priestern und Theologen der verschiedenen Weltreligionen über die Anzahl der Himmel. Die Kabbala zählte zehn Himmel, Talmud und Koran sieben Himmel und fünf Wandelsterne, »welche sich rück- und vorwärts schnell bewegen und verbergen« (81. Sure), die indoiranische Rigveda drei Himmel. Der katholische Aristoteliker Tommaso d'Aquino unterschied zwischen dem Körperhimmel und dem tertium coelum, dem Dritten Himmel der spirituellen Wesen/Intelligenzen, in dem neun Engelschöre residieren, und kam auf zwölf Himmel. Für Inder, Babylonier, Sumerer lagen Paradies und Hölle droben im Himmel, für Griechen, Christen und Muslime nur das Paradies. Dante stellte sich Hölle und Himmel als spirituelle Verwaltungsstrukturen vor, bürokratisch unterteilt in neun Kreise mit zahlreichen Unterkreisen und Ringen für die Vielzahl der irdischen Vergehen, Laster und Freuden. Für Pico della Mirandola und Johannes Reuchlin war der Himmel aus der sublunaren Elementewelt, der siderischen Welt der Gestirne und der überhimmlischen Welt des Reingeistigen zusammengesetzt. Heerscharen von Heiligen, Daevas, Yazatas und Dämonen, Dschinnen, Malakhim, Seraphim und Engeln umschwirrten die irdischen Seelen, sobald sie ihre Körper verließen, um sie hinab zur Hölle oder hinauf ins Paradies zu geleiten, über deren metaphysische Beschaffenheit man sich deutlich schneller einigte als über die Größe der Sonne und die Umlaufbahnen der Planeten. Langfristig setzte sich die Vorstellung einer letzten Ursache, heiße sie nun nous, Jahwe, Zeus, Gott, Allah, Atum (ägyptisch), Dieus (indogermanisch), Anu (sumerisch), Ahura Mazda (persisch) oder Yama (Rigveda), gegen naturwissenschaftliche Erklärungsversuche der himmlischen Phänomene durch. So lief die Himmelsmaschinerie seit Jahrtausenden auf theologischen Gleisen. Das Universum in der Gottkugel war ein endlicher, hermetisch geschlossener Sprach- und Bilderraum, dessen Schöpfungschronik in der heiligen Schrift der Christen und Juden, dem Alten Testament, niedergelegt war.

Der einzige Weg, in den Himmel zu kommen, war also, tugendhaft zu leben und fromm zu sterben. Die vertikale Logistik besorgten die päpstlichen Konklaven. Das »Dogma des Kreises« (Arthur Koestler) lastete wie eine Käseglocke über den Hirnen der Gläubigen. Aufstieg oder Sturz, aszendenter Heliotropismus oder purgatorische Deszendenz erwiesen sich jederzeit als verlässliche Wegweiser des irdischen Lebenswandels. Im Gegensatz zu schamanistischen Naturreligionen oder den altindischen Veden vermutete der gen Himmel blickende Christenmensch, Jude und Muslim Gott, Allah oder Jahwe stets über sich in der Höhe und nicht etwa neben, in oder um sich herum. Um hinauf zu gelangen, bedurfte es nur noch göttlicher Piloten und Himmelsleitern. Im Traum erblickte Jakob (1. Moses 28,11) eine himmelhohe Treppe (hebräisch sulam), auf der die Engel auf- und niederstiegen. Im »Corpus hermeticum«, bei den semitischen Chaldäern und in den Mithrasmysterien leiten siebentorige Treppen die Seele ins Jenseits. Zweiundsiebzig Engel oder Genien kannten die kabbalistische Magier, jeder ein Herrscher über fünf Grade des Tierkreises. Tommaso d'Aquino zählte auch die (ursprünglich heidnischen) Dämonen zu den Engeln, doch bezeichnete er sie, wie die zoroastrischen Daevas, als böse Engel, »da sie trachten, alles von Gott abwegig zu machen«. Dämonen besaßen eine besondere psychophysische Kraft. Nicht nur Seelen, sondern reale physische Körper konnten sie durch himmlische Räume transportieren. So griffen Physik und Metaphysik zum Nutzen des christlichen Seelenheils harmonisch ineinander. Der Himmel gehörte den Theologen, die Sterne den Astrologen, der Kosmos den Astronomen, welche indessen Mühe hatten, ihre Jakobsstäbe, Astrolabien und Quadranten gegen Bibel, Thora und Koran ins Feld zu führen.

Im Herbst 1609 schießt sich Johannes Kepler kampflustig auf einen gewissen Philipp Fesel ein, dessen Abneigung gegen die kopernikanische Astronomie ihm bekannt war. In einer Streitschrift hatte der Medicus gefordert, dass endlich »bey der studirenden Jugendt/ neben der Astronomia auch die Astrologia, wiewol sie vebel befleckt/ vnnd nicht ohne gebrechliche Gedancken exerciert werden mag/ nicht unvernünfftiglich geduldet/ vnnd darneben alle mit eyngemengte Vbermaaß aller offenbarer Aberglauben/ Abgötterey, Astrolatria, Magia coelestis, Zauberey, Maleficia Mathematica, Löffelkunst/ seu quaestionaria, so wol das feste Vertrauwen/ oder Heydnische Furcht/ je mehr und mehr verworffen, verboten und gestrafft werde.« (»Tertius interveniens«)

Das will nun Kepler gar nicht dulden. Nicht nur hat er die Astrologie lange zuvor schon als »die kleine törichte Tochter der Astronomie« legitimiert, er lebt auch größtenteils von ihr. Beflügelt vom Abschluss der »Astronomia nova« setzt er eine Gegenschrift auf unter dem Titel »Tertius interveniens, das ist, Warnung an D. Philippum Feselium und etliche mehr Philosophos, Medicos und Theologos: daß sie bey Verwerffung der Astrologiae nicht das Kind mit dem Bad ausschütten«.

Wie man es von einem Adepten der fröhlichen Astronomie nicht anders erwartet, eröffnet Kepler die Attacke mit einer Verteidigung des sinnenfreudigen Eros. Gott habe dem Menschen die »jnnbrünstige Liebe gegeneinander eyngepflantzet, damit also zwey und nicht mehr ein Leib würden«, so dass die »sündliche Begierde/Bewegung und Wollust« ein »Stück der Natur« sei, das der christlichen Aufzucht des Nachwuchses so notwendig vorausgehen müsse wie die natürliche Astrologie der Astronomie. Man dürfe nicht die körperlichen Bedürfnisse um der edlen geistigen Leidenschaften willen verurteilen. Beide hätten ihre Rechte an der Natur, wie ja am Anfang aller Wissenschaft die Neugier stehe, ohne die Astronomie nie betrieben worden wäre, »ja Du hettest von deß Himmels Lauf gar nichts gewust.« Ebenso verhalte es sich mit akademischer Medizin und volkstümlicher Kräuterheilkunde, die wie Tochter und Mutter gut miteinander auskommen können.

Für Unsinn hält Kepler hingegen die astrologische Vorhersage von Kriegen, Seuchen oder Erdbeben aus bestimmten Planetenkonstellationen. Das kommt ihm vor, wie wenn einer behauptet, die Schneelawine, die ein Tiroler Dorf unter sich begräbt, sei dadurch ausgelöst worden, dass in Prag eine Küchenmagd die Treppe hinuntergestürzt ist. Mit unbestechlichem Sinn für naturgeschichtliche Kausallogik führt Kepler die Bibel ins Feld, um zu begründen, warum der teleologische Endzweck der Geschichte in der Erkenntnis der Natur liegen müsse. Hat Gott nicht den Eisbär geschaffen, fragt er mit feinem Sophismus, damit er die Eisregionen bewohne oder schuf er zuerst den Eisbär und dann erst sein eisiges Reich? Warum schuf ER Sonne, Mond und Sterne am vierten Schöpfungstag, Bäume, Pflanzen und Getier am fünften, die Menschen aber erst am sechsten Tag, wie die Bibel berichtet, wenn nicht zu dem Zweck, ein Wesen zu formen, das all dieses Erschaffene mit seiner Vernunft begreifen solle?

Gegen eine »natürliche Astrologie«, die im Gegensatz zur mantischen nicht behauptet, irdisches Geschehen aktiv beeinflussen zu können, sondern streng mathematisch aus zwölf Tierkreiszeichen, sieben Himmelskörpern und fünf Aspekten den Einfluss der Sterne auf die tellurische Natur vorausberechnet, hat der Streiter für eine rational begründete Wissenschaft von der Natur nichts einzuwenden. Unstrittig scheint Kepler, dass die Himmelskörper das Leben auf der Erde beeinflussen, ablesbar an den Wasserständen der Flüsse, den Gezeiten, am Wetter oder menschlichen Stimmungsschwankungen. Genauso wenig bezweifelt er, dass es unsichtbare, nur mit den Körpersinnen wahrnehmbare physikalische Wirkungen (species immateriate) auf die organische Materie in Form von Wärme, Licht, Klang, Geruch, Pflanzenwachstum oder Magnetismus gebe. Wenn darüber auf den Universitäten »biß auff den heutigen Tag gar nichts in dem Teil der Physik, die sich mit der Natur und der Seele beschäftigt«, gelehrt werde, mahnt Kepler, so solle man wenigstens versuchen, »solche Sachen« nicht dem groben Aberglauben zu überlassen. Dies ging an die Adresse all der Alchimisten, Kabbalisten, Astrologen, Mathematiker, Hexenjäger und Engelsforscher, die seit Mitte des 16. Jahrhundert immer zahlreicher durch Europa zogen und, wie der Engländer John Dee in seinen »Monas Hieroglyphica« (1564), die Geheimlehren des Hermetikers Johannes Trithemius von der Herrschaft der sieben Planetengeister (»De septem secundeis id est intelligentiis sive spiritibus orbes post deum moventibus«, ca. 1508) und andere obskure Geheimlehren unter den Gebildeten und Halbgebildeten an Fürstenhöfen und in den großen Städten des Abendlandes verbreiteten.

Mit seiner glänzend, zudem auf deutsch geschriebenen Kritik der abergläubischen Unvernunft brachte der spottlustige Kepler nicht nur den Philipp Fesel, sondern eine zahlreiche Anhängerschaft von Geheimorden wie den Rosenkreuzern und Mystagogen aller Richtungen gegen sich auf, deren Zentren um 1600 der württembergische Hof und das Collegium illustre in Tübingen, die landgräfliche Regierung in Kassel und sogar die Prager Kaiserburg geworden waren, seit dort der kaiserliche Leibarzt Michael Maier als einer ihrer eifrigsten Verteidiger auftrat.

Der Weg zum Mond

Öffnen wir »Somnium« nun weit, diesen Zauberkasten, in dem sich unter jedem Deckel eine andere Welt verbirgt, ein Buch im Buch mit drei Erzählern, drei Schauplätzen und drei ineinandergeschachtelten Geschichten, so finden wir darin auch die entscheidenden Schicksalsjahre in Keplers Leben wieder: das Jahr des Kometen 1577, das tychonische Jahr 1600 und 1608, das Jahr der rudolphinischen Religionsedikte. In der ersten liest der Erzähler, also Kepler selbst, im Traum ein Buch. In der zweiten berichtet Duracotus von seiner Kindheit auf Island, seinen Reisen und der Rückkehr auf die Höhen des isländischen Vulkans Hekla in Begleitung seiner Mutter Fiolxhilde. In der dritten erzählt der Dämon vom Leben auf dem Mond.

Auch hier ist es eine dreistufige ontologische Treppe zwischen Erde und Himmel, die den Leser von der Wirklichkeit eines Prager Astronomen des Jahres 1608 über die mythische Welt des alten Island in den astronomischen Himmel transportiert, begleitet von den beiden großen kosmologischen Dialogen der Antike, Platons »Τίμαιος« (Timaios) und Plutarchs »Περὶ τοῦ ἐμφαινομένου προσώπου τῷ κύκλῳ τῆς σελήνης«, über das Mondgesicht. Den Schlüssel zum Himmelstor respektive Keplers Mondastronomie liefert die Beschwörungsformel, mit der Fiolxhilde den Dämon von Levania am nächtlichen Kreuzweg der Hera herbeiruft. Kepler entnahm sie nach eigenem Bekunden dem Buch »De magia« des Spaniers Martin Anton Delrio (vgl. Note 28). Das klingt zunächst plausibel; der Jesuit Delrio hielt sich um 1596 einige Monate gleichzeitig mit Kepler in Graz am dortigen jesuitischen Kolleg auf; sie kannten sich vielleicht sogar persönlich. Wer erinnert sich aber heute noch an das vernichtende Urteil, das Christian Thomasius und noch Lessing in seinen »Briefen antiquarischen Inhalts« über diesen Delrio gefällt haben: dass er ein fanatischer Ketzerjäger war, der mit katholischem Eifer den deutschen Gelehrten Agrippa von Nettesheim der Teufelskünste bezichtigt und den Italiener Gerolamo Cardano für dessen Religionsschriften (»De subtilitate«) als Atheisten in die ewige Hölle verdammt habe? Wollte Kepler mit dem Namen Delrio, dessen »Disquisitionum magicarum« Teil eines pseudojuristischen Handbuchs der Hexenverfolgung war, nur eine falsche Spur legen, um von den eigentlichen, sakrosankten Gewährsmännern seiner Geschichte abzulenken?

Sehen wir uns also Zeitpunkt und Schauplatz des Aufbruchs zum Mond genauer an. Der Name ›Thule‹ für Island taucht zuerst in den Schriften des angelsächsischen Benediktiners Beda Venerabilis auf, den Kepler als Zeittheoretiker schätzte, betrieb er doch selbst gern chronologische Studien. In seinem Amt als Hofmathematiker wurde er auf dem Regensburger Reichstag von 1613 als Gutachter im Kalenderstreit zwischen protestantischen und katholischen Reichsfürsten gehört. Solinus und der Wandermönch

Dicuil hatten der staunenden Welt im 4. bzw. 8. Jahrhundert mitgeteilt, dass die Sonne auf Island sechs Monate nicht auf- und ebenso lange nicht untergehe. Island, das mythische Reich zwischen Schatten und Licht, heißt in Plutarchs Mondgesicht-Dialog Ogygia und liegt im mythischen Meer des Kronos, »fünf Tagereisen von Britannien entfernt, wenn man westwärts segelt«. Wenn Saturn, der Planet des Kronos, im Sternzeichen Stier auf- und die Sonne auf Ogygia für 30 Tage untergehe, berichtete die Legende, machten sich heilige Männer jedes Jahr dorthin auf, um Astronomie zu betreiben.

Auf Island, das zu Dänemark gehörte (und nicht, wie Kepler behauptete, zu Norwegen, vgl. Note 23) war zudem seit 1551 der Protestantismus Landesreligion. Darum konnte es für Kepler keinen besseren Ort geben, um zum Mond zu gelangen. Das Erscheinen des Dämons im Kernschatten der Erde datiert er exakt auf den 11./21. März 1559 und begründet dies mit der Konjunktion von Mond und Saturn im Sternbild Stier, bei der alljährlich die Plejaden aufgehen, »was die Astronomen als Gegenstand der geheimen Künste betrachten« (vgl. Note 43). Behauptete doch schon Porphyrios in seiner Pythagoras-Biografie, der Weise habe eines Tages im Siebengestirn der Plejaden eine Lyra erblickt, die siebensaitige Harfe der orphischen Sänger. Durch Hinzufügung einer achten Saite habe Pythagoras später aus den Saiten der Lyra die Gesetze der Oktavenharmonie abgeleitet und sie als »Sphärenmusik« auf die Konstellationen der Planeten übertragen.

1559 war aber auch das Jahr der ersten Ausgabe des päpstlichen »Index librorum prohibitorum«, der schwarzen Liste der Inquisition, auf der sich sämtliche Lutherbibeln, der hebräische Talmud, der muslimische Koran und mehr als hundert zeitgenössische und antike Autoren die Ehre gaben, darunter so unterschiedliche Köpfe wie Pierre Abaelard, Ramon Llull, Niccolò Machiavelli, Philipp Melanchthon, Caspar Peucer, Georg Joachim Rheticus und Thomas Müntzer. Kepler dürfte diese Jahreszahl nicht einfach so unterlaufen sein, markiert sie doch, vierzehn Jahre nach Kopernikus'

Tod, den schwersten Rückschlag in der europäischen Wissenschaftsgeschichte seit der Schließung der Platonischen Akademie.

Streng astronomisch begründet der Dämon den Moment der Abreise, wenn sich die Dämonen reisefertig im Erdschatten aufhalten, mit dem abnehmendem Mond, genauer »wenn der Mond in seinem östlichen Teil sich zu verfinstern beginnt«. Für die Rückkehr muss eine Sonnenfinsternis abgewartet werden, wenn Erde, Mond und Sonne genau in einer Reihe stehen. Eklipsen waren entscheidend für den Fortgang der astronomischen Beobachtungskunst (vgl. Note 55). Die älteste Überlieferung einer Sonnenfinsternis aus dem Jahr 2697 v. Chr. stammt aus China. Die früheste Aufzeichnung einer Mondfinsternis geht auf die Chaldäer in Borsippa zurück. Plinius erkannte mit bloßem Auge, dass der Schatten der Erde, der auf den Mond fällt, kegelförmig sei. Johannes de Sacrobosco schloss etwa um das Jahr 1230 in dem »Tractatus de Sphaera« aus Berechnungen dieser Schatten, dass die Sonne viel größer sein müsse als die Erde, wie es Aristarchos in seiner einzigen überlieferten Schrift bereits bewiesen hatte. Seit 1601 arbeitete Kepler selbst an einem grundlegenden Buch über Finsternisse, das jedoch nie erschien. Der Titel »Hipparchus« sollte an den Begründer der ersten Eklipsentheorie erinnern. »Diese Finsternisse sind die Augen der Astronomen, diese Lichtabnahmen bedeuten für die Wissenschaft Zuwachs in Fülle, diese Makel erleuchten den Geist der Sterblichen durch höchst kostbare kunstvolle Bilder. O dieses ausgezeichnete und allen Völkern empfehlenswerte Argument für den Lobpreis des Schattens.«

Der Dämon von Levania ist also in vielerlei Sinn ein Bote zwischen Licht und Schatten, Astronomie und Aberglauben, Materie und Geist. Für die Behauptung, der Dämon habe mit menschlicher Stimme, und zwar auf isländisch »gekrächzt«, finden sich daher auch mehrere Erklärungen: eine magische und eine physikalisch-technische (vgl. Note 50), die daran erinnert, dass Kaiser Rudolph dem Nürnberger Organisten und Komponisten Hans Christoph Haiden 1601 für dessen »Orgelklavizymbel« das Patentrecht verliehen hatte. Den ersten Orgelautomaten baute Hans Leo Haßler in Nürnberg. Giambattista della Porta, einer der genialsten italienischen Renaissance-Gelehrten, der bereits mit halluzinogenen Drogen zur Traumerzeugung experimentierte, beschrieb eine ähnliche Erfindung 1558 in seiner »Magiae naturalis sive de miraculis rerum naturalium«.

»Darüber hatte ich mir vorgenommen, die Wort in der Lufft (ehe sie gehöret werden) mit bleyernen Röhren aufzufangen/ und so lange verschlossen fortzuschicken/ daß endlich/ wenn man das Loch aufmachte/ die Worte herausfahren müssen. Denn wir sehen/ daß der Schall eine Zeit braucht biss er fort kommt; und wenn er durch eine Röhre gehet/ dass er mitten könne verhalten werden. Und weil es etwan darinnen was ungelegen fallen möchte/ dass die Röhre sehr lang seyn müsste/ so könte man die Röhren in die rundte Circkelweise krümmen/ und also die Länge ersparen; und nur wenig Platz damit einnehmen.«

Die künstliche Erzeugung von Schallwellen war also lange bekannt, aber erst 1624 wurde die erste Messung der Geschwindigkeit des Schalles an abgefeuerten Geschützen vorgenommen. Zwölf Jahre später entwickelte der französische Mathematiker Marin Mersenne die Theorie, dass die Tonhöhe von der Schwingungszahl eines tönenden Körpers abhänge. Bald nach Kepler verwendete Cyrano de Bergerac in seinem Mondroman Sprechmaschinen, die seine Lunarier als Hörbibliotheken mit sich führten.

Jedenfalls konnte auch im Traum ein bisschen technischer Sachverstand bei einer Mondreise zumindest nicht schaden. Was die Reisenden selbst angeht, so müssen sich die Auserwählten zuvor einer strengen Prüfung unterziehen. Duracotus und Fiolxhilde sind hoffnungsvolle Kandidaten, denn besonders geeignet sind »ausgemergelte alte Weiber, die sich von jeher darauf verstanden, nächtlicherweise auf Böcken, Gabeln und schäbigen Mänteln reitend, unendliche Räume auf der Erde zu durcheilen. Aus Deutschland sind keine Männer geeignet, aber die dürren Leiber der Spanier weisen wir nicht zurück.«

Vielleicht eine Anspielung auf den von Kepler als Engelsmystiker wenig, als Mathematiker und Arzt hochgeschätzten Neuplatoniker Gerolamo Cardano, der in seiner »Anleitung für Söhne« (»De subtilitate«) in ironischer Manier empfohlen haben soll: »Traut keinem rothaarigen Lombarden, keinem schwarzen Deutschen, keinem einäugigen Tuscier, keinem lahmen Venezianer, keinem langen und schlanken Spanier, keinem bärtigen Weibe, keinem kraushaarigen Mann und schon gar keinem Griechen!«

Die Vorbereitungen zum Abflug werden peinlich genau beschrieben. »Da also die günstige Gelegenheit zur Abreise so plötzlich kommt, können wir auch nur wenige aus eurem Geschlecht mitnehmen, und zwar nur die, welche uns besonders ergeben sind. Scharenweise stürzen wir uns auf den Auserwählten, unterstützen ihn alle und heben ihn schnell empor.«

Während ein geozentrischer, mit anderen Worten ein aristotelischer Mondreisender des 17. Jahrhunderts, nur die Wahl gehabt hätte, im Empyreum zu verglühen oder an der ersten Kristallsphäre zurückzuprallen und sich beim Absturz alle Knochen zu brechen, erwarten den Träumer in »Somnium« nur leichte Kreislaufprobleme und Atemnot beim Verlassen der Erdatmosphäre, die ungemütliche Kälte des Weltraums und technische Kalamitäten beim Abbremsvorgang über dem Mondboden.

»Denn er ist keinen geringeren Strapazen ausgesetzt, als wenn er, von Sprengpulver hochgeschossen, über Berge und Meere schwebte. Deswegen muss er gleich anfangs mit Narkotika und Opiaten eingeschläfert und Glied für Glied auseinandergefaltet werden, damit nicht der Rumpf vom Hintern, der Kopf vom Rumpf getrennt davongetragen wird, sondern der Druck auf die einzelnen Glieder sich gleichmäßig verteilt.«

Der schwatzhafte Dämon hat mit praktischen nicht weniger als mit theosophischen Problemen zu kämpfen. Für einen christlichen Dämon wirkt er recht kaltblütig, für einen kräftig gebauten Geist, der nicht fromme Seelen zu Gott, sondern lebende Menschen auf den Mond und wieder zurück zur Erde befördert, wiederum etwas zu spekulativ. Der Kommentator ist denn auch um eine Erklärung verlegen, warum sein frostiger Dämon den Mondreisenden keine anderen Hilfsmittel anbieten könne als Opiate und feuchte Schwämme. Dabei wäre es Kepler sicher nicht schwer gefallen, sich geeignete technische Transportmittel auszudenken. Schon Aristoteles entwarf Taucherglocken mit Luftzufuhr, deren erste Prototypen übrigens Leonardo da Vinci auf dem Zeichenpapier konstruierte, bevor sie um 1855 in Frankreich praktisch erprobt wurden. Im Grunde sind die Reisenden in Keplers Mondtraum nichts anderes als kleine runde Raumschiffe in Menschengestalt, die pars pro toto nur den physikalischen Beweis antreten sollen, dass kugelförmige Objekte, nachdem sie durch einen kräftigen Anschub die Erdanziehung überwunden haben, allein mittels ihrer eigenen Masse durch den Weltraum fliegen können.

»Die Körper aber kugeln sich ein wie Spinnen, wir bewegen sie fast nur noch mit unserem Willen, so daß schließlich die Körpermasse selbst zu dem vorgesehenen Platz strebt.«

Der Dämon von Levania

Besonders merkwürdig ist nun Keplers Bemerkung, der Dämon von Levania werde mit 21 »Zeichen« (charakteris) angerufen, was sowohl Ziffern als auch Buchstaben bedeuten kann. Das altgriechische Alphabet hatte 23 Zeichen, das phönikische sowie das hebräische 22 Zeichen, das neulateinische (Antiqua) 24, das altlateinische 21 Zeichen. Den Buchstaben entsprachen in fast allen archaischen Schriftsystemen Zahlwerte. In hellenistischer Zeit wurden die griechischen Zahl-Buchstaben (nach dem Thesis-Prinzip fortlaufend, also $\alpha = 1$ bis $\omega = 23$) auch mit magischen Symbolwerten verbunden, wie in dem Traumbuch des Artemidor. Iamblichos berichtete in seiner Biografie des Pythagoras, wie der entschiedene Vegetarier einmal einem Hahn das Leben rettete, dem ein Augur eben den Kopf abhacken wollte, um aus den Eingeweiden nach etruskischer Sitte die Zukunft vorauszusagen. Er überredete ihn, dass »das durch die Zahl begrenzte Sein der Götter« einer höheren Wahrheit entspreche als Blut, Herz und Leber beseelter Wesen. Der Hahn sei aber der Zahl nach das heilige Tier der Sonne, weshalb seine Tötung einen schweren Frevel an den Himmelsgöttern darstelle. Iamblichos folgend, hat Lukian den wiedergeborenen Pythagoras in seinem »Traum des Mikyllos« denn auch als Hahn auftreten lassen.

Die gematrische Umrechnung von Buchstaben in Zahlenwerte oder der Zahlen in Ideogramme und ihre magische Deutung taucht schon in assyrischen/babylonischen und althebräischen Texten auf. Von den kabbalistisch inspirierten Mystikern des 16. und 17. Jahrhunderts wie Fludd, Andreae und Kircher wurde sie ausgiebig benutzt. Im Unterschied dazu stellte das attische Zahlenalphabet ein Additionssystem dar, das es erlaubte, mit ein oder zwei Buchstaben mehrstellige Zahlen darzustellen. Im milesischen System konnten so die Zahlen bis 9999 durch hinzugefügte Apostrophe ausgedrückt werden.

Was könnte Kepler also mit dem Zahlbuchstaben 21 gemeint haben? Die Konnotation »er wird angerufen/beschworen« = »er wird ausgedrückt« (vgl. Note 38) bedeutet Vergegenwärtigung durch evokative Vorstellungskraft, also ein magisches Ritual. Heute lernen die Kinder in der Grundschule, dass 21 eine Dreiecks- oder Pyramidenzahl ist. Ihre Entdeckung wird den Babyloniern und Pythagoreern zugeschrieben. Die dritte Dreieckszahl 10 ist die Summe aus der Tetraktys, den ersten vier ganzen Zahlen, die Null nicht mitgezählt, und galt als mathematischer Ausdruck der Gesamtheit der Schöpfung. Pythagoreische Mathematiker extrapolierten mittels der heiligen Zahl 10, wie es in Keplers »Mysterium cosmographicum« heißt, »aus der Vielgestaltigkeit eine Art magischer Beschwörungsformel« für die »Ausgestaltung der Welt.«

Sollte in den 21 Ziffern der Beschwörungsformel vielleicht ein weiterer geheimnisvoller Verweis auf die Kosmologie des Pythagoras verborgen werden? Vielleicht führt uns diese Hypothese auf den richtigen Lösungsweg. 21 ist die sechste Dreieckzahl und die Summe aus den ersten sechs Zahlzeichen. Diese sechs Zahlen, als Dreieck oder Pyramide angeordnet, bilden eine harmonische Figur, nämlich ein gleichseitiges Dreieck, deren Basis die Zahlen von 1 bis 6 und deren Spitze die Zahl 21 bildet. 21 Töne bilden in der pythagoreischen Musiktheorie die drei Oktaven der himmlischen Lyra. Setzen wir für die sechs Zahlen die sechs Planeten des kopernikanischen Sonnensystems, so läge in der Zahl 21 das Geheimnis der kosmischen Sphärenharmonie offen zutage, wie es Kepler als geometrisches Modell der regulären (platonischen) Körper schon in seinem »Mysterium cosmographicum« enthüllt hatte.

21
19 20
16 17 18
12 13 14 15
7 8 9 10 11
1 2 3 4 5 6

Keplers eigene, mehr verbergende als erhellende Erklärung für die Zahl 21 steht in Note 38:

»Auf die Frage, was mich auf diese Zahl brachte, habe ich keine bessere Antwort als die, dass ich ebensoviele Buchstaben oder Schriftzeichen [literas seu charakteres] in den Worten Astronomia Copernicana fand; und dass es ebensoviele Arten von Konjunktionen zwischen je zwei Planeten gibt, deren Zahl sieben ist [die Geozentriker zählten den Mond zu den Planeten]. Erfreulicherweise kommt hinzu, dass es ebensoviele Kombinationen von je zwei Würfeln gibt. Die 21 ist ja die trigonomische Zahl bei der Basis sechs.«

Ein scharfsinniger Denker und Rhetoriker wie Kepler wird gute Gründe gehabt haben, seine Allegorie auf so schwachen Säulen zu errichten, doch was könnten das für Gründe sein?

Von seinem Biograf Max Caspar wissen wir, dass Kepler in seinen Prager Jahren oft mit Johann Wacker von Wackenfels über die Schriften des Kirchenketzers Giordano Bruno debattierte. Mit dem Philosophen aus Nola teilte Kepler die Freude am ironischen Sprachspiel. Giordano Bruno war es auch, der die Grundzüge einer psychologischen Theorie des Bewusstseins entwickelt hat, in der sinnliche Wahrnehmung, Vorstellungskraft und Erkenntnis zusammenwirken. In »De magia« (um 1586) und »De vinculis in genere« (1591) erörterte Bruno, wie sich die Kategorien der aristotelischen Erkenntnistheorie – Quantität und Qualität, Natur und Geist, Physik und Metaphysik – vonseiten des Erkenntnissubjekts darstellen. Die platonischen Dämonen erhebt Bruno in den höchsten Rang jener Kräfte, »die Hüter und Bewohner der Gestirne sind. Die Dämonen fließen in die Elemente ein, die Elemente in das Vermischte, das Vermischte in die Vernunft, die Vernunft in den Geist und der Geist in alles Belebte.«

Ihr Herrscher ist der Magier; nach Aristoteles' Topik bezeichnet dies »einen weisen Menschen, der mit der Kraft zu handeln ausgestattet ist«. Bruno unterscheidet neun Arten von Magiern und drei Arten der Magie: die metaphysische, die physische und die mathematische. Zur physischen Magie zählt er den Magnetismus, die Anziehungskraft, die die »zweifache Bewegung der Dinge« verursacht (eine verbergende Umschreibung der kopernikanischen Astronomie), die Wuchskräfte in Pflanzen, die Formkräfte in Steinen; »es gibt absolut nichts, das ohne Geist oder Bewusstsein wäre«. Analog zur christlichen Himmelsleiter konstruiert Bruno eine unendliche Reihe von denkenden »Substanzen« – Engel, Dämonen, Planeten- und Elementargeister – in feinsten Abstufungen von beseelten Körpern und verkörperten Wesenheiten, aktiver und passiver Substanz.

Brunos physische Magie bezeichnet also eine Wechselwirkung, ähnlich den Keplerschen species immateriate, zwischen sinnlichen Wahrnehmungen und deren physischen Ursachen, während die metaphysische Magie rein spirituell bleibt. Die neun

Musen der griechischen Mythologie werden durch neun Magier ersetzt, mächtige Herrscher über die Dämonen, jene Bewohner des Schattens, die schon Platon und Plutarch als astronomische Phänomene deuteten. Lichtscheu und körperlos, haben sie weder Ohren noch Stimme und dringen lautlos in unsere inneren Wahrnehmungen ein.

»So senden sie nicht nur Träume und machen, dass Stimmen gehört und irgendetwas gesehen wird, sondern senden dem Aufmerksamen auch bestimmte Gedanken.«

Um sie zu fesseln, bedienen die Magier sich der »Bannkräfte«, von denen Bruno zwanzig aufzählt. Man könnte sie als logisch-begriffliche Kategorien des Bewusstseins bezeichnen.

»Die Bannkraft ist die Fessel, die Ordnung, der große Dämon, durch den alles bezwungen wird.«

Während die Sinne nur die passiven Türen und Fenster zur physischen Welt sind, werden Bannkräfte als aktive psychophysische Qualitäten verstanden, die ihre Wirkung auf den Betrachter oder Hörer über den ästhetischen Formsinn ausüben.

»Bannkräfte sind eine harmonische Lebensart, die körperliche Gestalt, der Wohlklang der Stimme und anderes, das auch aus Gebäuden, Statuen, Liedern und Gebeten ausströmt. Dies war für Platon das Schöne, für Sokrates die Schönheit, die den Geist auszeichnet, für Timaios die Herrschaft des Geistes.«

Wie Eisen aufgrund seiner physikalischen Eigenschaften den Magnet »wahrnimmt«, so kann demnach der Mensch aufgrund seiner psychophysischen Ausstattung Sinnenreize als geistige Qualitäten wahrnehmen, wobei die Bannkräfte die Formen vorgeben, die folglich sowohl im Subjekt wie im Objekt vorhanden sein müssen.

»Die Bannkraft folgt der Wahrnehmung wie der Schatten dem Körper.« Die höchste, universelle Bannkraft ist für Giordano Bruno die Phantasie. »Diese Vorstellungskraft oder Imagination ist der einzige Weg aller inneren Empfindungen und ist die Bannkraft der Bannkräfte.«

Kepler hat demnach keineswegs »vergessen«, wie er in Note 35 behauptet, warum er seinen Dämon als neunten Geist bezeichnet, der die Rechenkunst oder Arithmetik verkörpert; er will oder darf es nur nicht sagen und erfindet allerlei wohlfeile Erklärungen für Leser, die weniger an naturphilosophischen als an märchenhaften Geschichten Gefallen finden. Fassen wir alle Indizien zusammen, so verkörpert Keplers Dämon, der »mit 21 Ziffern angerufen« wird, am wahrscheinlichsten den Geist der Imagination, der im Schatten der Dinge wohnt, den geheimnisvollen Hilfsarbeiter des pythagoreischen Kosmos und Mittler zwischen Mythos und Mathematik. Werkgeschichtlich steht »Somnium« insofern zwischen Keplers »Mysterium cosmographicum« von 1596, dessen leichthändig spielerische Fortsetzung es ist, und »Harmonice mundi« von 1619, den beiden großen naturphilosophischen Abhandlungen. Nicht den platonischen Dämon (als Allegorie der kopernikanischen Astronomie), wie mit Edward Rosen alle früheren Interpreten des Mondtraums nahelegten, sondern den brunischen Dämon der Imagination aus »De magia« sehen wir also in »Somnium« am Werk, der von der vorsokratischen Kosmologie über Platons »Τίμαιος« (Timaios) und Plutarchs »Περὶ τοῦ ἐμφαινομένου προσώπου τῷ κύκλῳ τῆς σελήνης«, die Neuplatoniker Porphyrios (vgl. Note 37), Iamblichos, Proklos, Marsilio Ficino und Giordano Bruno einen leuchtenden Faden der Häresie zur kopernikanischen Astronomie spinnt. Demnach wäre es mehr als unvorsichtig gewesen, den Namen des atheistischen Philosophen aus Nola offen zu nennen, der 1600 auf dem römischen Campo dei Fiori lebendig verbrannt wurde. Da redet sich der Verfasser von »Somnium« lieber mit der »Astronomia Copernicana« heraus, war doch gegen den Gottesleugner Bruno der Domherr Kopernikus wahrhaftig das kleinere Übel.

Ohnedies musste Keplers phantastischer Sommernachtstraum mit seinen Geistern und Zauberinnen in den Ohren seiner Zeitgenossen höchst gottesabwegig klingen. Unübersehbar kreisen nicht die Planeten, wie es sich nach aristotelischer Lehrart gehörte, mitsamt der Sonne um die Erde, sondern nur der Mond. Auf ihm angekommen, stellt sich dem Traumreisenden eine auf dem Kopf stehende Welt dar. Über ihm hängt die gewaltige Masse der Erdkugel, von den Mondgeschöpfen Volva genannt, »die sich Drehende«, mit deutlich erkennbaren Ozeanen, Gebirgen und Kontinenten und Ländern. Der Blick vom Mond hinauf zur Erde stellt den ganzen aszendenten Tropismus des christlich-jüdisch-islamischen Himmels auf den Kopf. Für die Mondbewohner dreht sich der Fixsternhimmel mit seinen zwölf Tierkreiszeichen ebenso, nur viel schneller, um den Mond, wie für Erdbewohner um die Erde. »Daher haben beide Bevölkerungen den gleichen Grund für die Vorstellung des Tierkreises«, nämlich den erhabenen Anblick einer um den eigenen Standort kreisenden, von Millionen Lichtpunkten illuminierten Himmelskugel. Die Mondgeschöpfe glauben im Gegensatz zu den Erdbewohnern nicht, dass die Erde stillstehe, da sie die Rotation um ihre Achse mit ihren »Mond-Sinnen« ja »sehen« können. Aus demselben Grund nehmen sie aber an, die Sonne bewege sich um die Erde (vgl. Noten 145/146) und ihr Mond stehe still.

Nur ein Beobachter auf dem Mond, das war schon die Idee des Studenten Johannes Kepler, würde mit eigenen Augen sehen, dass sich die Erde um die Sonne und der Mond um die Erde bewege, dass es auf dem Mond kein eigenes Licht gebe und dass er weder feuriger noch wässrig-dunstiger Natur sei, sondern ein fester Gesteinskörper, Erde und Mond also Geschwister. Siebzehn Jahre später, ein kurzer Anlauf — und das kopernikanische Axiom der zweifachen Bewegung wird zur anschaulichen Wirklichkeit. Mit der Ankunft auf dem Mond gleicht die »erste Bewegung«, der siderische Jahreslauf um die Sonne, dem Blick von der Erde, allerdings aufgrund des unterschiedlichen Winkels von Mond- und Erdachse um einige Grade verschoben, da die Mondachse, bezogen auf die Ekliptik, aufrecht steht. Die »zweite Bewegung« ist die Umlaufbahn des Mondes um die Erde. Sie bewirkt, dass die Lebensbedingungen auf der (privolvanischen) Rückseite des Mondes von denen auf der erdzugewandten (subvolvanischen) Seite deutlich abweichen. Der Aufgang und Untergang der Planeten und der Sonne zeigt sich je nach mondischem Standort des Betrachters verschieden. Mars, Venus und Merkur erscheinen viel größer als von der Erde aus. Die Erdflecken beschreibt der levanische Dämon, weil er ja ein Dämon der Phantasie, ein Künstler ist, im Bild eines jungen Paares im Moment des Kusses, während das Mädchen mit ausgestreckter Hand eine heranspringende Katze anlockt.

Zu den grundlegenden Koordinaten der lunaren wie der terrestrischen Astronomie zählen die Ekliptik (also die scheinbare Sonnenbahn, auf die Himmelskugel übertragen), Deklination (Breite) und Rektaszension (Länge) der Sternörter, bezogen auf den Himmelsäquator. Die Mondgeografie besitzt zwei Hemisphären, die privolvane und die subvolvane. Ihre Bezeichnung bezieht sich auf ihr perspektivisches Verhältnis zur Erde (Volva). Zwischen ihnen verläuft der Divisor, der die Mondpole durchschneidet. Die Längengrade werden Medivolvane oder »Halbkreise der Mitten« genannt. Wie die Erdbewohner ihr Leben nach Mond und Sonne, richten die Seleniten ihres nach den »Phasen« der Volva, ihrer Himmelsuhr. Die Berechnung der Zeitintervalle – Tage, Nächte, Monate, Jahre – ist abhängig von ihrem lunigrafischen Standort.

»Ihre Volva nimmt zu und ab genau wie unser Mond. Der Grund ist bei beiden derselbe, nämlich die Anwesenheit der Sonne oder die Entfernung von ihr. Auch die Zeit ist dieselbe, wenn man das Wesen der Sache betrachtet. Doch zählen jene anders als wir. Jene rechnen als einen Tag und eine Nacht die Zeit, in der sich alle Zunahmen und Abnahmen der Volva vollziehen; den Zeitraum nennen wir einen Monat. Fast niemals freilich, nicht einmal bei Neu-Volva, ist die Volva bei den Subvolvanen unsichtbar, wegen ihrer Größe und Helligkeit. Das gilt besonders für die Polbewohner, die zeitweilig zwar die Sonne nicht sehen, für die aber die Volva gerade im Intervolvium zur Mittagszeit die Hörner aufwärts wendet. Denn im Allgemeinen ist für diejenigen, die zwischen der Volva-Breite und den Polen sowie unter dem medivolvanischen Kreis wohnen, das Neu-Volvium das Zeichen des Mittags, das erste Viertel das des Abends; das Voll-Volvium teilt die Nacht in gleiche Teile, und das letzte Viertel führt die Sonne zurück.«

Da sich die Volva um sich selbst dreht, messen die Subvolven die Stunden nach der Wiederkehr derselben Flecken aus hellen und dunklen Stellen, »und zwar vierzehn Mal in einer Mondnacht«. Die der Erde zugewandte subvolvane und die erdabgewandte Seite, die privolvane, haben also verschiedene Himmelsansichten. Die Privolven, von der Sicht auf die Volva ausgeschlossen, haben gar keinen Begriff von Zeit, obwohl Tag und Nacht auch hier wechseln, wobei die privolvanische Nacht etwas länger, dafür der subvolvanische Tag etwas kürzer ist. Die privolvanische Nacht ist 15–16 Erdentage lang, eisig kalt und tiefschwarz, der Tag glühend heiß und windlos. Ein Mondtag und eine Mondnacht entsprechen zusammen der Dauer eines irdischen Monats. Eine Mondstunde beträgt etwa 24 Erdenstunden. Auch die Jahreszeiten sind anders als auf der Erde. An den Polen ist nur 6 Tage Winter und 6 Tage Sommer. Zwischen den Polen und dem Äquator wechseln Sommer und Winter dagegen 40mal pro Jahr, während am Mondäquator so gut wie keine Jahreszeiten vorkommen.

Auch die Seleniten beobachten Sonnen- und Volvafinsternisse, können sich aber keine Vorstellung über die wahren Größenverhältnissen von Sonne, Volva und Mond machen. Obwohl Erde und Mond also in dieselben Bewegungskoordinaten eingebunden sind, glauben die Mondgeschöpfe wie die vorkopernikanischen Menschen, dass ihr Planet stillstehe. Sie müssten, um eines Besseren belehrt zu werden, nur den Dämon fragen, der sich als ein wahrer Kopernikus (oder vielmehr Kepler) der Mondastronomie erweist, doch scheinen weder Götter, noch Menschen oder Dämonen bei den Mondbewohnern bekannt zu sein.

Aus einem Brief an Johannes Seuß vom 3./13. September 1608 geht hervor, dass Johannes Kepler in jenen Tagen wirklich auf dem Weg zur Buchmesse nach Frankfurt am Main war. So konnte er also, wie der bayerische Astronom und Arzt Simon Mayer (Marius), dort von der Erfindung eines Sehrohrs gehört haben, mit dem man weit entfernte Gegenstände sehr nah betrachten könne und zu seinem Traum angeregt worden sein. Drei Wochen später beantragte der Brillenschleifer Hans Lipperhey aus Middelburg in Den Haag das fürstliche Patent für ein von ihm konstruiertes Fernrohr. Im März 1610 erreichte Kepler aus Florenz die Nachricht, Galileo Galilei habe durch ein solches Fernrohr vier unbekannte Gestirne entdeckt, die den Jupiter umkreisen. Anfang April schickte ihm Galilei den gedruckten »Sidereus nuncius«, in dem er seine Entdeckung ausführlich beschrieb. In dem beiliegenden Brief bat Galilei den deutschen Astronom um sein Urteil. Binnen elf Tagen verfasste Kepler die Antwort und schickte sie am 19. April per Boten nach Florenz. Sein Entzücken war unbeschreiblich.

»Man schaffe Schiffe und Segel, die sich für die Himmelsluft eignen. Dann wird es auch Leute geben, die vor der öden Weite des Raumes nicht zurückschrecken.«

Auf einmal füllte sich das Nichts zwischen den Sternen mit unbekannten Himmelskörpern, die nur die unzureichende Sehkraft so lange verborgen hatte. Die Milchstraße wimmelte von Sternen. Die Flecken auf dem Mond, die schon Plutarch beschrieben hatte, bedeckten tatsächlich die gesamte Oberfläche und nicht nur sein »Gesicht«. Aber vor allem bestätigte Galileis Sternennachricht, was Kepler per analogiam längst vermutet hatte, ohne es beweisen zu können, »dass die Oberfläche des Mondes nicht glatt, regelmäßig und von vollkommener Rundung ist, wie es eine große Schar von Philosophen vom Mond selbst und von den übrigen Himmelskörpern geglaubt hat, sondern dass sie im Gegenteil uneben, rau und ganz mit Höhlungen und Schwellungen bedeckt ist, nicht anders als das Antlitz der Erde selbst, das durch Bergrücken und Talsenken allenthalben unterschiedlich gestaltet ist.«

Galilei hatte Recht, in seinen Beobachtungen »ein ausgezeichnetes und durchschlagendes Argument« gefunden zu haben, »um denjenigen ihr Bedenken zu nehmen, die zwar das Kreisen der Planeten um die Sonne im kopernikanischen System noch ruhig hinnehmen, aber von der einzigen Ausnahme, dass sich der Mond um die Erde dreht, während beide eine jährliche Kreisbahn um die Sonne vollenden, sich so verwirren lassen, dass sie dieses Weltbild als unmöglich verbannen zu müssen glauben: denn jetzt haben wir nicht nur einen Planeten, der sich um einen anderen dreht, während beide eine große Kreisbahn um die Sonne durchlaufen, sondern unsere Sinneswahrnehmung zeigt uns vier Sterne, die um den Jupiter kreisen wie der Mond um die Erde.«

Damit war der Mond astronomisch als Himmelskörper zweiter Ordnung erkannt, der einen anderen umkreist, für den Kepler sogleich das treffende Wort Satellit fand, Begleiter. Aus dem Wechsel von hellen und dunkleren Teilen der Mondoberfläche schloss Galilei auf Höhenunterschiede des Mondbodens. Höhergelegene Teile werden früher beleuchtet und werfen Schatten, während die dunklen Stellen auf Aushöhlungen und talartige Einschnitte schließen lassen. Und zwar so, dass die dunkleren Teile »in die Richtung der Sonnenstrahlen« weisen, die helleren Säume »auf der der Sonne abgekehrten und der finsteren Mondzone zugewandten Seite« liegen.

»Will man daher die alte Ansicht der Pythagoreer wieder auffrischen, dass nämlich der Mond gleichsam eine zweite Erde sei, dann stellte sein leuchtender Teil die Landoberfläche, der dunklere die Wasseroberfläche angemessener dar.«

An der Vorstellung ausgedehnter Meere, Seen und Sümpfe auf dem Mond wurde viele Jahrhunderte festgehalten, wie die geografischen Bezeichnungen der lunaren Maria noch heute zeigen. In Wirklichkeit handelt es sich um basaltische Steinwüsten, die später als Landeplätze in der Mondraumfahrt beliebt waren. Vermutlich ähneln sie jetzt riesigen Schrottplätzen wie das Mare Crisium (Meer der Gefahren), wo die Überreste der sowjetischen Sonden Luna 15 (Juli 1969) und Luna 24 (August 1976) zurückblieben. Erst 1998 wurden mittels eines Neutronenspektrometers der NASA Wasserstoffkerne im Mondboden nachgewiesen, und im Oktober 2009 hat der amerikanische Lunar Crater Observation and Sensing Satellite (LCROSS) aus den Bildern von Staubwolken, die bei der Bombardierung der Südpolregion aufgewirbelt wurden, den ersten Nachweis für gebundenes Wasser auf dem Mond geliefert. Die Wassermenge, die aus einem Kubikmeter Mondgestein zu gewinnen ist, dürfte allerdings kaum größer sein als eine Träne im Auge der tief gekränkten Mondgöttin.

In Note 154 kommt Kepler auf diese für ihn recht problematische Frage der Mondflecken noch einmal ausführlich zu sprechen, indem er einräumt, sich in diesem Punkt in seinen »Astronomiae pars optica« geirrt zu haben, als er behauptete, die dunklen Flecken bedeuteten Wasser, die hellen Flächen Berge und Hochebenen. Doch selbst in seinen wohlbegründeten Irrtümern zeigt er sich als ein hinreißender Plauderer.

Keplers Antwort auf Galileis Veröffentlichung war seine »Dissertatio cum nuncio sidereo« (Abhandlung zur Sternennachricht). Die neuen Entdeckungen hatten ihn so beflügelt, dass er in weniger als zwei Monaten eine zweite Schrift verfasste, »Dioptrice«, ein hymnisches Lob des Fernrohrs. Bevor sie in Druck ging, erfuhr Kepler von einer weiteren spektakulären Entdeckung seines italienischen Kollegen, konnte sie aber nicht enträtseln, da Galilei sie in einem Anagramm versteckt hatte. Erst im Brief vom 1. Januar 1611 enthüllte er dem fernen Freund sein Geheimnis: durch die Vergrößerung des Fernrohrs hatte er zum ersten Mal mondähnliche Phasen der Venus beobachtet, die bewiesen, dass sich der Planet auf einer Sonnenumlaufbahn bewege.

Bald darauf schlief der vielversprechende Austausch zwischen Galileo Galilei und Johannes Kepler wieder ein, deren Beginn auf das Jahr 1597 zurückgeht. Galilei hat die Bücher seines deutschen

Kollegen öffentlich niemals erwähnt. Auch eines seiner herrlichen Fernrohre schickt er ihm nicht. Um Galileis Fernrohr nachzubauen, fand Kepler in Prag keine brauchbaren Linsen. Kurfürst Ernst von Köln, der kurz in der Kaiserstadt weilte, borgte ihm eines aus seinem Besitz. Am 30. August 1610 ist das Leihfernrohr auf Jupiter gerichtet und Kepler hält das Bild auf einer Kreidetafel fest.

In Keplers Händen wurde das Fernrohr zum dritten Auge der schöpferischen Phantasie, in denen des Italieners blieb es ein Vergrößerungsglas, in dem sich astronomische Wahrheiten im gleichen Maß vermehrten wie astronomische Irrtümer. Weder öffnete es dem Hofmathematiker und -philosophen des Großherzogs der Toskana die Augen für die exzentrischen Ellipsenbahnen, die Kepler in seiner »Astronomia nova« nachgewiesen hatte, noch für die Ursache der Sonnenflecken. Das »Dogma des Kreises« war der blinde Fleck in Galileis Fernrohr. Trotzdem blieben sie über dreißig Jahre stille Verbündete. Beide wurden 1611 Mitglieder der unabhängigen römischen Accademia dei Lincei und arbeiteten erfolgreich an der Entwicklung der astronomischen Optik und Planetentheorie. Mit freundschaftlicher Nachsicht begrüßte Kepler 1623 noch das Erscheinen von »Il saggiatore« (Die Goldwaage), Galileis vorsichtige Wende von der aristotelischen zur pythagoreischen Kosmologie, obwohl die darin vorgestellte Kometentheorie in Keplers Augen unhaltbar war.

»Habt Vertrauen, Galilei, und tretet hervor!«, hatte Kepler dem vierzehn Jahre Älteren im Juli 1597 zugerufen, nachdem er ihm sein »Mysterium cosmographicum« geschickt und freundliches Lob für sein Erstlingswerk empfangen hatte. Doch erst dreiunddreißig Jahre später, in Keplers Todesjahr, wird der greise Galilei dessen Rat beherzigen und sich mit seinem »Dialogo sopra i due massimi sistemi« (Dialog über die beiden hauptsächlichen Weltsysteme) öffentlich vom Aristotelismus lossagen.

1615 werden im schwäbischen Leonberg sechs Frauen als Hexen angezeigt. Eine von ihnen ist Katharina Kepler, geborene Guldenmann, 64 Jahre alt, klug, wortgewandt, mutig und erfahren in der Herstellung von Arzneien. Ihre Tante, die Schwester ihres Vaters, der bis zu seinem Tod als Schultheiß in Weil der Stadt lebte, war einige Jahre zuvor als Hexe verbrannt worden. Die Anschuldigungen gegen die Keplerin erwiesen sich bald als Denunziation missgünstiger Mitbürger; doch in den Ohren des Leonberger Vogts Lutherus Einhorn reichten sie, wie in sechzehn anderen Fällen, für eine Anklage vor dem Landgericht. Aber erst Katharinas Bruder, ein Barbier am Hof des Herzogs Julius Friedrich von Württemberg, brachte den Stein ins Rollen, als er das Gerücht verbreitete, der kaiserliche Astronom Johannes Kepler habe in einer kleinen Schrift über eine Reise zum Mond seine Mutter als Kräuterhexe portraitiert. Kepler schildert die Vorgeschichte so (vgl. Note 8):

»Das erste Exemplar gelangte von Prag nach Leipzig; von dort wurde es im Jahre 1611 nach Tübingen gebracht von Baron von Volkersdorff und seinen Lehrern in Moral und Wissenschaften. Ihr könnt ruhig glauben, dass in Barbierstuben (besonders, wenn jemandem der Name meiner Fiolxhilde wegen ihrer Beschäftigung unheilvoll klingt) über diese meine Geschichte geklatscht worden ist. Gewiss ist gerade aus dieser Stadt und diesem Haus in den folgenden Jahren verleumderisches Gerede über mich selbst hervorgegangen. Dies wurde von dumpfen Geistern aufgenommen und loderte schließlich auf in ein Gerücht, dessen Flamme von Unwissenheit und Aberglauben kräftig angeblasen wurde. Wenn ich mich nicht täusche, werdet ihr zu dem Schluss kommen, dass mein Haus gut auf sechs Jahre Quälerei hätte verzichten können und auch ich selbst auf die letzte Reise von einem Jahr, wenn ich nicht die geträumten Ratschläge dieser Fiolxhilde missachtet hätte. Ich beschloss daher, dieser mein Traum solle Rache nehmen durch die

Veröffentlichung des Büchleins über die darin dargestellten Ereignisse. Das wird meinen Gegnern der gerechte Lohn sein.«

Katharina Kepler erhob ihrerseits Verleumdungsklage gegen die Denunziantin; sie wurde abgewiesen. 1620 wurde sie verhaftet und ins Gefängnis gesteckt. Johannes Kepler eilte nach Leonberg, suchte zu schlichten und zu trösten und verfasste eine 128 Seiten umfassende Verteidigungsschrift, die immerhin bewirkte, dass das Verfahren mangels Beweisen am 4. Oktober 1620 eingestellt und Katharina Kepler freigelassen wurde. Sieben Monate später starb sie an den Folgen der Folter und Kerkerhaft. War es denn möglich, dass ein kleiner, einer spielerischen Laune entsprungener Traum unter seinen Landsleuten so viel Unheil stiften konnte?

Kepler und Württemberg — das ist eine traurige Geschichte. Nach dem Tod seines Gönners Rudolph II. hatte er sich monatelang vergeblich um eine Anstellung als Mathematikprofessor an der Tübinger Universität beworben. In seiner Geburtsstadt Weil der Stadt wurde er selbst seit Jahren der Ausübung »verbottner Künsten bezüchtigt«. 1618 schloss ihn das württembergische Konsistorium vom Abendmahl aus, weil er seine Unterschrift unter die sächsisch-schwäbische Konkordienformel von 1577 mit der Begründung verweigert hatte, es stehe ihm nicht zu, »in Gewissenssachen zu heucheln« und die Glaubensartikel einer protestantischen Landeskirche über alle anderen zu stellen. In seiner Mutter hatte man also ihn treffen wollen. Der Jäger war zum Gejagten geworden.

Mit seiner Vertreibung aus Prag hatte Kepler 1612 auch seine protestantischen Freunde in der Kaiserstadt an der Moldau einem ungewissen Schicksal überlassen. Zwei Monate nach dem Tod seiner Mutter, am 21. Juni 1621, wurden auf dem Altstädter Ring in Prag siebenundzwanzig Prager Bürger mit dem Schwert hingerichtet, Tschechen und Deutsche, Protestanten und Calvinisten, Gelehrte, Ritter und Ratsherren, die gegen die Aufhebung der 1609 von Kaiser Rudolph verbrieften Religionsfreiheit in Böhmen und Mähren protestiert hatten. Unter ihnen waren einige von Keplers engsten Freunden, Freiherr Christoph Harant und der Arzt und Rektor der Prager Universität Ján Jesenský, dem die Zunge abgeschnitten wurde, bevor ihm das Schwert des Henkers den Kopf vom Hals trennte.

Dies war der Augenblick für Johannes Kepler, seinen Mondtraum wieder hevorzuholen. Nach den Ereignissen in Leonberg und Prag musste sein heiteres Phantasiegebilde ihm geradezu wie ein Memento mori, ein himmlisches Menetekel erscheinen. Den Straßburger Freund Matthias Bernegger ließ Kepler am 4. Dezember 1623 wissen: »Meine Astronomie des Mondes habe ich, als ich vor zwei Jahren nach Linz zurückkehrte, umzuprägen oder vielmehr durch Zusätze zu erläutern begonnen. Dort wartete ich vergebens auf das griechische Buch von Plutarchs Mondgesicht, welches man mir von Wien versprach aber nicht schickte.«

Den Freunden und seiner Mutter war er es schuldig, den einmal eingeschlagenen Weg zum Mond fortzusetzen. Hinzu kam, dass die Indexkongregation unter Papst Paul V. am 23. Februar 1616 ein Druckverbot über sämtliche Schriften verhängt hatte, die die zweifache Bewegung der Erde behaupteten, einschließlich Kopernikus' Buch über die Planetenbewegungen. Galileo Galilei drohte daraufhin wegen seiner Hypothesen über die Sonnenflecken eine Anzeige vor dem Heiligen Offizium der Inquisition, die Kardinal Roberto Bellarmino in letzter Minute abwendete, um nicht noch mehr Staub in der Sache aufzuwirbeln. Tommaso Campanella, Mitglied der Accademia dei Lincei, hatte eilends eine »Apologia pro Galileo« verfasst und im September vor der Accademia dei Lincei einen Antrag vorgebracht, den Aristotelismus, dessen naturwissenschaftliche Theorien mit den neuen astronomischen Erkenntnissen nicht mehr zu vereinbaren seien, offiziell durch den Pythagoreismus zu ersetzen. Drei Jahre später, im Februar 1619 rissen die Henker der Inquisition auf dem Marktplatz von Toulouse dem neapolitanischen Philosophen Lucilio Vanini, dreiunddreißig Jahre alt, mit einer Zange die Zunge aus dem Mund. Dann schleifte man ihn auf den Scheiterhaufen. Nach der Flucht aus Italien hatte Vanini im französischen Exil, das zur tödlichen Falle werden sollte, sein letztes Werk beendet, »De admirandis naturae, reginae deaeque mortalium arcanis« (Von den wunderbaren Geheimnissen der Königin und Göttin der Sterblichen, der Natur).

Kepler lebte zu dieser Zeit mit seiner zweiten Frau Susanna als gewöhnlicher, schlecht bezahlter Mathematiklehrer im österreichischen Linz und hoffte, fernab von den reichspolitischen Krisen und Vorboten des Dreißigjährigen Krieges, vornehmlich drei astronomische Arbeiten beenden zu können: die »Tabulae Rudolphinae« auf der Grundlage der tychonischen Beobachtungsdaten, die »Epitome astronomiae Copernicanae«, ein akademisches Lehrbuch der kopernikanischen Planetentheorie, und die »Harmonice mundi«, mit der er sein naturphilosophisches Hauptwerk, eine heliozentrische Kosmologie auf der Grundlage der pythagoreischen Geometrie, vollenden wollte.

Im Jahr von Vaninis Martyrium erschien Keplers »Harmonice mundi« mit einer Widmung an James I., König von Schottland und England. Neun Jahre, von 1621 bis 1630, arbeitet er nun an der Ausarbeitung der Noten zu »Somnium«, wie er zeitlebens der Gewohnheit folgte, seine Manuskripte mit umfangreichen Vorreden und Bemerkungen (notae) zu ergänzen, sobald ihr Wissensstand überholt war. Dabei griff er nie in den Urtext ein, sondern erweiterte ihn. Er ist entschlossen, daraus ein Buch zu machen, das die an ihm, seinen Freunden und seiner Mutter begangene Ungerechtigkeit in einen Sieg der Wahrheit verwandeln sollte (vgl. Note 8). »Ich beschloss daher, dieser mein Traum solle Rache nehmen durch die Veröffentlichung des Büchleins über die darin dargestellten Ereignisse. Das wird meinen Gegnern der gerechte Lohn sein.«

Üblicherweise fristen Fußnoten ihr freudloses Dasein als wuchernde Metastasen von Texten, die zu schwach sind, um aus eigener Kraft ans Ende zu kommen. Im Fall von »Somnium« entfalten sie, sozusagen im Rücken des Traums, ein dramatisches Spiel der Konnotationen und Quisquilien, sodass der Mond als Doppelgestalt erscheint: einmal als Auge des Traums und zum Andern als Gegenstand der kopernikanischen Astronomie. Der Traum und sein Fußnotentrupp bilden gewissermaßen zwei exzentrische Brennpunkte des lunaren Sprachspiels und setzen so eine diskursive Denkbewegung in Gang, deren rhetorische Grundform die Ellipse ist.

Geschickt wendet Kepler die Argumente seiner Gegner gegen jene selbst, korrigiert eigene Irrtümer, lobt oder weist milde zurecht. Ähnlich hat es später Jonathan Swift mit seinem bzw. seines Gönners William Temple Lieblingsfeind gemacht, dem gelehrten William Wotton, der Swifts satirisches »Tale of a Tub« (Märchen von einer Tonne, 1704) Zeile um Zeile mit vernichtenden Fußnoten kommentiert hatte. Indem Swift diese in die fünfte Auflage seines Textes originalgetreu übernahm und Satz für Satz kommentierte, verkehrte er die Argumente seines Gegners ins Gegenteil — er führte sie ad absurdum.

So gelingt Kepler ein wunderbares kleines Kunstwerk, eine Mondastronomie in der Nussschale, die auf engstem Raum alles Wissen enthält, was zuvor in dem gewaltigen Gedankengebäude der Weltharmonik zusammengefügt worden war. Es ist die Astronomie selbst, die in »Somnium« von ihrer Legitimation als freier Wissenschaft träumt.

»Harmonice mundi«

Keplers philosophisch-astronomisches Meisterstück beginnt mit einer streng mathematisch-geometrischen Ableitung der regulären platonischen Körper aus ihrer Konstruierbarkeit, bietet im vierten und fünften Buch eine umfassende Darstellung der harmonischen Proportionen in Astronomie, Mathematik und Musiktheorie und steigert sich in einem panegyrischen Schlusssatz, dem »Epilog mit Mutmaßungen über die Sonne«.

Zwischen »Mysterium cosmographicum« und »Harmonice mundi« liegen mehr als zwanzig Jahre. In der »Astronomia nova« hatte Kepler die ptolemäisch-brahesche Epizykeltheorie Schritt für Schritt widerlegt, indem er mathematisch bewies, dass die Planeten sich nicht auf kreisförmigen sondern elliptischen Bahnen bewegen (Erstes keplersches Gesetz). Denn es zeigte sich nun auch, dass »die mittleren Bewegungen der Planeten irrational und inkommensurabel mit den extremen Bewegungen aller Planeten« sind, harmonische Proportionen zwischen den Kreisen also nicht zu erkennen waren. Deshalb setzte er anstelle der mittleren Werte der Bahnen, wie er es noch bei Brahe gelernt hatte, die realen Koordinaten ein, die er und Tycho aus jahrelangen Planetenbeobachtungen gewonnen hatten, und musste feststellen, dass »die eigentlichen Maßverhältnisse der Planetenabstände nicht aus den regelmäßigen Figuren hergenommen sein können; denn niemals weicht der Schöpfer von seinem Ur-Bauriss ab (...). Und das kann man sich auch so zusammenreimen, dass alle Planeten im Lauf der Zeit ihre Sonnenabstände periodisch verändern, so dass ein jeder von ihnen zwei hauptsächliche Sonnenabstände besitzt, einen Maximalabstand (Aphel) und einen Minimalabstand (Perihel).«

Bei der Berechnung einer elliptischen Bahn, in deren einem Brennpunkt die Sonne steht, müssen also stets viele einzelne Messpunkte (Einzelaufenthalte) ermittelt werden, um auf regelmäßige und stabile Proportionen zwischen dem ermittelten Sonnenabstand und der Geschwindigkeit des umlaufenden Körpers schließen zu können; »es ist also wohl klar, daß in diesen Einzelaufenthalten bzw. in dem, was im Geiste des Schöpfers diesen übergeordnet war, die geometrischen Vollkommenheiten zu suchen sind.«

Aus der ungeheuren Menge der einzelnen Bahnparameter – Kepler musste zeitweise auf eigene Kosten zwei Assistenten einstellen, um die Arbeit zu bewältigen – verglich er nun die Extremwerte (Aphel–Perihel) aller sechs Planeten und des Erdmonds miteinander. Durch mathematische Teilung der Extremgeschwindigkeiten aller Planeten nach bestimmten Algorithmen zeigten sich wiederkehrende Zahlenverhältnisse (analogoi) zwischen den Planeten, die genau den Seiten der regulären Figuren entsprachen. Nur hatte Kepler diesmal nicht, wie im »Mysterium cosmographicum«, die Kanten und Winkel räumlicher Polyeder, sondern ebene Figuren, Polygone, als Vergleichsgrößen herangezogen. Denkt man sich nun die elliptische Bahn zur linearen Strecke auseinandergezogen, so zeigt sich, dass das Verhältnis der Planetenumläufe genau den Teilungsintervallen einer Saite entspricht, wenn man sie nacheinander vergleicht. Jupiter, mit dem weitesten Sonnenabstand und der langsamsten Geschwindigkeit, entspricht dann dem größten, der schnell laufende Merkur dem kürzesten Intervall. Die mathematischen Proportionen zwischen den Planetenumläufen sind demnach analog den musikalischen Konsonanzen der Töne auf einer Saite. »Was in der Geometrie konstruieren heißt, heißt in der Musik konsonieren.« Jeder Planet schwingt also am Himmel in einem eigenen Ton. Die perihelischen Geschwindigkeiten der Planeten (die schnellsten) entsprechen den Tönen der Durtonleiter, die aphelischen jenen der Molltonleiter.

Keplers Triumph muss unbeschreiblich gewesen sein. Im pythagoreischen Begriff der harmonischen Proportion hatte er abermals den Schlüssel zur natürlichen Harmonie der (heliozentrischen) Himmelsbewegungen gefunden. Der harmonische Zusammenklang aller sechs Planeten komme allerdings äußerst selten vor, räumte er zwinkernd ein; häufiger finden sich vier oder fünf Planeten zur kosmischen Hausmusik zusammen. Das himmlische Sextett besetzte er mit Saturn und Jupiter als Bass, Mars als Tenor, Erde und Venus als Alt und Merkur als Diskant — jeweils in beiden Tonarten, Dur und Moll.

»Es ist ein Genuss«, erinnerte er sich 1621 in den Parerga zu »Mysterium cosmographicum«, »die ersten Schritte zu meinen Entdeckungen zu betrachten, auch wenn sie in die Irre führten. Man sieht, wie ich die wahren und urbildlichen Ursachen der Wohlklänge, die ich in den Händen hin- und herdrehte, weggeworfen und anderswo ängstlich gesucht habe. Die ebenen Figuren sind die Ursachen der Wohlklänge aus sich selber, nicht insofern sie die Seitenflächen der Körper sind. Umsonst habe ich bei der Begründung der harmonischen Verhältnisse der Bewegungen auf die Körper geschaut.«

Erst auf dem Umweg über die pythagoreische Sphärenmusik, die dabei allerdings bedeutende Modifikationen erfährt, war Kepler zur Formulierung des 3. Planetengesetzes gelangt. Es erklärt die Umlaufzeiten der Planeten aus den mathematischen Proportionen der Extremwerte ihrer Bahnparameter, bezogen auf die Sonnenwinkel.

»Wenn wir also Harmonien suchen, so wollen wir sie nicht in den Abständen suchen, insofern sie die Halbmesser der Sphären darstellen, sondern nur in dem Sinne, als sie die Maße der Bewegungen bestimmen, d.h. besser gleich in den Bewegungen selbst.« (»Harmonice mundi«)

Der dreidimensionale Raum der sphärischen Geometrie wird so, beinahe unbemerkt, um eine vierte Dimension ergänzt, die Zeit. »Nichts anderes sind also die Himmelsbewegungen als ein fortwährendes Zusammenklingen, das durch die dissonierenden Zwischentöne, wie durch Vorhalte, Durchgangsharmonien und -dissonanzen und kadenzierende Akkordfolgen nach festen und vorgeschriebenen Schlüssen strebt, alles in einem gleichsam sechsstimmigen Satz und mit diesen Noten die Unermesslichkeit der Zeit gliedert und unterbricht. Und so ist es weiter nicht merkwürdig, dass der Mensch, der Nachahmer seines Schöpfers, die Einsicht in den mehrstimmigen Gesang gefunden hat, die den Alten verschlossen war, so dass er den stetigen Fluss der Weltgeschichte in einem kurzen Bruchteil der Stunde abbildet in einem kunstreichen mehrstimmigen Tongefüge und so die Schöpferfreude Gottes über sein Werk in dem süßesten Wonnegefühl irgendwie nachkostet, wie es ihm die Gott nachahmende Musik vermittelt.«

Dieser sechsstimmige Satz, daran soll an dieser Stelle noch einmal erinnert werden, begegnet dem Leser von »Somnium« dann in der Beschwörungsformel des Dämons wieder, »der mit 21 Ziffern angerufen wird.« Erst Raum und Zeit zusammen, also Bewegung, definieren den Keplerschen Begriff der kosmischen Ordnung aus pythagoreisch-platonischer Sicht.

»Der Mittelbegriff der Zeit ist es«, bemerkte Ernst Cassirer, »der im System der platonischen Philosophie gleichsam die Kosmodicee vollzieht, der die Beseelung des Kosmos und seine Erhebung zu einem geistigen Ganzen gewährleistet.«

Der Traum einer harmonisch geordneten Welt, der auf Krotons Boden mehr als tausend Jahre zuvor geboren wurde — in Johannes Keplers »schöpferischer Weltweisheit« nimmt er noch einmal lebendige Form an. Das Krumme paart sich mit dem Geraden, das Bewegte mit dem Unbeweglichen, das Männliche mit dem Weiblichen, Eros mit dem Logos, Musik mit Mathematik, Zeit mit Geometrie. Wie man heute räumliche Modelle unseres Planetensystems als Himmelsglobus oder Astrolabium benutzt, so baute Johannes Kepler aus der »Gesamtharmonie aller Himmelsbewegungen«, nachdem er deren physikalische Gesetze entdeckt hatte, ein tönendes, vierdimensionales Bewegungsmodell des Sonnensystems, »und zwar in den beiden Tonarten Dur und Moll und in beiden Akkordformen.«

Das Reich der Sonne

»Jawohl, ich überlasse mich heiliger Raserei«, jubilierte Kepler, nachdem am 15. Mai 1618 das 3. Planetengesetz gefunden war. »Ich trotze höhnend den Sterblichen mit dem offenen Bekenntnis: Ich habe die goldenen Gefäße der Ägypter geraubt, um meinem Gott daraus eine heilige Hütte einzurichten weitab von den Grenzen Ägyptens. Verzeiht ihr mir, so freue ich mich. Zürnt ihr mir, so ertrage ich es. Wohlan ich werfe den Würfel und schreibe ein Buch für die Gegenwart oder die Nachwelt. Mir ist es gleich. Es mag hundert Jahre seines Lesers harren, hat doch auch Gott sechstausend Jahre auf den Beschauer gewartet.«

Keplers »Harmonice mundi« nehme sich im Vergleich zu Ptolemäus »Μαθηματικὴ σύνταξις« (lat. »Almagest«) wie ein magerer Frosch neben einem guten Fisch aus, ließ sich sogleich der englische Chefmystiker Robert Fludd hören. Kepler hatte Fludds Buch »Utriusque cosmi historia« (1617) im Anhang seiner »Harmonice mundi« mit seiner gewohnten Ironie scharf angegriffen und dessen kabbalistische Hieroglyphik als ungenießbare Mystiksuppe zurückgewiesen. Im Gegenzug sprach Fludd dem Verfasser der »Harmonice mundi« jegliche naturphilosophische Kompetenz ab und blieb dabei, dass dies die Arbeit eines tüchtigen Mathematikers, nicht aber eines Kosmographen sei.

In der Vermischung von Mystik und Mathesis, Aberglauben und Vernunft, wie Fludd, Andreae und andere barocke Mystagogen sie betrieben, lag für Kepler der ewige Sündenfall der Wissenschaften. Wer aus »dem Mischkrug des Pythagoras« einen zu tiefen Zug nehme, warnte er immer wieder, begebe sich ins Reich der Phantasie, wie er selbst im letzten Kapitel seiner »Harmonice mundi«, »begeistert von der wunderlichen Harmonie des Planetenchors in Schlaf gesungen, zu träumen beginnt (man könnte auch mit Plato über Atlantis fabeln und mit Ciceros Scipio träumen): – dass über alle übrigen Weltkörper, wie sie um die Sonne herum einander im Range folgen, die intellektuellen und logisch-dialektischen Fähigkeiten, die in den Überlegungen und im Schlüssеziehen sich offenbaren, gleichsam ausgesät sind. Von diesen muss als vornehmste und unbedingteste jene angesehen werden, welche in dem mittleren dieser Weltkörper wohnt, d.i. auf der von Menschen bewohnten Erde. Auf der Sonne aber wohnt die in sich eins seiende Vernunft, das Geist-Feuer (πῦς νοεςόν) oder der Geist schlechthin, der Nous, der, wer er auch sei, die Quelle aller Harmonie ist. Denn wenn bezüglich der nackten Weiträumigkeit jener Weltkugel es dem Tycho Brahe schien, sie sei nicht vergeblich in der Welt, sondern sie sei übervoll von Bewohnern: um wieviel wahrscheinlicher ist es, von der Mannigfaltigkeit, die wir auf dieser Erde wahrnehmen, auf die Werke und Ratschlüsse Gottes auch auf den übrigen Weltkugeln mutzumaßen?«

Die Kepler-Fludd-Kontroverse zeigte vielleicht zum ersten Mal in der neuzeitlichen Gesellschaft die Macht der Bilder im Streit der wissenschaftlichen Meinungen. Wissenschaften und Künste standen an einem Scheidepunkt. Von nun an würde jede Einmischung der poetischen oder magischen Vorstellungskraft in die Zahlenspiele der Mathematiker und Astronomen an den strengen Wahrheitskriterien logisch-mathematischer Verfahren und Rationalitätsmuster gemessen werden.

Platon durfte sich noch ungestraft mythischer Fabeln bedienen, um philosophische Probleme anschaulich erklären zu können. Johannes Kepler musste bereits ein analogisches Denken, ein Denken in Bildern, zu Hilfe nehmen, um wissenschaftliche Hypothesen sprachlich vermitteln zu können, deren Vorstellbarkeit an phänomenologische und erkenntnistheoretische Grenzen stieß. Noch heute tun sich die Naturwissenschaften schwer, ihr Angewiesensein auf eine analogisierende, bildhafte Sprache zuzugeben, um komplizierte physikalische und mathematische Phänomene in gemeinverständliches Denken übersetzen zu können. Im 19. und 20. Jahrhundert erdachten Naturwissenschaftler analogische Modelle wie den »Laplaceschen Dämon« oder »Schrödingers Katze« für die Darstellung naturwissenschaftlicher Probleme, die aus der prinzipiellen Unanschaulichkeit mathematischer, kosmologischer oder teilchenphysikalischer Phänomene resultieren. Dass die Erde eine Kugel ist, die sich um die Sonne dreht, konnte man damals wie heute so wenig mit eigenen Augen erkennen wie Baryonen, Photonen, Quarks oder dunkle Materie in der modernen Astrophysik. Als Indeterminismus der Atomphysik bezeichnete Max Planck 1938 die Einsicht, »dass das endgültig Reale metaphysischen Charakter trägt und sich daher einer vollständigen Erkenntnis entzieht. Das ist der innere Grund, weshalb alle bisherigen Versuche scheitern mussten, die exakte Wissenschaft auf ein von vornherein gesichertes allgemeines Fundament aufzubauen.« (Planck, Sinn und Grenzen der exakten Wissenschaft)

Jenes »endgültig Reale« entzog sich auch Johannes Kepler. Seine Träume der Vernunft endeten an den Rändern der Sonnenscheibe. »Von der himmlischen Musik zu ihrem Hörer! Von den Musen zum Chorführer Apoll!« So beginnt sein »Epilog mit Mutmaßungen über die Sonne«, der hymnische Beschluss der »Harmonice mundi«. »Brennpunkt oder Auge der Welt«, »Herz« und »Münzpresse« nennt er die Sonne in lyrischem Überschwang. Der himmlische »Wachposten Jupiters« erscheint im poetischen Bild als, »der Hof, die Pfalz, der Palast, das Königsschloss des ganzen Naturreiches, wen immer als Kanzler, Paladine und Minister der Schöpfer ihr gegeben hat.«

Bereits mit Erscheinen der »Astronomia nova« hatte er 1609 die Sonne unverrückbar in der Mitte der Welt installiert. Doch wie bewirkte sie, dass fünf Planeten sie nach den Keplerschen Gesetzen gehorsam umkreisten? War Gott die letzte Ursache aller himmlischen Bewegungen und damit der wissenschaftlichen Vernunft unzugänglich? Dann müsste er auf der Sonne seinen Sitz haben beziehungsweise mit ihr identisch sein. Dagegen sprechen nach Keplers Ansicht die Verhältnisse der Winkel zwischen Sonne und Planeten.

»Denn wenn wirklich eine Art Geistwesen von der Sonne aus diese Harmonien erblickt, so hat es nicht den Behelf einer Eigenbewegung oder verschiedener Aufenthaltsorte seines Wohnsitzes im Raum (wodurch Parallaxen gegeben wären), aus denen es Verstandesschlüsse und Überlegungen spinnen könnte, die zur Berechnung der Planetenabstände notwendig sind.«

Auch ein höchstes Wesen könnte also die Planetenbewegungen von der Sonne aus nur erkennen, »wie sie durch Winkel auf das Zentrum, die Sonne, projiziert werden«, weil es selbst ein Teil des Systems wäre, das es geschaffen hat. Gott ist aber das Absolute. Wenn Sonne und Planeten also geschaffene »Wesen« sind, die sich nach vernünftigen Regeln verhalten, damit vernunftbegabte (menschliche) Wesen sie begreifen können, wovon Johannes Kepler fest überzeugt ist, dann »brauchen diese geschaffenen Wesen zur Einhaltung der Verhältnisse ihrer Bewegungen einen Intellekt ebenso wenig, wie Waagebalken und Gewichte der Waage eines Verstandes bedürfen, um das Verhältnis der Gewichte anzugeben. Wenigstens sind andere Gründe vorhanden, die dartun, dass den Planetenkörpern, wenigstens den Körpern der Erde und der Sonne, irgendeine Seele innewohnt, aber nicht eine vernunftbegabte, wie sie der Mensch besitzt, vielmehr eine Art Instinkt, wie ihn die Pflanze besitzt, die mit seiner Hilfe die besondere Art ihrer Blüte und die Zahl ihrer Blätter erhält.«

Wir brauchen Gott demnach nicht, um uns die vernünftige Ordnung der Schöpfung erklären zu können. Und auch der platonische Begriff einer Weltseele nimmt in Keplers Kosmologie die Bedeutung einer materiellen, physikalischen Kraft (vis) an, die im gesamten Universum wirkt. Die letzte Erklärung für jenen »Instinkt«, jene spezifische Energie, die für die Bewegung der Planeten um die Sonne zuständig ist, die prima causa, fand auch Johannes Kepler nicht. Das letzte physikalische Rätsel der kopernikanischen Astronomie, das Verhältnis von Masse und Energie, musste ihm verborgen bleiben. Als Naturphilosoph aber wusste er sich durchaus zu helfen. Um jenseits aller Religionen und Metaphysik begründen zu können, warum sich die Planeten um die Sonne bewegen, griff er noch einmal auf den alten pythagoreischen Begriff des nous zurück, der reinen Vernunft, dessen Sitz in den ältesten kosmologischen Denksystemen die Sonne war, der Herd der Welt. Und es gelingt ihm zu zeigen, dass im Licht des heliozentrischen Weltbilds Sonne und Planeten in derselben logischen Beziehung zueinander stehen wie Wahrheit und Erkenntnisprozess, den Kepler als »diskursives Verfahren der Denkakte« (διάνοια) bezeichnet.

»Insofern es gestattet ist, am Ariadnefaden der Analogie in das Labyrinth der Geheimnisse der Natur einzudringen, dürfte einer meiner Meinung nach nicht ungeschickt argumentieren, dass die Stellung der sechs Bahnsphären zu ihrem gemeinsamen Mittelpunkt und so der ganzen Welt dieselbe ist wie die des Denkens zum Geist (διανοια zu ηους) so, wie diese Begriffe von Aristoteles, Platon, Proklos und anderen definiert sind; und wiederum, dass die Stellung der örtlichen Umläufe der einzelnen Planeten um die Sonne zu der Umdrehung der unveränderlich im Mittelraum des Gesamtsystems verharrenden Sonne (wovon die Sonnenflecken zeugen, wie ich in den Beobachtungen über den Mars gezeigt habe) dieselbe sei wie die des Gedachten zum Geistigen, d. i. die der vielfachen Denkprozesse zu der einfachen geistigen Einsicht.«

Wenn demnach die Vernunft denselben logischen Gesetzen unterliegt wie die Natur, muss jede Naturwissenschaft zugleich Erkenntniskritik sein.

»Denn wie die Sonne durch die von ihr ausgehenden Species alle Planeten bewegt, indem sie sich um sich selber dreht, so ruft auch, wie die Philosophen lehren, der Geist die Schlüsse hervor, indem er sich selber und in sich selber alle Dinge erkennt, das heißt, indem er seine Einfachheit zu jenen Schlüssen entfaltet und auseinanderzieht, bewirkt er, dass alles erkannt wird. Die Bewegungen der Planeten um die Sonne in ihrem Mittelpunkt und die Operationen des Schlüsse ziehenden Verstandes sind so sehr miteinander verbunden und verknüpft, dass sich das menschliche schlussweise Denken nie zu den richtigen Abständen der Planeten und zu allem, was davon abhängt, durchgearbeitet und nie eine Astronomie aufgestellt hätte, wenn nicht die Erde, unser Wohnsitz, ihren jährlichen Kreis mitten zwischen den anderen durchlaufen und dabei einen Ort mit dem anderen, einen Posten mit dem anderen vertauschen würde.«

Kein Naturwissenschaftler vor Kepler hat je so deutlich ausgesprochen, was in den Naturwissenschaften des 20. Jahrhunderts zum Gemeinplatz werden sollte: dass Erkenntnissubjekt und -objekt korrelative Bestandteile jedes Erkenntnisprozesses sind. Ihre Legitimation beziehen die Wissenschaften aus den jeweils spezifischen Verfahren der Forschung und Beobachtung. »Eine Wissenschaft, die ihre Legitimität nicht gefunden hat, ist keine wirkliche Wissenschaft.« (François Lyotard) Damit ist das entscheidende

Problem der kopernikanischen Astronomie benannt. Obwohl sie wissenschaftlich beweisbar und durch Kepler und andere bewiesen worden war, brauchte die Durchsetzung der Erkenntnis, dass sich die Erde um die Sonne bewegt, noch mehr als achtzig Jahre, weil der christlich-aristotelische Diskurs der Natur ihr die Legitimität absprach.

Diese Aporie aufzulösen, sah sich Johannes Kepler als Denker und Naturphilosoph genötigt. In allen seinen Büchern und Abhandlungen wird Naturwissenschaft als praktische Erkenntnistheorie praktiziert, die den Leser am diskursiven Verfahren der Wahrheitsfindung teilnehmen lässt. Beispielhaft lässt sich das an den Noten zum Geografischen Anhang von »Somnium« beobachten. Dieser Teil des Buches ist dem Mathematiker Paul Guldin gewidmet, Keplers Freund und Kollege.

»Es lebt wohl kaum jemand, mit dem ich mich zur Zeit über astronomische Studien am liebsten persönlich aussprechen möchte, als mit Dir, wenn nur außer dem Genuss dieses Gesprächs auch eine gewisse Garantie für meine Reise in dieser stürmischen Zeit, wo der ganze fürstliche Hof mit kriegerischen Sorgen beschäftigt ist, zu erwarten wäre.«

Wie seine nächtlichen Gespräche mit Johann Wacker von Wackenfels ihn einst zu seinem Mondtraum angeregt hatten, war es jetzt Guldin, der auf den Abschluss von »Somnium« drängte. Der Mond war die letzte Festung der Aristoteliker. Die Vorstellung eines Planeten, der sich um einen anderen dreht und beide zusammen um die Sonne, war den meisten Menschen noch immer viel zu kompliziert. Und so fügte es sich günstig, dass Guldin, mit dem er seit mehr als zehn Jahren Briefe wechselte, 1629 eine Stelle als Professor am Jesuitenkollegium von Sagan annahm. Sechs Jahre jünger als Kepler, verband ihn mit diesem das gemeinsame Interesse an sprachphilosophischen Studien, Literatur, chronologischen und stereometrischen Berechnungen. Guldin war lange Jahre am Collegio Romano tätig gewesen; er hatte Galileis Beobachtungen mit dem »belgischen« Fernrohr beigewohnt und ihre Richtigkeit bestätigt. Er besaß eine umfangreiche Bibliothek und hatte dem Brieffreund 1623 ein optisches Fernrohr schicken lassen, was Kepler mit einem »literarischen Genuss« zu danken versprach. Der literarische Genuss war umgehend in Form einer »geographischen« Mondbeschreibung gefolgt, nachdem Kepler am 17. Juli 1623 endlich mit eigenen Augen betrachten konnte, was Galilei in »Sidereus nuncius« beschrieb: »kreisförmig vertiefte Örter« oder Höhlungen, die je nach Sonneneinstrahlung unterschiedliche Schatten werfen. »In meiner Abhandlung«, schrieb er damals in einem Brief, »sind soviel Probleme als Zeilen, welche mithülfe teils der Astronomie, teils der Physik, teils der Geschichte gelöst sein wollen. Aber wer wird es der Mühe wert halten, sie aufzulösen? Die Leute wollen, dass man ihnen solches Spielwerk gemächlich hinbiete und mögen die Stirne beim Spiel nicht falten, darum habe ich beschlossen, in Noten, welche fortlaufend dem Text folgen, Alles zu lösen. Dazu kommt noch aus der Beobachtung mit einem vor Kurzem erlangten Teleskop ein überaus reicher Stoff in betreff der Burgen und kreisförmigen Wälle nebst des sie begleitenden Schattens.«

Die Mondflecken identifizierte er als Licht- und Schattenspiel der Oberflächenstruktur, weite flache Landschaften, in denen die »Endymioniden« (so nennt er die Mondgeschöpfe nun, nach dem Geliebten der Mondgöttin Selene) ihre ringförmigen Städte anlegen. Wenn Regen und Flüsse die Gebirgszüge und Taleinschnitte vom sächsischen Elbsandsteingebirge bis zum schlesischen Riesengebirge geschaffen haben, konnte es auf dem Mond nicht viel anders zugegangen sein. Da er in Guldin einen Spezialisten für den Festungsbau weiß, einer Teildisziplin der angewandten Geometrie, beschreibt er ihm ausführlich das Verfahren, durch das die Mondingenieure die zweifachen Ringwälle mit einfachsten Hilfsmitteln vermessen — einem in der Mitte eingeschlagenen Pfahl und straff gespannten Seilen. Ist die Gegend sumpfig, entsteht in der Mitte ein kleiner Stadtteich, während das Siedlungsgebiet selbst auf erhöhtem Terrain liegt. Zwischen den Wällen sammelt sich das Grundwasser und bildet schiffbare Straßen um die Stadt herum; die Wälle wiederum bieten den Bewohnern Schutz vor der sengenden Hitze des Mondtags.

»Es scheint also, dass wir aus dem Vorhergehenden schließen müssen, dass auf dem Mond lebende Wesen vorhanden sind, mit soviel Vernunft begabt, um jene Ordnung hervorzubringen.«

Kepler sieht also vernünftige Ordnung in natürliche Phänomene, geformte in ungeformte Gestalt hinein, wie es seiner Denkweise entspricht.

»Es scheint sogar, als ob die Oberfläche der Himmelskörper nur deshalb dem blinden Zufall überlassen wäre, damit durch Ordnung und Ausgestaltung einzelner Gegenden der Vernunft Gelegenheit zur Übung gegeben würde.«

Was die Mondbewohner selbst angeht, so denkt er sie sich an die Bedingungen ihrer natürlichen Umwelt zweckmäßig angepasst wie die Eisbären an die nördliche Polregion. Sie bewegen sich mittels Flügeln, Beinen, Flossen. Sie bauen Städte, Kanäle und Schiffe oder leben in Höhlen.

»Die Vielheit der einzelnen Kunstwerke [d.h. künstlich geschaffenen Gestaltungen] deutet auch auf eine Vielheit ihres Gebrauchs, sei es nun, dass viele sie gebrauchen oder dass ein und derselbe sie zu verschiedenen Zeiten gebraucht, wobei jedoch die Vernunft eine der Verschiedenheit der Zeiten entsprechende Verschiedenheit der Werke empfiehlt. So ist die Ordnung ein Beweis der Einen Vernunft, die jene alle zugleich umfasst.«

Aus der Gleichförmigkeit der Objekte schließt er auf »eine gewisse Übereinstimmung unter den Urhebern«. Ein friedliches Geschlecht in einer harmonisch geordneten Welt zeigt sich dem Betrachter von der kriegerischen Erde aus. Die Kulturwerke der Lunarier vergleicht er dem Turm von Babel, den ägyptischen Pyramiden, den rätselhaften Straßen der peruanischen Hochebenen, der chinesischen Mauer. »Nach den Werken zu urteilen, welche unsere an Großartigkeit weit überragen«, müssen diese Wesen die irdischen auch körperlich weit überragen, ein gelungenes Exempel kosmologischer Evolution. Doch weit und breit kein Geistwesen, nicht der kleinste Dämon, keine Spur von platonischen Seelen.

In den Sommermonaten des Jahres 1630 verfasst Kepler in großer Eile die letzten Noten zu »Plutarchi libellus de facie in Luna, latine redditus«, die das »Somnium«-Buch abschließen sollen. Die Noten zu dem Brief an Paul Guldin über die Festungswerke der Endymioniden waren schon vorher fertig. Im ersten Teil werden unter Verwendung römischer Zahlzeichen von I bis XXXIV Phänomene und Axiome der Mondastronomie aufgezählt und in der Reihenfolge abgehandelt, wie sie in der Narration auftauchen. Im zweiten Schritt werden diese Phänomene und Axiome in logischen Beweisverfahren auf die mit Kleinbuchstaben bezeichneten Briefstellen appliziert; Kepler markiert diesen Teil der Noten mit Buchstaben von B bis Z, danach beginnt er eine neue Zählung mit aa und schließt bei Note nn.

Die Noten stellen also eine komplizierte gnoseologische Gebrauchsanleitung für den Leser dar, anhand deren er den von Kepler beschrittenen Weg vom Problem (der durch ein Fernrohr betrachtete Mond) zur Lösung (eine physikalische Mondgeografie) sukzessive nachgehen kann. So phantastisch die beschriebene Welt der Mondbewohner mit ihren Festungswällen, Kanälen und imaginären Ingenieurwerken auch erscheint – ihre wissenschaftliche Erklärung stützt sich auf streng logische Kriterien und Schlussverfahren, denen das Postulat einer nach vernünftigen Gesetzen geschaffenen und daher notwendig von vernunftbegabten Wesen bewohnten Mondwelt zugrundeliegt. Wir sehen, wie Kepler die in seiner Weltharmonik aufgestellte Theorie naturwissenschaftlicher Erkenntnisverfahren hier praktisch anwendet. In einer dreifachen diskursiven Bewegung wird der Mond umkreist, das Objekt seiner Wissbegierde.

Im September 1630 sind die ersten sechzehn Bögen seiner Mondastronomie gedruckt; für die Paginierung der Plutarch-Noten bleibt keine Zeit mehr. Aus einem kalten, dunklen Gesteinsplaneten haben Keplers Privolvanen und Subvolvanen oder Endymioniden den Mond in eine prachtvolle Welt der Harmonie verwandelt, eine Welt der Wunderwerke zweckmäßiger Vernunft. Die entscheidende heuristische Frage für Keplers Modell einer universalen Weltharmonik war also nicht allein, wie sein Biograf Max Caspar annahm, »worin das Wesen der Harmonie von der Seite des erkennenden Subjekts her besteht«, sondern diejenige nach der korrelativen Einheit von Wissenssubjekt und Wissensobjekt im Dienst der Erkenntnis. Und er kommt zu dem Schluss, dass die nach Wissen jagende menschliche Vernunft insofern eine logische Folge der Existenz einer nach vernünftigen Gesetzen geordneten Natur sein müsse. Die spezifische Rationalität naturwissenschaftlicher Wahrheit drückt sich also nicht nur in objektivierbaren Formeln, Methoden und Messdaten aus; sie kann auch die imaginäre Form solcher erstaunlicher Wesen wie der Privolvanen annehmen. Und kann nicht, aus heutiger Sicht, auch ein Wasserstoffkern in der Sonne, der sich mit einem anderen Wasserstoffkern verbindet und dabei Energie und Licht erzeugt, als ein »Wesen« angesehen werden, das sich vollkommen vernünftig verhält?

»Für wen leuchten die vier Jupitermonde, für wen umgürten zwei Trabanten den Saturn, wie unsern Wohnstern unser einziger Mond umgürtet? Und in derselben Weise müssen wir auch über die Sonnenkugel argumentieren und die Mutmaßungen, die wir von den Harmonien und allem übrigen hernehmen und diese aus sich selbst äußerst gewichtig sind, den andern mehr auf das Körperliche gehenden und allgemeiner verständlichen Vermutungen gleichsam körperlich einbeschreiben. Soll dieser Weltkörper leer sein, während alle andern bewohnt sind, wenn sonst alles andere übereinstimmt? Wenn, wie die Erde Wolken, so die Sonne rußige Wolken ausschwitzt? Wenn, wie jene unter den Regengüssen feucht wird und aufblüht, so die Sonne unter ihren ausgebrannten Flecken aufleuchtet, wenn sie aufbrechen in ihrem ganzen feurigen Leib, in um so helleren Flammen? Wem soll dieser

Aufwand zugute kommen, wenn diese Weltkugel leer wäre? Und sagen es uns nicht die Sinne selbst, dass dort feurige Körper als Gehäuse der einfachsten Geistwesen wohnen, und dass in Wahrheit die Sonne sei, wenn nicht des Geist-Feuers König, so doch wenigstens sein Reich?«

Die Welt unter dem Mond: Nachgeschichte

In England lebte ein junger Mann, dessen Phantasie von Keplers »Somnium« hell entflammt wurde, das schon 1612 in einer Abschrift nach England gelangt war. Dieser Mann hieß John Wilkins und hatte in Oxford die sieben freien Künste studiert, um als geistlicher Vikar in den Kirchendienst zu treten. Zuvor aber veröffentlichte er ein Buch »The discovery of a world in the moone« (Die Entdeckung einer Welt auf dem Monde, 1638), das in der zweiten Auflage um eine Erörterung der Möglichkeit einer Reise dorthin erweitert wurde und ihn berühmt machte. Es ist nicht auszuschließen, dass Wilkins Wissenschaftssatire, die in vierzehn Thesen den Stand der europäischen Mondforschung sachkundig resümierte, eine Hommage an den bewunderungswürdigen Robert Burton war, den Shakespeare der englischen Prosa, der bis zu seinem Tod 1640 als Mathematiker, Philologe, Polyhistor und genialer Eigenbrötler am Christ Church College in Oxford gelehrt und sich schon in seiner »Anatomy of Melancholy« (Anatomie der Melancholie, 1621) anerkennend über Johannes Keplers Weltharmonik geäußert hatte. Wilkins zeigte sich als guter Kenner der nachmetaphysischen Astronomiegeschichte. Er führt die üblichen antiken Gewährsleute an, also Pythagoras, Lukian, Platon, Plutarch und Plotin, an neueren Einflüssen Maestlin, Galilei, Foscarini, Malapert und vor allem Keplers »Somnium«.

»Kepler nennt jene Welt Levania, vom hebräischen Wort לבנה, welches der Mond bedeutet, und unsere Erde Volva, vom Wort volvere, weil sie sich mit ihrem täglichen Umschwung beständig drehend zeigt. Er nennt diejenigen, die in jener Hemisphäre leben, welche uns zugekehrt ist, Subvolvani, weil sie die Sicht auf die Erde genießen, und die anderen Privolvani, ›weil sie des Anblicks auf die Erde ermangeln‹. Aber Giulio Cesare La Galla (...) versichert, wenn er über deren, also Keplers und Galileis Zeugnis spricht, das ich zur Stützung dieser Meinung anführe, dass sie seiner Kenntnis nach in jenen Dingen, die sie diesbezüglich schreiben, scherzen. Und für alle diese Welten versichert er, dass sie davon lediglich geträumt hätten. Aber ich glaube lieber deren eigenen Worten als seinen vorgetäuschten Kenntnissen.«

Zur Bekräftigung zitiert er Kepler aus der »Epitome astronomiae Copernicanae«, »dass er diese weder aus Spaß am Widerspruch oder dem Wunsch nach eitler Ehre, oder in leichtfertiger Weise, um sich selbst oder andere fröhlich zu machen, veröffentliche, sondern in nachdenklicher und ernsthafter Weise zur Enthüllung der Wahrheit.«

Wilkins berechnet Flugbahn und -geschwindigkeit, beklagt aber fehlende Poststationen und Luftschlösser auf dem Weg zum Mond. Zweifellos war nur »jemand mit einer starken Einbildungskraft (...) in der Lage, den großen Nutzen und das Vergnügen zu beschreiben, die eine solche Reise bringen würde — sei's hinsichtlich der Fremdartigkeit des Wesens, der Sprache, der Künste, der Politik, der Religion dieser Einwohner oder der neuen Handelsbeziehungen, die man dorthin unterhalten könnte.«

An der technischen Möglichkeit einer Mondreise zweifelt Wilkins so wenig wie an der Annahme, »dass die Luft in einigen ihrer Teile schiffbar ist«, so dass ein mit Feuer gefülltes hölzernes Gefäß an der Grenze der »elementaren Luft« um die Erde fliegen könnte, ohne herunterzufallen.

Als nächste in der Reihe nachkeplerscher Mondphantasien erschien 1638 postum die literarische Jugendsünde des Bischofs und Kirchenhistorikers Francis Godwin »The man in the Moone« (Der Mann im Mond), geschrieben um 1629. Auch sein »Domingo Gonsales, the speedy messenger« reist auf dem Rücken von Dämonen, zusätzlich gezogen von Gespannen aus Wanderheuschrecken oder Wildgänsen, in den Himmel. Den Deutschen machte 1659 Hans Jakob Christoffel von Grimmelshausen Godwins Mondmärchen unter dem Titel »Der fliegende Wandersmann nach dem Mond« bekannt. In den literarischen Zenit phantastischer Mondreisen stieg erst ein französischer Abenteuer und Freigeist von leuchtender Intelligenz auf, Savinien de Cyrano de Bergerac. Seine utopischen Romane »Les États et Empires de la Lune« (Die Staaten und Reiche des Mondes) und »Les États et Empires du Soleil« (Die Staaten und Reiche der Sonne) durften zwar erst 1657 postum (und stark zensiert) im Druck erscheinen; sie übertreffen aber an Phantasie, Intelligenz, Eleganz und Zynismus jede Wissenschaftsfiktion, die je geschrieben wurde. Für den Flug zur Sonne erfindet Cyrano einen gläsernen Ikosaeder, der mit einer Art Solarantrieb in Form zweier großer lichtfokussierender Spiegel versehen ist. Leider erweisen sich die Solarier als ein autokratisches Regime selbstherrlicher Vögel, die den irdischen Ankömmling allein für das Vergehen vor Gericht zerren, »ein Mensch zu sein«. Eine schlichte, aus Holz gebaute Flugmaschine mit hydraulischer Triebfeder, ähnlich der Taube des Pythagoreers Archytas, dient in Cyranos Mondroman als Beförderungsmittel, das sich allerdings, als betrunkene Soldaten sie mit brennenden Salpeterfackeln bestücken, mehr aus Versehen in eine moderne Stufenrakete verwandelt.

Cyranos Mondbewohner ähneln durchaus Keplers »Wandertieren«; sie tragen ihre Häuser auf dem Rücken und benutzen tragbare Hörbibliotheken. Ein sinnenfreudiges, phallokratisches Geschlecht pflegt auf dem Liebesplaneten ausgelassen die Leibesliebe; nackte Blumenkinder tanzen zu sanften Sphärenklängen und beten für Liebe und Frieden, wie einige Jahrhunderte später die Hippies von Kalifornien. Sie verehren Pflanzen und Tiere, die sie nie töten oder essen und zeigen sich auch hierin als friedliche Neupythagoreer. Kein Wunder, dass auch der Teufel irgendwann den Weg zum Mond findet und den Erzähler mit sich hinab in die christliche Hölle reißt.

Mit dem rasanten Fortschritt der Naturwissenschaften verschwinden gegen Ende des 17. Jahrhunderts die heidnisch heiteren Utopien bewohnter Welten in den Verliesen der Bibliotheken, während der Aberglaube auf Jahrmärkten und in den Kirchen neuen Zulauf erfährt. Mathematik wird wieder für Mathematiker und Astronomie für Astronomen geschrieben. Geisterseher und Mystagogen, magische Handbücher und Zauberelixiere erfreuen sich bald wieder solcher Beliebtheit, dass Aufklärer wie Christian Thomasius Mühe haben, mit ihren philosophischen Handlaternen Schritt zu halten. Pietistische Dorfkirchen werden zu Pflanzstätten des Aberglaubens, Pastoren zu kommerziellen Teufelsaustreibern. Populäre Stücke wie Carlo Goldonis »Il mondo della luna« (Die Welt auf dem Mond) boten statt Wissenschaftsfiktionen populäre Unterhaltung. Geister, Engel und Dämonen kehrten mit Emanuel Swedenborgs »De telluribus«, seinen alchemistischen »Arcana coelestia« zurück in die sublunare Sphäre. Vergebens entlarvte der junge preußische Philosoph Immanuel Kant die Träume des schwedischen Geistersehers als blühenden Unsinn und schickte ihn mit sanftem Nachdruck zur Hölle. »Das Schattenreich ist das Paradies der Phantasten.« Er wurde ausgelacht. So schrieb Kant 1755 selbst ein Buch über »Allgemeine Naturgeschichte und Theorie des Himmels«, um dem metaphysischen Spuk ein Ende zu setzen und die »Verteidiger der Religion« und die »Naturalisten« (Naturforscher) zum friedlichen Wettstreit aufzurufen. An die Bewohntheit ausserirdischer Welten glaubte allerdings auch er.

»Der Stoff, woraus die Einwohner verschiedener Planeten, ja so gar die Tiere und Gewächse auf denselben, gebildet sind, muss überhaupt um desto leichterer und feinerer Art, und die Elastizität der Fasern, samt der vorteilhaften Anlage ihres Baues, um desto vollkommener sein, nach dem Maße als sie weiter von der Sonne abstehen.«

Das Buch wurde als so kirchenfern empfunden, dass der Königsberger Philosoph dreißig Jahre auf die Veröffentlichung warten musste. Fortan stritten seriöse Köpfe aller akademischen Disziplinen leidenschaftlich, wie man sich mit fremden Planetenbewohnern verständigen könnte. Einer der Pioniere der szientistischen Phantasie wurde Franz von Paula Gruithuysen. Sein Bericht über die »Entdeckung vieler deutlicher Spuren der Mondbewohner«, besonders eines »kolossalen Kunstgebäudes derselben« und seine »Selenognostischen Fragmente« von 1821 regten den Göttinger Mathematiker Carl Friedrich Gauß zu der Überlegung an, gebündelte Sonnenstrahlen über große Spiegel auf den Mond zu senden. 1844 erschien Gruithuysens astronomischer Traum »Der Mond und seine Natur«. Der Vererbungstheoretiker Francis Galton entwickelte ein Blinksystem für den Erde-Mond-Funkverkehr. Andere wollten ein gigantisches pythagoreisches Trigon als televisuelle Botschaft in die sibirischen Wälder schlagen oder kreisförmige Kanäle in der Sahara ausheben, mit Kerosin fluten und als Flammenschrift zum Mond senden. Eine naturschonendere Methode durch Aussäen verschiedenfarbiger blühender Pflanzen nach geometrischen Mustern ersann der Leipziger Physikprofessor Gustav Theodor Fechner. Unter dem Pseudonym ›Dr. Mises‹ legte er später eine »Vergleichende Anatomie der Engel« vor, die schöner war als alle angelologischen Mysterien zuvor. Als Weltkugeln, also Planeten, also Augen des Kosmos schwammen Fechners Engel metempsychotisch auf sphärischen Klangwolken durch den Äther.

»Die Geschwindigkeit der Planeten ist ungeheuer und nimmt noch mit der Sonnennähe zu. Wenn daher die lebendigen Planeten sich rasch um die Sonne oder auch umeinander drehen, so muß von selbst ein Ton dabei entstehen, und dieser Ton muss der Bewegung entsprechend sein. Wenn also Engel tanzen, so komponiert sich das Musikstück von selbst dazu; sie tanzen dessen Klangfiguren. Dies ist die wahre Harmonie der Sphären, der wunderschönen Augen, der Engel.«

Fechner wiederum war ein Bewunderer des phantastischen Romanciers Johann Paul Friedrich Richter aus dem Fichtelgebirge. Denn eine Weltraumreise war auch dies:

»Du schließest das Auge zu und wirfst dich mit einem Gedanken über den Abgrund und über die ganze Sichtbarkeit, und wenn du es wieder öffnest, so umkreisen dich, wie Seelen Gedanken, neue hinauf- und hinabstürmende Ströme aus lichten Wellen von Sonnen, aus dunkeln Tropfen von Erden, und neue Sonnenreihen stehen einander wieder aus Morgen und Abend entgegen, und das Feuerrad einer neuen Milchstraße wälzt sich um im Strom der Zeit.«

Über Jean Pauls Romanwelten wölbte sich ein unendliches Universum astronomischer Metaphern. »Oben zogen große Weltkugeln; auf jeder wohnte ein einziger Mensch.« (»Titan«)

Mit der Entwicklung immer leistungsfähigerer Fernrohre verschob sich die Grenze des Wissbaren weit in den Kosmos. Aus dem Tempel der Urania, den deutsche Astronomen 1801 im niedersächsischen Lilienthal zum Lob der Astronomie errichteten, wurden die Dämonen der Phantasie verdrängt von Riesenspiegelteleskopen, deren größtes eine Brennweite von 8,25 m und eine Linsenöffnung von 50,8 cm hatte. Ein neuer Planet, Uranus mit seinen beiden Monden, war Ende des 18. Jahrhunderts von Wilhelm Herschel entdeckt worden, der sich auch als Musiktheoretiker einen Namen machte. Zwischen Mars und Jupiter schob sich ein Asteroidengürtel. Die Fixsterne wurden als weit entfernte Sonnen erkannt, die Milchstraße als gigantische, scheibenförmige Sternpopulation. »Diese Woche bin ich wider meine Gewohnheit meist nach Mitternacht aufgeblieben«, berichtete Goethe seinem Freund Schiller im August 1799, »um den Mond zu erwarten, den ich durch das Auchische Teleskop mit vielem Interesse betrachte.« Dem bezaubernden Spiel von »inneren Erscheinungen« und »äußerem Gewahrwerden« der »Himmelslichter« konnte sich der Naturforscher im Dichter auf die Dauer nicht entziehen, so dass zu allgemeinem Erstaunen der Goetheaner eine alte Dame als »lebendige Armillarsphäre« in »Wilhelm Meisters Wanderjahre oder Die Entsagenden« (1821) in Gestalt des Abendsterns (Hesperus) in den Himmel auffährt, zum Beweis, »daß sie nicht nur das ganze

Sonnensystem in sich trage, sondern dass sie sich vielmehr geistig als ein integrierender Teil in ihm bewege.«

Goethes metaphysische Wende war in Wahrheit lebendige Wissenschaftsgeschichte. Und so kreisen Makarie und ihr namenloser Astronom, der Züge von Herschel und Kepler trägt, in ihren nächtlichen Gesprächen überwiegend um »Mathematik und ihren Missbrauch« durch moderne Mystagogen. Unter dem Segen der klassischen Kunstreligion reichen sich Vernunftkritik, Imagination und Astronomie versöhnlich die Hand.

Schöne Wissenschaft

Die Astronomiegeschichte kennt Johannes Kepler als Entdecker der drei Grundgesetze der Planetenbewegung, als Verfasser der »Tabulae Rudolphinae« der Planetenörter und einiger bedeutender Arbeiten zur Optik. Seine kosmologischen Hauptwerke, »Mysterium cosmographicum« von 1596 und »Harmonice mundi« von 1619, erscheinen allenfalls als belletristische Fußnoten, ganz zu schweigen von »Somnium«, das als ephemere Schöpfung zu allererst in Vergessenheit fiel. Keplers zeitgenössischer Ruf als wortmächtiger Philosoph und scharfsinniger Mathematiker war spätestens im nüchternen Licht der Newtonschen Himmelsmechanik verblasst. Bis zwei Tübinger Theologiestudenten, aufgewachsen unter demselben schwäbischen Himmel wie Kepler, den Genius ihres unerschrockenen Landsmanns auferstehen ließen, der Himmelsstürmer Friedrich Hölderlin und der Mythosoph Joseph Schelling. Der romantische Dichter und Universalist Friedrich von Hardenberg, alias Novalis, bewunderte den »edlen Kepler« und exzerpierte sich geduldig durch dessen lateinisch geschriebene Bücher. »Ich zweifle nicht«, schwärmte der Weimarer Polyhistor und Völkerkundler Herder, »dass aus Copernikus und Newtons, aus Buffons und Priestleys Systemen sich ebenso hohe Naturdichtungen machen lassen, als aus den simpelsten Ansichten; aber warum hat man sie nicht?«

Diese Frage stand am Beginn jener kurzen Ära einer schönen Wissenschaft, die man üblicherweise Aufklärung nennt. Auf einmal wurde es wieder Mode, »für eine Frau zu schreiben«, wie Michel Serres es nannte, also galant zu sein, zum Denken zu verführen. Voltaire, Rousseau, Diderot machten es den Franzosen vor, Haller, Lavater und Jean Paul den Deutschen. Binnen weniger als zwanzig Jahren zogen die Wissenschaften in die privatbürgerlichen Salons und Lesehallen ein. Die Sprache befreite sich von der Herrschaft der Kanzeln und Katheder, warf die Last der hölzernen Verweise, Zitate und Anmerkungen ab und schmiegte sich ihrem Gegenstand liebevoll an. Im Programm der romantischen Universalpoesie fanden Wissenschaft, Religion und Dichtung zu einer poetischen Metaphysik der Natur zusammen. Die neue intellektuelle Empfindsamkeit stürmte die Festungen der professoralen Kritik. Wenn, wie Herder predigte, in den Arbeiten bedeutender Naturforscher der »Gottes-Gedanke, die Regel der Schöpfung, die Kepler mir in Harmonien erklärt«, genauso anwesend waren wie in poetischen Werken, würden sich früher oder später beide auf einen gemeinsamen Vernunftbegriff verständigen können.

»Erscheint ein solches System«, fuhr Herder fort, »sind die Wahrnehmungen der Astronomie und gesamten Naturlehre, der Chemie und gesammten Naturgeschichte, so wie die Geschichte der Menschen von innen und außen so gebunden und geordnet, dass in allen die höchste Reinheit und Einheit, ein Unendliches an Folgen in jedem Punct erscheinet; kein Zweifel, ein solches System ist selbst die reinste und höchste Poesie an Würde und Klarheit.«

Doch dazu kam es nicht mehr. Die Naturphilosophen des 19. Jahrhunderts verwarfen Keplers philosophischen Monismus als antiquiert. Die Physiker übergingen ihn. Hölderlins philosophischer Ziehbruder Hegel hat in seinen Berliner »Vorlesungen zur Philosophiegeschichte« 1823/24 den schwäbischen Pythagoras nicht einmal mehr erwähnt. Kaum bedeutender zu nennende Renaissancegestalten des 16./17. Jahrhunderts wie Giordano Bruno,

Tommaso Campanella, Gerolamo Cardano und Petrus Ramus, in denen »der Trieb der Erkenntnis, des Wissens, der Wissenschaft auf eine gärende, gewaltsame Weise sich aufgetan hat«, liefen ihm den Rang ab. Kaum jemand erinnerte sich noch seiner ironischen Eloquenz, seines eleganten Stils, seines glasklaren Neulatein. Die von Schelling angemahnte Werkausgabe wurde erst 1857–71 von Christian von Frisch auf der Grundlage der Handschriften realisiert und bildete die editorische Grundlage für die nunmehr abgeschlossene Kepler-Gesamtausgabe (KGA) der Bayrischen Akademie der Wissenschaften.

Mit wachsendem Zeitstrahl wuchs zugleich die Unzugänglichkeit eines Werks, in dem Physik und Philosophie, Phantasie und Kalkül funkensprühend verschmolzen worden waren. Die nachmetaphysischen Naturwissenschaften belächelten den Träumer Kepler und verwiesen ihn in die Reihe genialer Phantasten von Agrippa von Nettesheim bis Flammarion. Wo Kepler einmal mehr sein durfte als rechnender und winkelmessender Astronom, musste er gleich Mystiker werden, so 1925 mit »Johannes Keplers kosmische Harmonie« in der Buchreihe »Der Dom – Bücher deutscher Mystik«. Als tiefgläubigen Theosophen und Protomystiker portraitierte ihn noch 1947 sein Biograf Max Caspar.

Von den Hauptstraßen der Wissenschaftsgeschichte auf die Saumpfade der Poeten umgeleitet, emigrierte die »Bannkraft« der Phantasie als ungeliebte Schwester der Erkenntniskraft ins Reich des schönen Scheins. Poesie und Physik hatten sich nicht mehr viel zu sagen. Technizistische Fiktionen verdrängten die metaphysischen Kugelspiele der Vergangenheit. Tüftelnde Techniker konstruierten Fahrgestelle und Antriebssysteme für den Flug zu den Sternen. Edgar Allan Poe ließ sich 1835 für »The Unparalleled Adventure of One Hans Pfaal« (Das unvergleichliche Abenteuer eines gewissen Hans Pfaal) auf der Reise zum Mond einen Heißluftballon nach dem Vorbild der Pariser Gondolfiéren einfallen. Jules Verne gab in seinem frühen Roman »De la terre à la lune« (Von der Erde zum Mond, 1865), einen unterhaltsamen Abriss der Astronomiegeschichte von Laplace zurück zu Hipparchos von Nicäa, Kopernikus, Brahe, Galilei und Cyranos Raketenantrieb.

»Das Projektil ist der Waggon der Zukunft, und um die Wahrheit zu sagen, die Planeten sind nur Projektile, Kanonenkugeln, die des Schöpfers Hand abgeschossen hat.«

Nur einer fehlte in der Ahnenreihe, Johannes Kepler. Drei Bücher später kam Verne noch einmal auf den Mond zurück beziehungsweise endlich auf ihm an. Dabei wäre es beinahe zu einem Plagiatsprozess gekommen, nachdem bei der Uraufführung von Jacques Offenbachs Opéra féerie »Le voyage dans la lune« (Die Reise zum Mond) am 26. Oktober 1875 die seltsame Ähnlichkeit des Librettos mit Vernes Roman auffiel.

Nach der Entdeckung der »Marskanäle« durch den Italiener Giovanni Schiaparelli kannte die astronomische Begeisterung des Publikums vollends keine Grenzen mehr. Dabei hatte nur das italienische Wort für Rinnen oder Furchen, canali, die Vorstellung künstlicher Bauwerke auf dem Mars hervorgerufen. Der neunzehnjährige Camille Flammarion, Gehilfe am Pariser Observatorium, war daran nicht ganz unschuldig. 1861 hatte er mit einem spektakulären Buch über »La Pluralité des mondes habités« (Die Mehrheit aller bewohnten Welten) die Phantasie der Leser in helle Aufregung versetzt. Es kostete ihn seine Anstellung, konnte aber nicht verhindern, dass Flammarion doch noch ein berühmter Marsforscher wurde. Die bekannteste Darstellung des mittelalterlichen Weltbilds, auf der ein Mensch Kopf und einen Arm durch eine gläserne Himmelskugel streckt, ist sein Werk und illustriert mit Witz den Archytas von Tarent zugeschriebenen Spruch, wonach hinter jeder Welt immer noch eine andere Welt sei, wenn man nur die Hand nach ihr ausstrecke. Seine utopischen Novellen, seine spektakulären Reisen mit dem Heißluftballon, seine Besessenheit von der Idee intelligenter Parallelwelten (»Les Mondes imaginaires et les mondes réels«) machten ihn zu einem Kepler des 19. Jahrhunderts.

Mit Svatopluk Čechs satirischem Roman »Výlet pana Broučka do měsíce« (Herrn Broučeks Reise zum Mond, 1888) kehrte »Somnium« zweihundertneunundsiebzig Jahre nach der Niederschrift schließlich auch nach Prag zurück, an seinen Ausgangspunkt. Im Traum wird der monströse Biedermann Herr Brouček (Käferchen) mitsamt seinen philiströsen Prager Mitbürgern aus einem Wirtshaus am Fuß des Hradschin auf den Mond versetzt, wo sie eine Kolonie kunstliebender und empfindsamer Schöngeister gründen. Aus der liebeskranken Küsterstochter Malinka wird die nymphenhafte Etherea, aus ihrem verkommenen Liebhaber Mazal ein Dichter und aus ihrem bigotten Vater der große Lunobor, der die Bibel gegen das »Lunare Handbuch der Ästhetik« vertauscht. 1920 wurden die Brouček-Geschichten, von Leoš Janáček in einer Oper vertont, am Prager Nationaltheater uraufgeführt.

Anatomie der Fussnote

Mit Max Caspars Übersetzungen der kosmologischen Großwerke, »Mysterium cosmographicum«, 1923, und »Harmonice mundi«, 1939, sowie der »Astronomia nova«, 1929, brach Keplers Renaissance in Deutschland an. 1937 war der erste Band der von Walther van Dyck und Max Caspar begründeten Gesamtausgabe fertiggestellt, von der bis zu Caspars Tod elf weitere Bände erschienen. Einige Jahre vor Caspar stieß ein Studienrat aus dem brandenburgischen Fürstenwalde namens Ludwig Günther auf die Frankfurter Erstausgabe von Johannes Keplers »Somnium sive astronomia lunaris« von 1634, ein sorgfältig gedrucktes Buch in Großquart mit hübschen Randleisten, Versalien und Initialen. Der erste Teil ist in Antiqua, der zweite, größere Teil in Kursivschrift gesetzt. Fortan widmete Ludwig Günther etliche seiner Lebensjahre dem Studium und der Übersetzung des kleinen Werks ins Deutsche, aus dem ihm »einer der genialsten Forscher aller Zeiten, ein Genius von solch universeller Bedeutung« entgegentrat, »dass die gesamte gebildete Welt sich nur selbst ehrt, wenn sie dieses bahnbrechenden Geistes gedenkt.« Günther vertiefte sich in die philosophischen Axiome, überprüfte astronomische und mathematische Berechnungen, forschte nach historischen Quellen und gab das Werk 1898 unter dem Titel »Keplers Traum vom Mond« in einer schmalen Broschur bei B. G. Teubner in Leipzig heraus.

Diese erste und bis heute einzige deutsche Übersetzung zeigt die große Verehrung des Herausgebers für Johannes Kepler, »den großen Gelehrten und edlen Menschen«, die Günther aber nicht davon abhielt, das Textcorpus zu zerstückeln, eigene Erläuterungen in den Kommentarteil einzufügen und Originalnoten wegzulassen, wo sie ihm überflüssig erschienen. Besonders unangenehm nehmen sich die Eingriffe in die Noten zum »Geografischen Anhang« aus, die der Herausgeber so stark eingekürzt hat, dass Keplers Intention, die erkennende Vernunft gewissermaßen bei der Arbeit zu beobachten, gründlich vereitelt wurde; eine schmerzhafte Operation am lebenden Textkörper.

Aber der Ehrgeiz des Hobbyastronomen zielte naturgemäß auf eine Würdigung des Astronomen, nicht des Schriftstellers und Denkers Kepler. »In der Hauptsache« sei das Buch »eine in schönste Form gekleidete, eminent astronomische Offenbarung, das hohe Lied der copernicanischen Lehre.« Wohl begriff der Adept die Brüchigkeit des Werkes als »dichterisches Gebilde«, das »in 3 in gleich genialer Weise durchgeführte Abschnitte« zerfällt, »den eigentlichen Traum, den Kepler fingirt, um auf den von ihm gewünschten Standpunkt zu gelangen und welcher gleichsam den poetischen Rahmen bildet, die Allegorie zur Verherrlichung der Astronomie des Copernicus und die eigentliche Mondastronomie einschließlich der Selenographie im Appendix«.

Wenn hier nun die erste vollständige Übersetzung von Johannes Keplers »Somnium« vorgelegt wird, dann aus dem Grund, weil »Somnium« mit gleichem Recht der europäischen Wissenschaftsgeschichte wie der Geschichte der schönen Literatur angehören sollte. Als Karl S. Guthke Keplers »Somnium« 1983 ein »Pionierwerk der Science Fiction« nannte, das als »exemplum classicum der Weltliteratur endlich anerkannt werden solle«, benannte er nur eine endlose Reihe gründlich verpasster Gelegenheiten, den größten Denker und Dichterphilosophen des deutschen Humanismus zu entdecken.

Auch wenn die kopernikanische Wahrheit, dass sich die Erde um die Sonne dreht, kaum noch jemand überraschen dürfte, zeigen sich Keplers Mondtraum und sein kräftiger kleiner Dämon den Fortschritten in der theoretischen und praktischen Astronomie seit Erscheinen der »Astronomia nova« von 1609 erstaunlich gewachsen. Und nicht nur das. Man könnte meinen, die schönen Künste, Musik und Literatur, seien noch immer auf der Suche nach dem Geheimnis des schönen Kosmos, Keplers himmlischen Harmonien, von denen nur der Mond, als braves Faktotum und romantisches Nachtlicht, für immer ausgeschlossen zu sein schien.

»Denn der Mond singt sein einstimmig Lied vor sich hin, allein, von den andern getrennt und immer dicht bei der Erde. So findet denn ihr Symbole; ich will wohl den sechs Bestandteilen ein getreuer Anwalt sein, dass ein sinngemäßer Text zustande kommt. Und wer dann die Sphärenmusik, wie ich sie in diesem Werk beschrieben habe, mit Tönen zum Klingen bringt, dem reicht Klio den Lorbeer, und Urania führt ihm Venus als Braut ins Haus.« (»Harmonice mundi«)

Mit den astrophysikalischen und kosmologischen Theorien von Max Planck, Albert Einstein, Werner Heisenberg, Fritz Zwicky, Wolfgang Pauli oder Edwin Powell Hubble nahm zugleich die Sphärenmusik seit Beginn des 20. Jahrhunderts einen unerwarteten Aufschwung. Venus-Bewerber stellten sich gleich reihenweise ein: Arnold Schönberg mit seinem ätherisch rauschenden 2. Streichquartett (»Ich fühle Luft von anderen Planeten«), im Stechschritt marschierende »Planets« von Gustav Holst (Planetenmusik), Rued Langgaards tosende Apotheosen für Sopran, Chor und Orchester (Sfaerenes Musik), György Ligetis mikropolyphonische Himmelgewebe in »Atmosphères« und »Lux aeterna«, Iannis Xenakis perkussierende »Pleiades« oder Karlheinz Stockhausens horoskopische Charakterstudien in »Tierkreis Nr. 41 ½« und viele andere. Charles Ives übersetzte transzendentale Sphärenklänge in amerikanische »Zurück-zur-Natur«-Bewegung.

Es tat der esoterischen Karriere der Sphärenmusik auch keinerlei Abbruch, dass Kepler gar nicht die sinnlich wahrnehmbaren Harmonien gemeint hatte, sondern »Gedankendinge«, also mathematische und sprachlogische Modelle. Nichts anderes also als Kosmologische Konstante und Relativitätstheorie, stellare Lichtpulsation und Teilchenphysik in der theoretischen Physik, wo etwas zur selben Zeit materiell und immateriell sein konnte, ohne dass man gleich an Magie und Metaphysik denken würde. Und nun kam auch der gute alte Mond, das Reich der Schatten zwischen Traum und Wirklichkeit, wieder zu seinem Recht. Raumklang eroberte die Musik, gefühlter Kosmos die Phantasie der Schriftsteller. Sprunghaft wuchs die community der Mondtouristen und Sphäronauten, Phantasten, Philosophen und Profiteure. Von den Maklern »interplanetarischer Vorkaufsrechte« bei H. G. Wells bis zu den »uniformierten Massenmördern« bei Paul Scheerbart war die menschliche Gattung bald vollständig auf dem alten Mond versammelt. Transzendentalisten aller Provenienz erwählten den Himmel der Astronomen zu ihrem neuen Sehnsuchtsort. Auf der Suche nach dem verlorengegangenen dionysischen Eros fingen die Kosmiker um Stefan George, Karl Wolfskehl und Ludwig Klages kosmische Schwingungen aus dem All auf. Georges Méliès drehte 1902 in den Kulissen der Pariser Filmstudios den ersten Science-Fiction-Film einer Mondreise, in dem die Astronauten in Frack und chapeau claque schuppigen Riesenameisen gegenüberstehen.

Die Idee stammte mehr oder weniger aus H. G. Wells Roman »The First Men in the Moon« (Die ersten Menschen auf dem Mond, 1901). Mittels einer chemischen Substanz, des schwerkraftneutralisierenden Cavorit, schießen sich darin ein Schriftsteller und ein Naturwissenschaftler in genau dem gläsernen Kugelpolyeder, wie ihn Cyrano de Bergerac für seine Sonnenreise erdacht hatte, auf den Mond. Die Seleniten bilden einen ameisenähnlichen Megaorganismus, der beherrscht wird von dem Großen Lunar, Vorgriff auf Fritz Langs kybernetisches Riesengehirn in dem Film »Metropolis« (den Wells »unsäglich« fand). Cavor ist ein visionärer Forscher, Bedford mehr der unternehmerische Typ, der von kommerziellen Weltraumflotten träumt.

»Ich sah wie in einer Vision das ganze Sonnensystem von großen Passagierfahrzeugen aus Cavorit und Luxuskugeln für Einzelreisende durchkreuzt.«

Bei der Beschreibung von Mondklima und -vegetation hielt sich Wells an Keplers Darstellungen. Alles wächst und stirbt an einem einzigen tropischen Mondtag. Im Innern entdecken die Mondfahrer ein untermondisches »Zentralmeer« und riesige Schlachthöfe für Mondkühe, die auf seiner Oberfläche weiden. »Kepler mit seinen Subvolvani hatte letzten Endes recht«, ruft Bedford begeistert aus. Die Vision wird zum Alptraum, als die beiden Abenteurer von den friedfertigen Mondbewohnern gefangengenommen werden, nachdem Bedford sie mit Stockschlägen traktiert hat (wie Cook einst die friedlichen Hawaiianer). Cavor, der am Ende allein auf dem Mond zurückbleibt, funkt dank Marconis neuester Erfindung die letzten Signale über mondische Zivilisation, Sprache und »Naturgeschichte der Seleniten« drahtlos zur Erde, bevor ihm die erzürnten Mondgeschöpfe den Strom abdrehen.

»Hätten irdische Astronomen den Mut und die Phantasie gehabt, eine kühne Theorie aufzustellen (...) hätten sie fast alles voraussagen können, was Cavor über die allgemeine Struktur des Mondes berichtet.«

Unnötig zu erwähnen, dass dieser mutige Astronom Johannes Kepler war, dessen Traum einer friedlichen Weltharmonie bald nach Wells in einem deutschen Schriftsteller weiterlebt, der auf dem Mond sein Paradies gefunden hat: der Vegetarier und Pazifist Paul Scheerbart. Auch seine Seleniten in »Die große Revolution. Ein Mondroman« (1902) wohnen in unterirdischen Höhlen, die mit komfortablen Raucher-, Lese- und Sterbegrotten ausgestattet sind. Es sind kindliche, sanftmütige Geschöpfe, die rot werden, wenn sie aufgeregt sind. Sie haben »unten Kugelgestalt (...) und aus dem ragt oben ein kleiner Brustrumpf mit einem Rübenkopf und zwei Armen heraus.« Sie essen und trinken Luft. Mondkühe sind ihnen unbekannt. Dafür erfreut harmonische Kratermusik ihre Ohren. Eins und einig mit ihrem Stern, wie es sich Kepler dreihundert Jahre zuvor bei Betrachtung ihrer bewunderungswürdigen »Festungswerke« vorgestellt hatte, sind sie die glücklichsten Geschöpfe unter der schnelldrehenden Volva.

»Und weil wir so ganz eins und einig sind mit unserm lieben Monde — deshalb sind wir so glücklich.«

Scheerbarts empfindsamen Rüben sind die »bunt gefärbten Kriegsheere« ein Dorn im Auge, mit denen sich die Erdleute, »diese simplen Beinkreaturen«, seit Jahrtausenden »in Masse gegenseitig umzubringen« versuchen. Trotzdem beschäftigt seit Jahrtausenden »mehr als Zweidrittel der Mondbevölkerung (...) sich mit der Erde«. Über der Frage, ob weiterhin durch »dreizehnhundertdreißig Fernrohre« die Erde beobachtet, fotografiert und die terrestrischen Bibliotheken durchstöbert werden sollen, bricht auf dem Mond schließlich eine Revolution aus. Die »Weltfreunde« schlagen vor, ein neues, großes Fernrohr zu bauen, um von der dunklen Seite ihres Planeten in die Tiefen des Universums zu blicken. »Erdfreunde« und »Weltfreunde« einigen sich während der Großen Ratsversammlung im Innern jener ringförmigen Wälle, die Galilei im Fernrohr erblickt und Kepler seinem Freund Paul Guldin so lebhaft beschrieben hatte, auf ein Friedensabkommen. Das Große Fernrohr wird gebaut und auf der (privolvanischen) Rückseite des Mondes in Stellung gebracht, die sich aber nun nicht als Halbkugel, sondern als gewaltige konkave Glaslinse erweist.

»Und hieraus geht hervor, dass wir uns den Mond fürderhin nicht mehr als Kugel vorzustellen haben«.

Durch ihr gläsernes Weltauge betrachten die Seleniten nun gerührt all die wunderschönen Nebelwolken und Galaxien in den Tiefen des Universums.

»Der Mond ist jetzt ganz Auge. Das wollte er immer sein – das sagte ich schon vor zwei Jahrtausenden. Vielleicht bilden jetzt Erde und Mond zusammen bloß einen Stern – dann wäre der Mond das große Sehorgan dieses Doppelsterns – und die Erde wäre dann bloß eine Art Ballonbauch.«

Nachdem zwischen 1890 und 1930 in nie gekannter Zahl Rote Riesen, Asteroiden und Planetoiden, Quasare, Supernovae, Sternhaufen und Planeten in unserem Sonnensystem entdeckt, der Kleinplanet Pluto mit seinem Winzigmond Charon, Ceres und schließlich Neptun vermessen worden waren, dringt die poetische Phantasie immer tiefer in die Weiten des Weltraums vor. Schon in dem phantastischen Roman »Lesabéndio« (1913) hatte Paul Scheerbart den »Laplaceschen Dämon« als kosmologisches Gedankenmodell der Planetenentstehung wiederbelebt und die Handlung auf den 1802 entdeckten Asteroiden Pallas verlegt. Im gleichen Zug, wie in der theoretischen Physik und der beobachtenden und messenden Astronomie der Bereich des Anschaulichen verlassen wird, müssen hypothetische Gedankenspiele der menschlichen Vorstellungskraft zu Hilfe kommen. James Clerk Maxwell konnte die theoretische Wahrscheinlichkeit des zweiten Hauptsatzes der Wärmetheorie erst beweisen, nachdem er sich ein Geistwesen vorstellte, das in einem Behälter mit zwei verschieden temperierten Gasen die Gasmoleküle durch ein kleines Loch zwischen den beiden Kammern hin und her schickt. »Schrödingers Katze«, das bekannteste Gedankenexperiment der Quantenphysik, macht sich die Erkenntnis zunutze, dass es in der modernen Physik keine vom Messvorgang unabhängigen Vorgänge mehr gibt. In einem geschlossenen Raum kann demnach ein im Zerfall befindlicher Atomkern sowohl als zerfallen als auch als nichtzerfallen betrachtet werden. Per analogiam auf die makroskopische Welt übertragen, wäre das so, als wäre eine Katze in einem geschlossenen Raum im Augenblick der Beobachtung sowohl tot als auch lebendig bzw. jeweils so viele Katzen darin, wie es Messmöglichkeiten gibt. Naturwissenschaftliche Erkenntnis ist an der Grenze sprachlogischer Ausdrucksmöglichkeiten angekommen.

Unter dem Titel »Lilienthal 1801 oder Die Astronomen« plante Arno Schmidt in den sechziger Jahren des 20. Jahrhunderts ein episches Großprojekt, das vielleicht als letzter Jean Paul-Roman in die Literaturgeschichte eingegangen wäre — wenn es denn geschrieben worden wäre. Der Bargfelder Eremit war überzeugt, »dass das Zeitalter der Physik nicht nur nicht ›am Ende‹ ist, sondern im Gegenteil kaum erst begonnen hat.« (Berechnungen I) Schmidt meinte damit die Entwicklung einer neuen Prosaform begründen zu müssen, was er dann in »Die Gelehrtenrepublik« und »KAFF auch Mare Crisium« praktisch vorführt. Er nennt diese neue Prosaform das »längere Gedankenspiel« (LG).

»Das LG befindet sich auf der Mitte zwischen Traum und Kunstwerk; was der Nacht der Traum, das ist dem Tag das LG.«

Seine Idole heißen Franz von Paula Gruithujsen, der träumende Astronom, und Jules Verne, der Chefutopiker der französischen Literatur.

»Und sein eigentliches, noch nie so recht gewürdigtes literarisches Verdienst besteht darin, dass er als Erster (& bisher immer noch Umfassendster) den Groß-Nachweis geführt hat: wie die Errungenschaften des Technikers – man darf auch ›Ingenieur‹ sagen, ›Wissenschaftler‹, ›Forscher=allgemein – nicht nur nicht poesie=zerstörend‹ wirkten; sondern vielmehr unerhört neue=reiche Gebiete dem Dichter eröffneten!«

Versuchsreihen für die literarische Technik des Gedankenspiels von I (Musivisches Denken), II (Erinnerung), III und IV (Traum) wurden konzipiert. Den im Herbst 1960 erschienenen Roman »KAFF auch Mare Crisium« ordnete Arno Schmidt der II. Reihe zu. Während der Arbeit notierte er am 29. Oktober 1959:

»Heute soll die TASS das erste Foto von der Mond-Rückseite gebracht haben: es lebe der Rapacki-Plan«.

Der Rapacki-Plan war ein Vorschlag zur Deklarierung einer atomwaffenfreien Zone in Mitteleuropa (einschließlich der beiden deutschen Staaten, Polens und später der ČSSR) unter Kontrolle der UNO. Die Handlung spielt 1980. Mit Raumanzug und Sichthelm marschiert der Erzähler auf dem Mond herum, während er im Jahr 1959 mit seiner Frau in der Lüneburger Heide spazierengeht. In einer anderen Erzählung, »Schwarze Spiegel«, prognostiziert Schmidt 1951 die totale radioaktive Verseuchung der Erde. Der letzte Mensch sieht zum Himmel, führt mithilfe der Mondfinsternis vom 5. September 1960 seinen Kalender weiter und denkt über das Problem der Ganzzahligkeit nach. Der Mond ist wieder, was er in vorwissenschaftlicher Zeit war: die kosmische Uhr, die anzeigt, wie spät es unten auf der Erde ist.

Schmidt schöpfte Mondmetaphern noch auf dieselbe altmodische Art wie Jean Paul, Goethe, Scheerbart oder Wells. Da die Standards der astronomischen Allgemeinbildung seit dem 19. Jahrhundert deutlich gestiegen waren, erlaubte sich der Bargfelder Zettelkrämer gelegentlich sogar, an seinem dilettierenden Kollegen Jean Paul herumzumäkeln:

»Eine starräugige graue Alte wallte noch umher, vor uns, mit des Dümmers Dampfe, Schattengestalten. (Gegen Jean Paul, Band 32, Seite 14, und öfter: ›Bekanntlich erscheint dem Monde die Erde 64mal größer als uns, und das Heraufwälzen eines solchen Himmelskörpers muß entzücken.‹) Erstens hat die Erde lediglich den 4fachen Durchmesser, und der wirre Titan hat sich nur gesagt: Körper? Also flink hoch 3! Und zweitens: man stelle sich probehalber, 64 mal größer als Frau Luna, vor: entzücken??!!: entsetzen würde man sich, wenn der Gaurisankar über uns drohte! Rares Gemisch von Oberflächlichkeit und Tiefsinn!« (»Seelandschaft mit Pocahontas«)

Das Universum als »Fortsetzung des Sinnensystems« diente Schmidt als makrokosmischer Spiegel des inneren Mikrokosmos und zivilisationskritische Projektionsfläche. In Wirklichkeit rüsteten die Supermächte USA und Sowjetunion am Himmel längst nach geheimen militärstrategischen Plänen gegeneinander auf. Kosmische Metaphernstürme und interplanetarische Raumfahrt redeten virtuos aneinander vorbei. Während die Sowjets an immer leistungsfähigeren Raketentriebwerken arbeiteten und die Sternenkrieger in Cape Canaveral an detaillierten Szenarien für »star wars«, werden bei Arno Schmidt die Astronauten noch psychedelisch eingeschläfert und erwachen, wie in »Somnium«, leicht betäubt und gut gelaunt auf dem Mond. Schmidt nahm die harte Landung von Lunik 2 als Beginn der friedlichen Forschung und Anfang vom Ende der atomaren Aufrüstung in Europa und den USA. Ein halbes Jahr später wird für den Russen Jurij Gagarin der uralte Traum, die Erde zu verlassen, wahr. Am 12. April 1961 kreist er 108 Minuten lang im Orbit. Zehn Monate später fliegt der Amerikaner John Glenn vier Stunden, 55 Minuten und 23 Sekunden um die Erde. Die Russen übertreffen ihn wiederum mit ihrem Tandemflug von Vostok 3 und 4, die im Abstand von 24 Stunden starten und kurz hintereinander landen.

»Morgens im Garten. Wo die zwei jetzt nur kreisen mögen«, notiert der Philosoph Günther Anders in sein Tagebuch. »Da oben. Oder da unten. Absconditi. Der Himmel arglos, auch der Birnbaum hat nichts von ihnen gehört.«

Drei Tage guckt die Menschheit nach oben, wo zwei ihrer Individuen einsam kreisen. Am Ende sollte nicht Archytas hölzerne Friedenstaube oder die Sowjets, sondern die amerikanische Mondlandefähre Eagle = Adler den Wettlauf um den Mond gewinnen. Mochte sich nach der Mondlandung von Neil Armstrong mit Apollo 8 am 20. Juli 1969 wirklich noch jemand vorstellen, was Subvolven empfinden, wenn die Erde als ihr Zentralgestirn über ihnen aufgeht? Wo doch augenscheinlich niemand da oben war, der Mond eine Wüste, der Kosmos eine »bahnhoflose Öde« (Günther Anders)?

»Die Annahme, dass Kunst, Magie und Wissenschaften nicht am gleichen Ort zur gleichen Zeit koexistieren können, ist ein überkommenes Relikt aristotelischer Kategorien. Wir müssen diese Art von Nostalgie in den Sozialwissenschaften des 21. Jahrhunderts endlich hinter uns lassen«, sagte der Anthropologe Carlos Castaneda 1968 in einem Radiointerview. Doch gelang es den Phantasten des New Age in den 1970er Jahren so wenig wie Kepler, Jean Paul, Cyrano, Wells oder Schmidt, ein Gespräch zwischen Politik, Wissenschaften und Künsten über die friedliche Eroberung des Weltraums zu erzwingen. Die Suche nach der Poesie der Wissenschaft endete im Utopia des transzendentalen Unsinns. Castanedas, Wilsons und Learys Appelle zur »Wiederverzauberung der Welt«, Carl du Prels »Kosmodarwinismus«, Fritjof Capras kosmische Netze trugen weniger zur kosmologischen als zur psychedelischen oder bestenfalls ethischen Bewusstseinserweiterung bei. Rauschdrogen ersetzten die Bannkraft der Imagination. Mystisch-alchemistische Dämonen, Astralkörper und Engel glitten durch die Hintertür der Informationstechnologie ins mediale Bewusstsein und durchquerten als quantenneurologische Metaprogramme die verwirrten Hirne halbgebildeter Science Fiction-Leser. Die cusanische Pluralität der Welten wurde bei Wilson zur nebulösen »Multi-Ego-Erfahrung« des transzendentalen Agnostikers. Pythagoras, Archytas, Ptolemäus und Kepler feierten ihr Comeback in den Ohren gutwilliger Konzertbesucher. Aus allen Büschen des Berliner Tiergarten schwoll Stockhausens Sternenmusik, aus allen Tonstudios kündeten elektronische Glissandi und donnernde Pulsare von der Wiederkehr der Sphärenmusik als Lärm.

Nur der Mond sang noch immer sein stilles Lied als Kammerdiener der alten Erde. Der Flug der sowjetischen bemannten Weltraumkapsel endete 1967 mit einer Katastrophe. Bei der Rückkehr aus dem Orbit stürzte die Kapsel ungebremst auf die Erde. Komarovs Fall war, mystisch betrachtet, die Wiederkunft des Dämons als Höllenbote. Passenderweise nannten The Rolling Stones ihr neues Album »Their Satanic Majesties Request«. Zehn Jahre nach den ersten Fotos von der dunklen Seite des Mondes landeten drei Amerikaner auf dem Mond, Arno Schmidts Prognose um elf Jahre voraus. Damit es da oben nicht so entsetzlich still blieb, vertonten Robert Simpsons kosmische Sinfonien Nr. 2 und 4 und Poul Ruders' »Solar Trilogy« das eisige Schweigen des Alls. Die beiden amerikanischen Voyager-Sonden Richtung Jupiter, Saturn, Uranus und Neptun nahmen 1977 »Golden Records«, eine Datenplatte mit Bild- und Audio-Informationen von der Erde mit an Bord, für den Fall, dass man auf musikalisch empfängliche Himmelsbewohner stoßen würde.

1990 wurde in Linz die Kammeroper »Keplers Traum« des italienischen Komponisten Giorgio Battistelli uraufgeführt. Battistelli ist ein Visionär, der sich in den Tonspuren von Luigo Nonos »La fabrica illuminata« (1964) und Stockhausens »Herbstmusik« (1974) auf die Suche nach der musica mundana des 21. Jahrhunderts machen wollte, doch dann eher im 17. Jahrhundert, bei den Kesselflickern und Hufschmieden landete. In seinem »Experimentum Mundi« (1981/2005), einer »Opera di musica immaginistica« für einen Schauspieler, fünf Frauenstimmen, sechzehn Handwerker und einen Schlagzeuger belauschte Battistelli die Keplerschen Harmoniegesetze, den je eigenen Rhythmus, die spezifischen Schwingungen von Arbeitsvorgängen und menschlichen Alltagsgeräuschen: die Welt des 21. Jahrhunderts als polyphone Sinn- und Klangfigur. Und 2009 feierte das oberösterreichische Linz, wo Kepler vierzehn Jahre seines Lebens verbracht hatte, das vierhundertjährige Jubiläum des Erscheinens der »Astronomia nova« mit einer Kepler-Oper von Philipp Glass.

So nah sich Esoterik und exoplanetarische Forschung im frühen Zeitalter der bemannten Raumfahrt auch zeitweise kamen: Langfristig scheint sich technologischer Fortschritt lähmend auf künstlerische Imagination auszuwirken. Urknall-Theorie, kosmologische Evolution, subatomare Physik, Baryogenese, Higgs-Feld, anthropisches Prinzip sind genauso schwer begreifliche Dinge wie zu Keplers Zeiten die Berechnung der Marsbahn. Die »dritte kopernikanische Revolution« (Günther Hasinger) hat ihren Kepler noch nicht gefunden. Fassungslos entzweit starren sich Menschen und Sterne an, wie seit unvordenklichen Zeiten. Aus Jean Pauls

Universum ist in knapp zweihundert Jahren ein Multiversum geworden, das sich nach heutigen Hypothesen mit etwa 75 Kilometer pro Sekunde pro Megaparsec (Hubble-Kostante) ausdehnt.

»Wir werden durch die Erweiterung unserer Welt nicht erweitert werden«, hatte Günter Anders in den 1960er Jahren prophezeit. »Umgekehrt werden wir durch diese Erweiterung noch egozentrischer, noch zentripetaler werden. Pausenlos werden wir gezwungen sein, die Ferne in den Dienst der Nähe zu stellen, die gefangenen Planeten zu domestizieren, die eroberten Gebiete als strategische Basen, als Rohstoffe, als Prestige-Geräte für hier unten einzusetzen.«

Dass es da draußen andere Welten gebe, deren Blick ebenso aufmerksam auf uns ruhen könnte wie der unsere auf der bleichen Kugel des Mondes, bleibt Spekulation, die gemischte Gefühle hervorruft. Wie mögen andere Wesen beschaffen sein, die intelligent genug sind, unsere Galaxie zu erreichen, während unsere Megateleskope sich gerade mal bis zum kosmischen Vorgarten unseres Planeten vorgearbeitet haben? Sehen bedeutet immer auch Gesehenwerden. Die Idee einer universalen Harmonie unendlicher bewohnter Welten, die Nikolaus von Kues, Bruno, Kepler, Kant noch leidenschaftlich bewegte, wird uns, die wir mit unseren künstlichen Augen in unvorstellbare Entfernungen blicken können, kaum für die ungemütliche Vorstellung entschädigen, dass wir vielleicht für immer allein bleiben werden mit unserer Phantasie. Sieht uns der Mond noch an mit seinem freundlichen Großvatergesicht, wenn da oben nachweislich keiner ist oder doch nur wieder unseresgleichen?

Johannes Keplers »Somnium« ist die Vision einer Welt, die harmonisch, also schön ist, weil sie vernünftig ist. Schönheit als intelligible Form existiert nicht nur als Gedicht, Malerei oder Sinfonie, sondern ebenso als Polyeder, Rotation, Periodizität, Proportion, Goldener Schnitt, Fibonacci-Reihe oder string-Theorie. Die Fotografie einer soeben geborenen Galaxie, wie sie Hubble in regelmäßigen Abständen zur Erde überträgt, übertrifft jedes irdische Artefakt. Die Zeit pulsiert auch ohne unser Zutun in unseren Zellen. Das Herz der Materie ist Musik, wie Pythagoras und Kepler bewiesen haben. Das Universum schwingt. Unsere Neuronen feuern synchron mit den Frequenzen der Töne. Musiktheoretiker und Astronomen haben Mittel gefunden, die elektromagnetische Schwingungszahl des Planeten Erde auf den Grundton b zu bestimmen, 57 Oktaven unter dem wahrnehmbaren Bereich für das menschlichen Ohr.

Ein Jahr nach der ersten unbemannten Mondlandung der Sowjets, bei der zwei Dodekaeder als Botschaft der Erde auf den Mond geschossen wurden, gelang den Chemikern Anthony R. Pitochelli, William N. Lipscomb und M. Frederick Hawthorne an der Harvard University die Synthetisierung eines Bor-Ions. Zwölf Boratome sowie zwölf ihnen angelagerte Wasserstoffatome bildeten einen nahezu perfekten platonischen Ikosaeder. Der Chemie-Nobelpreisträger Roald Hoffmann, einer der selten gewordenen Geschichtenerzähler unter den zeitgenössischen Naturwissenschaftlern, erzählt diese Geschichte in einem seiner Bücher:

»Wenn wir die Geschichte einer wissenschaftlichen Entdeckung erzählen, stellen wir eine lobenswerte Verbindung zur Literatur, zu Mythen und all den anderen Formen her, in denen Menschen einander Geschichten erzählen. Ja manchmal muss man eine Geschichte einfach erzählen, so wie ein Feuerwehrauto auf dem kürzesten Weg zur Brandstelle rast. Denn eine Welt ohne Geschichten wäre von Grund auf inhuman. Es wäre eine Welt ohne Phantasie. Wie sollte ein Chemiker in einer solchen Welt leben?«

Wenn ein solcher Chemiker einmal in der molekularen Struktur eines Herpesvirus, der Braunalge Braarudosphaera bigelowi oder eines $B_{12}H_{12}$-Moleküls durch sein Elektronenmikroskop einen der fünf harmonischen Körper erkannt habe, davon ist Hoffmann zutiefst überzeugt, könne er sich diesem heilig-schönen Anblick so wenig entziehen wie »Haydn auf die Idee verfallen wäre, in eines seiner Klaviertrios eine Dissonanz einzubauen«.

Mit Arno Schmidt endet vorläufig die kosmische Gebietserweiterung der Literatur. Denn er war der letzte phantastische Schriftsteller einer Generation, die noch nicht mit eigenen Augen sehen konnte, was sie beschrieb. Die ersten fotografischen Bilder von der Mondrückseite kündigten zugleich das ultimative Ende der Mondfiktionen an. Planetarischer Kolonialismus ist das, was dem 21. Jahrhundert vermutlich bevorsteht. Schon 2017 könnte mit dem Bau einer Mondkolonie begonnen werden, die alle Mondkühe, Planetenengel und Rübenköpfe für alle Zeiten vom Mondboden verbannt. Die Wissenschaft als Homunculus, der die Phiole des Gedachten sprengt und hinausdrängt ins Freie — darum wird geforscht und gedacht, werden Bücher geschrieben. Das ist seine Tendenz, ewige Sehnsucht nach Ver-Wirklichung und Aufbruch in unbekannte Welten. Doch der Phänotypus, dem der forschende Homunculus entgegenleuchtet, ist dann doch wieder der verantwortungslose Expropriateur, der ver- und auswechselbare homo sapiens, der wissende Mensch, der aus seiner Haut so wenig kann wie aus dem winzigen Blickfeld seiner geozentrischen Existenz.

Wir sehen durch die Augen unserer interplanetaren Sonden 23 Milliarden Jahre zurück in die Zukunft des Universums, wo Galaxien geboren werden. Aber wir haben keine Ahnung, wie die Erwärmung der Erdatmosphäre in den nächsten 50 Jahren, die Zunahme von Naturkatastrophen, die Ausbreitung von Malaria und Cholera zu stoppen sind. Zwischen Mikrokosmos und Makrokosmos schiebt sich der Balken im eigenen Auge. Die Welt als reines Bewusstsein, heiße es nun Gott, nous oder Vernunft, ist zu einer Sache der physikalischen Mathematik und IT-Technologie geworden, ihr Tempel das Massachusetts Institute of Technology (MIT). Die himmlische Mechanik gottesfürchtiger Gelehrter, die noch in Handarbeit Engel und Dämonen produzierten, die zu Gottes Lob auf Nadelspitzen Platz nahmen, ist durch Maschinen ersetzt worden, die den Urknall simulieren, um der Schöpfung ihr letztes Geheimnis zu entreißen. Die Harmonie der Welt ist verstummt in den Quantensprüngen eines cartesianischen Superhirns, das jederzeit androide Klone von sich herstellen kann. Der ewige Kreislauf von Geist, der sich im Leben und Leben, das sich im Geist erkennen möchte, endet in der Hybris des sich allmächtig dünkenden Menschen, der nur noch bei Tsunamis, Überschwemmungen und Dürrekatastrophen daran erinnert wird, dass er durch Körperlichkeit selbst an Natur gebunden bleibt. Erst wenn alles verloren ist, tritt das cartesianische Cogito als Notarzt auf, beatmet den vor dem Fleische schwachgewordenen Geist, erinnert ihn an seine Herrscherpflichten und beruft Weltklimagipfel und Abrüstungskonferenzen ein. Neue Technologien und Homunculi werden in die Welt gesetzt, die der gottesanmaßlichen Tortur der Natur den Segen einer globalen politischen Vernunft geben.

Hoffen wir, dass die epistemologische Trennung der Naturwissenschaften von den Künsten, der Phantasie vom Kalkül vorübergehende Zivilisationskrankheiten sind, die aus unserer dualistischen Natur resultieren. Was an uns Natur ist, verpflichtet uns zum Schutz dieser Natur vor der Hybris der eigenen Vernunft. Jedem Rausch der Erkenntnis folgt früher oder später die Ernüchterung. Unser Planet keucht unter der Last unserer Erfindungen und Entdeckungen, ein todkranker Patient, verstrahlt von jener Vernunft-Sonne, die erst Männer wie Pythagoras, Kopernikus, Galilei oder Kepler in die Mitte des Universums gestellt haben.

Unser »Auge für die Wunder des Kosmos« hat Paul Scheerbart den Mond genannt. Und so soll ihn auch der Leser von Keplers »Somnium« noch einmal entdecken können — nicht als Kriegsschauplatz im nächsten galaktischen Technologiewettlauf, nicht als Weltraumkolonie, Mülldeponie oder Rohstofflagerstätte des 22. Jahrhunderts und nicht als interplanetares Ausflugsziel oder Friedhof für Millionäre. Denn genau das wird den guten alten Mond in den nächsten hundert Jahren erwarten. Noch ist es da oben leer und still, so still, dass die weitgereiste Phantasie auf dem

Rücken des Dämon gern Halt macht, um einen staunenden Blick auf die schnelldrehende Volva zu werfen. Heutigen Subvolven wird sie sich vermutlich als ein von abertausenden stählernen Mücken umschwirrter blauer Ball zeigen, dessen Licht auf rätselhafte Weise immer heller wird.

Anhang

Literaturverzeichnis

Anders, Günther: Der Blick vom Mond. Reflexionen über Weltraumflüge, München: C.H. Beck, 1970.

Aristoteles: Über das Himmelsgebäude (De caelo).

Bialas, Volker: Johannes Kepler, München: C.H. Beck, 2004.

— / Papadimitriou, Elli: Materialien zu den Ephemeriden von Johannes Kepler [Nova Kepleriana, Neue Folge, Heft 7, Abhandlungen], München: Bayerische Akademie der Wissenschaften, 1980.

Blumenberg, Hans: Die Vollständigkeit der Sterne, Frankfurt am Main: Suhrkamp, 1997.

Bredekamp, Horst: Galilei der Künstler. Der Mond, die Sonne, die Hand, Berlin: Akademie, 2008.

Bruno, Giordano: Die Magie (De magie). Die verschiedenen Arten des Bannens und Bezauberns (De vinculis in genere), übersetzt von Erika Rojas, Peißenberg: Skorpion, 1998.

— Die Kabbala des Pegasus mit der Zugabe des Kyllenischen Esels, beschrieben vom Nolaner, gewidmet dem Bischof von Casamariciano, übersetzt und herausgegeben von Kai Neubauer, mit einer Einleitung von Michele Ciliberto, Hamburg: Meiner, 2000.

Burton, Robert: Anatomie der Melancholie. Über die Allgegenwart der Schwermut, ihre Ursachen und Symptome sowie die Kunst, es mit ihr auszuhalten, aus dem Englischen übertragen und mit einem Nachwort versehen von Ulrich Horstmann, Zürich/München: Artemis, 1988.

Calvino, Italo: Die Geschichte von Astolpho auf dem Mond, in: Cosmicomics, aus dem Italienischen von Burkhart Kroeber, München/Wien: Hanser, 1989.

Capra, Fritjof: Das Tao der Physik. Die Konvergenz von westlicher Wissenschaft und östlicher Philosophie, München: Droemer Knaur, 1997.

Caspar, Max: Johannes Kepler, Stuttgart: Kohlhammer, [2]1948.

Cassirer, Ernst: Philosophie der symbolischen Formen, 2. Teil: Das mythische Denken, Darmstadt: Wissenschaftliche Buchgemeinschaft, 1953.

Claßen, Norbert: Carlos Castaneda und das Vermächtnis von Don Juan. Das Wissen der Tolteken in einer neuen Epoche, Freiburg: Nietsch, 1998.

Colerus, Egmont: Von Pythagoras bis Hilbert. Die Epochen der Mathematik und ihre Baumeister, Geschichte der Mathematik für Jedermann, Berlin/Wien/Leipzig: Zsolnay, 1940.

Cramer, Friedrich / Kaempfer, Wolfgang: Die Natur der Schönheit. Zur Dynamik der schönen Formen, Frankfurt am Main: Insel, 1992.

Cusanus (Nikolaus von Kues), Die belehrte Unwissenheit (De docta ignorantia), Buch I, übersetzt und mit Vorwort und Anmerkungen hrsg. von Paul Wilpert, Hamburg: Meiner, 1964; Buch II, übersetzt und mit Vorwort, Anmerkungen und Register hrsg. von Paul Wilpert, Hamburg: Meiner, 1967; Buch III, übersetzt und mit Einleitung, Anmerkungen und Register herausgegeben von Hans Gerhard Senger, Hamburg: Meiner, 1977.

— De ludo globi (Gespräch über das Globusspiel), auf der Grundlage des Textes der kritischen Ausgabe neu übersetzt und mit Einleitung und Anmerkungen hrsg. von Gerda von Bredow, Hamburg: Meiner, 1999.

Cyrano de Bergerac, Savinien: Reise zum Mond und zur Sonne. Zwei Romane, hrsg., übersetzt und mit einem Nachwort versehen von Wolfgang Tschöke, Frankfurt am Main: Eichborn Berlin, 2004.

Darvas, György: Symmetry. Culturel-historical and ontological aspects of science-arts relations; the natural and man-made world in an interdisciplinary approach, transl. from the Hungarian by David Robert Evans, Basel/Boston/Berlin: Birkhäuser, 2007.

Debbeler, Judith: Harmonie und Perspektive. Die Entstehung des neuzeitlichen abendländischen Musiksystems, München: epodium, 2007.

Die Vorsokratiker. Die Fragmente und Quellenberichte übersetzt und mit einer Vorbemerkung versehen von Wilhelm Capelle, Berlin: Akademie, [2]1961.

Dischner, Gisela: Giordano Bruno. Denker, Dichter, Magier, Tübingen/Basel Francke, 2004.

Dornseiff, Franz: Das Alphabet in Mystik und Magie, Leipzig/Berlin: Teubner, [2]1925.

Draxler, Sonja / Lippitsch, Max E.: Mysterium cosmographicum. Katalog zu steirischen Ausstellungen anlässlich des Internationalen Jahres der Astronomie 2009, Berlin: Pro Business, 2009.

du Prel, Carl: Die Planetenbewohner und die Nebularhypothese. Neue Studien zur Entwicklungsgeschichte des Weltalls, Leipzig: Günther, 1880.

— Die Magie als Naturwissenschaft, 2 Bde. Leipzig: Altmann, [2]1920.

Eco, Umberto: Kunst und Schönheit im Mittelalter, aus dem Italienischen von Günter Memmert, München/Wien: Hanser, 1991.

Ege, Müzeyyen: Das Phantastische im Spannungsfeld von Literatur und Naturwissenschaft im 20. Jahrhundert. Die Pluralität der Welten bei Paul Scheerbart, Carlos Castaneda und Robert Anton Wilson, Berlin: wvb, 2004.

Esselborn, Hans: Das Universum der Bilder. Die Naturwissenschaft in den Schriften Jean Pauls, Tübingen: Niemeyer, 1989.

Fechner, Gustav Theodor: Zend-Avesta oder über die Dinge des Himmels und des Jenseits vom Standpunkt der Naturbetrachtung, 3 Bde., Leipzig/Hamburg: Voß, 1851.

— Elemente der Psychophysik, 2 Bde., Leipzig: Breitkopf & Härtel, 1860.

Foerster, Wilhelm: Johann Kepler und die Harmonie der Sphären. Vortrag im Wissenschaftlichen Verein zu Berlin am 8. Februar 1862, Berlin: Dümmler, 1862.

Galilei, Galileo: Sidereus nuncius (Nachricht von neuen Sternen). Dialog über die Weltsysteme, hrsg. und eingeleitet von Hans Blumenberg, Frankfurt am Main: Suhrkamp, 1980.

— Schriften, Briefe, Dokumente, 2 Bde., hrsg. von Anna Mudry, Berlin: Rütten & Loening, 1987.

Görgemann, Herwig: Untersuchungen zu Plutarchs Dialog »De facie in orbe lunae«, Heidelberg: Winter, 1970.

Grabner, Hermann: Allgemeine Musiklehre, Kassel/Basel: Bärenreiter, [7]1959.

Günther, Ludwig: Keplers Traum vom Mond, Leipzig: Teubner, 1898.

Guthke, Karl S., Der Mythos der Neuzeit. Das Thema der Mehrheit der Welten in der Literatur- und Geistesgeschichte von der kopernikanischen Wende bis zur Science Fiction, Bern/München: Francke, 1983.

Haase, Rudolf: Johannes Keplers Weltharmonik. Der Mensch im Geflecht von Musik, Mathematik und Astronomie, München: Diederichs, 1998.

Hamel, Udo: Geschichte der Astronomie. Von den Anfängen bis zur Gegenwart, Basel/Boston/Berlin: Birkhäuser, 1998.

Hasinger, Günther, Das Schicksal des Universums. Eine Reise vom Anfang zum Ende, München: C.H. Beck, 2007.

Hoffmann, Roald: Aufrichtigkeit gegenüber dem singulären Gegenstand, in: Sprache, Lügen und Moral. Geschichtenerzählen in Wissenschaft und Literatur, hrsg. von Margery Arent Safir, Frankfurt am Main: Suhrkamp, S. 84–110.

Jaumann, Ralf / Köhler, Ulrich: Der Mond. Entstehung, Erforschung, Raumfahrt, Köln: Fackelträger, 2009.

Kant, Immanuel: Allgemeine Naturgeschichte und Theorie des Himmels, hrsg. von Georg Klaus, Berlin: Aufbau, 1955.

Karfik, Filip: Die Beseelung des Kosmos. Untersuchungen zur Kosmologie, Seelenlehre und Theologie in Platons Phaidon und Timaios, München/Leipzig: Saur, 2004.

[Kepler, Johannes:] Johannes Keplers Kosmische Harmonie, hrsg. und übertragen von Walter Harburger [= Der Dom — Bücher deutscher Mystik; 11], Leipzig: Insel, 1925.

— Das Weltgeheimnis, übersetzt und eingeleitet von Max Caspar, München/Berlin: Oldenbourg, 1936.

— Kleinere Schriften 1602/1611. Dioptrice, herausgegeben von Max Caspar und Franz Hammer, in: Gesammelte Werke (KGW), Bd. 4, München: C.H. Beck, 1941.

— Kepler's Somnium. The dream, or posthumous work on lunar astronomy, translated with a commentary by Edward Rosen, Madison [u.a.]: University of Wisconsin Press, 1967 (Reprint Mineola, N.Y.: Dover Publications, 2003).

— Vom sechseckigen Schnee (Strena seu de Nive sexangula), ins Deutsche übertragen, eingeleitet und mit Anmerkungen versehen von Dorothea Goetz, Leipzig: Geest & Portig, 1987.

— Astronomia nova. Neue, ursächlich begründete Astronomie, übersetzt von Max Caspar, durchgesehen und ergänzt sowie mit Glossar und einer Einleitung versehen von Fritz Krafft, Wiesbaden: Marix, 2005.

— Was die Welt im Innersten zusammenhält. Antworten aus Keplers Schriften, mit einer Einleitung, Erläuterungen und Glossar hrsg. von Fritz Krafft, Wiesbaden: Marix, 2005.

Kittler, Friedrich: Musik und Mathematik, Bd. 1: Hellas, Teil 1: Aphrodite; Hellas Teil 2: Eros, München: Fink, 2006/2009.

Klepešta, Josef / Lukeš, Ladislav: Mapa měsíce, Praha: Ústřední správa geodesie a kartografie, 1954 [Mondkarten (erstes und letztes Viertel), mit einem interessanten Beitrag über Wissenswertes vom Mond].

Kopernikus, Nikolaus: Über die Umschwünge der himmlischen Kreise, hrsg. und übersetzt von Jürgen Hamel und Thomas Posch, Frankfurt am Main: Deutsch, 2008.

Koestler, Arthur: Die Nachtwandler. Die Entstehungsgeschichte unserer Welterkenntnis, einzig berechtigte Übertragung aus dem Englischen von Wilhelm Michael Treichlinger, Bern/Stuttgart/Wien: Scherz, 1959.

Koyré, Alexandre: Leonardo, Pascal und die Entwicklung der kosmologischen Wissenschaft, übersetzt und mit einem Vorwort von Horst Günther, Berlin: Wagenbach, 1994.

Laszlo, Ervin: Kosmische Kreativität. Neue Grundlagen einer einheitlichen Wissenschaft von Materie, Geist und Leben, aus dem Englischen von Vladimir Delavre, Frankfurt am Main: Insel, 1997.

Leinkauf, Thomas / Steel, Carlos: Platons »Timaios« als Grundtext der Kosmologie in Spätantike, Mittelalter und Renaissance, Leuven: Leuven University Press, 2005.

Lexikon der Science Fiction Literatur, erweiterte und aktualisierte Neuausgabe in einem Band, hrsg. von Hans-Joachim Alpers, Werner Fuchs, Ronald M. Hahn und Wolfgang Jeschke, München: Heyne, 1987.

Locke, George: Voyages in Space. A Bibliography of Interplanetary Fiction, 1801–1914, London: Ferret Fantasy, 1975.

Müller, Felix: Zeittafeln zur Geschichte der Mathematik, Physik und Astronomie bis zum Jahre 1500, mit Hinweis auf die Quellen-Literatur, Leipzig: Teubner 1892 (Reprint Wiesbaden: Sändig, 1968).

Nietzsche, Friedrich: Die Geburt der Tragödie aus dem Geiste der Musik (1872).

Pacioli, Fra Luca: De divina proportione (Die Lehre vom Goldenen Schnitt), nach der venezianischen Ausgabe von 1509 übersetzt von Constantin Winterberg, Wien: Carl Graeser, 1889.

Pauli, Wolfgang: Der Einfluß archetypischer Vorstellungen auf die Bildung naturwissenschaftlicher Theorien bei Kepler, in: Naturerklärung und Psyche [= Studien aus dem C. G. Jung-Institut, Zürich; 4], Zürich: Rascher, 1952, S. 109–194.

Pauwels, Louis / Bergier, Jacques: Aufbruch ins dritte Jahrtausend. Von der Zukunft der phantastischen Vernunft, einzig berechtigte Übersetzung aus dem Französischen von Gerda von Uslar, Bern/Stuttgart: Scherz, [6]1967.

Platon, Die großen Dialoge, aus dem Griechischen übertragen von Rudolf Rufener, München: Deutscher Taschenbuch Verlag; München: Artemis, 1991.

Poe, Edgar Allan: Die Maske des Roten Todes und andere phantastische Fahrten, Zürich: Diogenes, 1984.

Pohle, Joseph: Die Sternenwelten und ihre Bewohner, zugleich als erste Einführung in die moderne Astronomie, Köln: Bachem, [7]1922.

Reallexikon für Antike und Christentum. Sachwörterbuch zur Auseinandersetzung des Christentums mit der antiken Welt, hrsg. von Georg Schöllgen u.a., Stuttgart: Hiersemann 1950 ff.

Redondi, Pietro: Galilei, der Ketzer, übersetzt von Ulrich Hausmann, München: C.H. Beck, 1989.

Reis, Helmut: Das Paradoxon des Ikosaeders. Die Platonischen, Archimedischen und Keplerschen Körper in Natur, Wissenschaft und Kunst, Bonn: Orpheus, 2002.

Riedweg, Christoph: Pythagoras. Leben, Lehre, Nachwirkung, eine Einführung, München: C.H. Beck, 2002.

Rivera, Benito V.: German music theory in the early 17th century. The Treatises of Johannes Lippius, Ann Arbor: UMI Research Press, 1974.

Scheerbart, Paul: Die große Revolution. Ein Mondroman, in: Gesammelte Werke, Bd. 2, hrsg. von Thomas Bürk, Joachim Körber und Uli Kohnle, Bellheim/Linkenheim: Edition Phantasia, 1986.

Schmidt, Arno: Ausgewählte Werke, 3 Bde., hrsg. von Chris Hirte, Berlin: Volk und Welt, 1990.

Schmidt-Biggemann, Wilhelm: Maschine und Teufel. Jean Pauls Jugendsatiren nach ihrer Modellgeschichte, Freiburg/München: Alber, 1975.

— Robert Fludds kabbalistischer Kosmos, in: Scientia poetica. Literatur und Naturwissenschaft (s. dort), S. 77–97.

Scientia poetica. Literatur und Naturwissenschaft, im Auftrag der Akademie der Wissenschaften zu Göttingen hrsg. von Norbert Elsner und Werner Frick, Göttingen: Wallstein, 2004.

Serres, Michel: Die fünf Sinne. Eine Philosophie der Gemenge und Gemische, übersetzt von Michael Bischoff, Frankfurt am Main: Suhrkamp, 1993.

Simek, Rudolf: Erde und Kosmos im Mittelalter, München: C.H. Beck, 1992.

Sloterdijk, Peter: Sphären. Bd. 1: Blasen (Mikrosphärologie), Bd. 2: Globen (Makrosphärologie), Bd. 3: Schäume, Frankfurt am Main: Suhrkamp, 1998, 1999, 2004.

Steiner, George: Grammatik der Schöpfung, aus dem Englischen von Martin Pfeiffer, München: Hanser, 2001.

Swinford, Dean: Through the daemon's gate. Kepler's Somnium, medieval dream narratives, and the polysemy of allegorical motifs, New York/London: Routledge, 2006.

Verne, Jules: Von der Erde zum Mond, directe Fahrt in 97 Stunden 20 Minuten, Wien: Hartleben, [5]1903.

— Die Reise zum Mond, Gütersloh: Bertelsmann, [3]1958.

Waismann, Friedrich: Einführung in das mathematische Denken. Die Begriffsbildung der modernen Mathematik, München: Deutscher Taschenbuch Verlag, [3]1970.

Wells, H. G.: Die ersten Menschen auf dem Mond, Deutsch von Werner von Grünau, Hamburg: Rütten & Loening, 1962.

Wilkins, John: Die Welt auf dem Mond / Der neue Planet, mit einer Einleitung hrsg. von Gerd Grübler, Marburg: Tectum, 2006.

Wilson, Robert Anton: Schrödingers Katze / Der Zauberhut. Ein abenteuerlicher Okkult-Thriller nicht ganz ohne Sex und voller fantastischer Visionen, aus dem Amerikanischen von Pociao, Basel: Sphinx, 1982.

— Der neue Prometheus. Die Evolution unserer Intelligenz (1983), Vorwort von Israel Regardie, Deutsch von Pociao, Reinbek: Rowohlt, [10]2002.

Wußing, Hans: Nicolaus Copernicus, Leipzig/Jena/Berlin: Urania, 1973.

Zeller, Eduard: Die Philosophie der Griechen in ihrer geschichtlichen Entwicklung, 5 Bde., Leipzig: Reisland, [4]1892.

Zipp, Friedrich: Vom Urklang zur Weltharmonie. Werden und Wirken der Idee der Sphärenmusik, Kassel: Merseburger, 1985.

Register

Apogäum: größter Abstand eines natürlichen od. künstlichen Himmelskörpers von der Erde 43, 45, 54, 58, 61, 62, 65, 82, 86

Archytas von Tarent (Ἀρχύτας, ~435/410–~355/350 v.Ch.), griech. Philosoph (Pythagoreer), Mathematiker, Musiktheoretiker, Physiker, Ingenieur, Staatsmann und Feldherr 127, 142, 145, 216, 223, 233, 234

Arcimboldo, Guiseppe (~1526–1593), ital. Maler 163

Armillarsphäre: astronomisches Gerät zur Messung der Koordinaten von Himmelskörpern oder zur Darstellung der Bewegungsabläufe am Himmel 219

Aristarchos von Samos (Ἀρίσταρχος, ~310–~230 v.Ch.), griech. Astronom, Mathematiker 149–151, 179

Aristoteles (Ἀριστοτέλης, 384–322 v.Ch.), griech. Philosoph 32, 46, 49, 74, 77, 104, 126, 146–150, 152, 153, 158, 159, 167, 170, 172, 181, 182, 185, 187, 194, 197, 207, 209, 233, 263, 267, 268

— De caelo (dt. Über das Himmelsgebäude) 46, 148

Armstrong, Neil Alden (*1930), US-amerik. Testpilot, Astronaut, betrat als erster Mensch am 21. Juli 1969, um 02:56:20 Uhr (UTC), den Mond 233

Arnobius (der Ältere, auch Arnobius Afer; †~330), um 300 Rhetor in Sicca Veneria in Numidien 94

Artemidor von Daldis (Ἀρτεμίδωρος ὁ Δαλδιανός, ~100–180), griech. Traumdeuter und Wahrsager, Verfasser der »Oneirokritika« (Traumdeutung) 182

as-Sufi, Abd ar-Rahman (903–986), pers. Astronom, Mathematiker 151

Asteroiden: Kleinplaneten, bzw. Planetoiden, die sich auf keplerschen Umlaufbahnen um die Sonne bewegen 219, 230

Äther: griech. αἰϑήρ (»blauer Himmel«) 11, 48, 90, 126, 143, 147, 148, 159, 160, 167, 218, 226

Atomisten: Vertreter der antiken kosmologischen Theorie, danach das Universum sich aus un-teilbaren (a-tomos) Teilchen zusammensetzt, die sich im leeren Raum bewegen, stofflich einander gleich sind, einzig in ihrer Gestalt, Lage und räumlich Anordnung unterscheiden. Leukippos (Λεύκιππος, 5. Jh. v.Chr.) gilt als Begründer, sein Schüler Demokritos entwickelt sie weiter 143, 145

aṭ-Ṭūsī, Naṣīr ad-Dīn (1201–1274), schiitischer Theologe, Mathematiker, Astronom, Philosoph persischer Abstammung 152

Axiom: als wahr angenommener Grundsatz 74, 104, 110, 111, 114, 118, 122, 124, 144, 160, 188, 212, 225

az-Zarqālī, Abū Isḥāq Ibrāhīm ibn Yaḥyā an-Naqqāsh (1029–1087), arab. Astronom, Mathematiker 151

Deferent: Tragekreis, s. Epizykeltheorie 150

Deklination: »Himmlischer Breitengrad«, gibt den Winkelabstand eines Himmelskörpers vom Himmelsäquator an, astronomisches Symbol: δ 189

della Porta, Giambattista (1535–1615), ital. Arzt, Universalgelehrter 179
— Magiae naturalis sive de miraculis rerum naturalium (1558) 179

Delrio, Martin Anton (1551–1608), span. Jesuit und Jurist, Theologieprofessor in Graz, veröffentlichte 1599 ein sechsbändiges Handbuch der Hexenverfolgung »Disquisitionum magicarum«, daraus als erstes Buch:
— De magia generatim & de naturali, artificali & praestigiatrice agitur 36, 38, 94, 177

Demiurg: griech. δημιουργός, Schöpfer (Handwerker), in der platonischen Philosophie der göttliche Weltbaumeister 146

Demokritos (Δημόκριτος, ~460–~370 v.Chr.), griech. Philosoph 139, 145, 251

Descartes, René (1596–1650), franz. Philosoph, Mathematiker, Naturwissenschaftler 158, 262

Dicuil (8. Jh.), ir. Mönch, Geograph 177

Diderot, Denis (1713–1784), franz. Schriftsteller, Aufklärer 221

Digges, Leonard (1520–1559), engl. Mathematiker, Astronom 167

Diogenes Laertios (Διογένης Λαέρτιος, ~ 3. Jh.), griech. spätantiker Philosophietheoretiker, verfasste ein 10-bändiges Kompendium »Über Leben und Lehren berühmter Philosophen« 32, 141

Dodekaeder: platonischer Körper, reguläres Polyeder aus 12 kongruenten Fünfecken zusammengesetzt 125–127, 129, 139, 157, 158, 237

Donne, John (1527–1631), engl. Schriftsteller, Dichter 31
— Conclave Ignati (Ignatius his conclave, 1611) 31

Dreieckszahl: eine Zahl, die der Summe aller Zahlen von 1 bis n entspricht. Beispielsweise ist die 21 die 6. Dreieckszahl, da 1 + 2 + 3 + 4 + 5 + 6 = 21. Die ersten Dreieckszahlen sind 1, 3, 6, 10, 15, 21, 28, 36, 45, 55 ... Die Bezeichnung Dreieckszahl leitet sich von der geometrischen Figur des gleichseitigen Dreiecks ab. Die Anzahl der Steine, die man zum Legen eines gleichseitigen Dreiecks benötigt, entspricht immer einer Dreieckszahl. Aus 21 Steinen lässt sich z.B. ein Dreieck legen, bei dem jede Seite von 6 Steinen gebildet wird 183

du Prel, Carl Freiherr (1839–1899), dt. Philosoph, Schriftsteller, Okkultist 234

Dürer, Albrecht (1471–1528), dt. Maler, Zeichner, Mathematiker 127

Dyck, Walther von (1856–1934), dt. Mathematiker, ab 1906 Herausgeber der Werke von Johannes Kepler 224

Sørensen, Christian (lat. Longomontanus; 1562–1647), dän. Astronom 96
— Astronomia danica, etc. (1622) 96

Spranger, Bartholomäus (1546–1611), niederl. Maler 163

Sternhaufen: ein Gebiet erhöhter Dichte von Sternen im Vergleich zum umgebenden Bereich im Weltraum 230, 264

Sternörter: die Koordinaten von Himmelskörpern im äquatorialen Koordinatensystem 150, 164, 189, 259

Stockhausen, Karlheinz (1928–2007), dt. Komponist 227, 234, 235
— Sternklang. Parkmusik für 5 Gruppen (1971) 234

sublunar: nach Auflassung antiker Denker (Aristoteles, Platon, Ptolemäus) war die gesamte Welt in den sublunaren (unter der Mondsphäre) und den translunaren (jenseits der Mondsphäre) Bereich geteilt. Um die Erde und die drei darauf folgenden sublunaren Sphären waren die Himmelssphären angeordnet, die die Planeten trugen, bis hin zur äußersten, nicht mehr sichtbaren Sphäre, in der der Sitz eines Gottes, bzw. der Götter angenommen wurde 125, 148, 159, 167, 172, 217

Supernova: das helle Aufleuchten eines Sternes am Ende seiner Lebenszeit durch eine Explosion, bei der der Stern selbst vernichtet wird 168, 230

Swedenborg, Emanuel (1688–1772), schwed. Gelehrter, Theologe, Mystiker 217
— Arcana coelestia (dt. Himmlische Geheimnisse, 1749–56) 217

Swift, Jonathan (1667–1745), ir. Schriftsteller 199
— A Tale of a Tub (Märchen von einer Tonne, 1704) 199

Syzygien (Pl. von συζυγία, Gespann), in der altgriech. Astronomie Bezeichnung für Konjunktion und Opposition bzw. ekliptikale Winkelstellung von Planeten, bezogen auf die Erde 67

TASS (Telegrafnoje agentstvo Sovjetskogo Sojusa): von 1925 bis 1991 die Nachrichtenagentur der Sowjetunion 231

Tempel, Ernst Wilhelm Leberecht (1821–1889), dt. Astronom, Lithograf. Er entdeckte u.a. fünf Asteroiden und zwölf Kometen 137

Temple, William (1628–1699), engl. Diplomat, Schriftsteller 199

Tetraktys (τετρακτύς, »Vierheit« oder »Vierergruppe«), Begriff aus der Zahlenlehre der Pythagoreer = die Gesamtheit der Zahlen 1, 2, 3 und 4, deren Summe 10 ergibt. Die Zahl 10 spielt in der pythagoreischen Kosmologie und der Musiktheorie eine zentrale Rolle; in der Tetraktys sah man den Schlüssel zum Verständnis der Weltharmonie 140, 183

Thales von Milet (~624–~546 v.Ch.), griech. Naturphilosoph, Mathematiker, Astronom, Ingenieur 139, 140

Die Übersetzung der Kepler-Texte folgt der Ausgabe:

Kepler, Johannes: Calendaria et Prognostica. Astronomica minora. Somnium seu Astronomia lunaris, bearbeitet von Volker Bialas und Helmuth Grössing, in: Gesammelte Werke (KGW), im Auftrag der Deutschen Forschungsgemeinschaft und der Bayrischen Akademie der Wissenschaften begründet von Walther van Dyck und Max Caspar, fortgesetzt von Franz Hammer, herausgegeben von der Kepler-Kommission der Bayrischen Akademie der Wissenschaften, Bd. 11,2, München: C.H. Beck, 1993.

Offensichtliche Fehler wurden stillschweigend korrigiert.

Der Übersetzer dankt Herrn Professor Dr. Gerd Rother für Durchsicht seines Manuskripts und fachlichen Rat in Astronomie und Mathematik.

Die Drucklegung erfolgt mit freundlicher Unterstützung des Literaturforums im Brecht-Haus der Gesellschaft für Sinn und Form e.V., Berlin.

Erste Auflage dieser Ausgabe Berlin 2021.

Göhrener Str. 7, 10437 Berlin, info@matthes-seitz-berlin.de

Satz: Torsten Metelka, Berlin.
Druck und Bindung: GGP Media GmbH, Pößneck

www.matthes-seitz-berlin.de

ISBN 978-3-7518-0325-0